高等职业教育系列教材

集成电路制造工艺

主　编　刘　新　彭　勇　蒲大雁
参　编　吕坤颐　牟洪江

机 械 工 业 出 版 社

本书主要内容包括集成电路制造过程中所需要掌握的基本理论知识，内容齐全，注重对操作技能的描述，包括工艺流程、操作过程、设备及操作方法等。

本书按照生产一个双极型晶体管的工艺流程，分别介绍了氧化工艺、光刻工艺、刻蚀工艺、掺杂工艺和金属化工艺等。同时，介绍了目前主流的超大规模集成电路（Very Large Scale Integration，VLSI）制造工艺中的关键工艺，如CVD（化学气相淀积）工艺、离子注入工艺等。

本书主要面向高职高专微电子技术专业学生，同时也可以作为集成电路制造企业工艺工程师和技师的参考书，还可以作为集成电路制造企业教育培训和资格认证的教材。

本书配套授课电子课件，需要的教师可登录www.cmpedu.com免费注册、审核通过后下载，或联系编辑索取（微信：13261377872，电话：010-88379739）。

图书在版编目（CIP）数据

集成电路制造工艺/刘新，彭勇，蒲大雁主编．—北京：机械工业出版社，2015.5（2024.7重印）
高等职业教育系列教材
ISBN 978-7-111-49862-9

Ⅰ.①集… Ⅱ.①刘…②彭…③蒲… Ⅲ.①集成电路工艺-高等职业教育-教材 Ⅳ.①TN405

中国版本图书馆CIP数据核字（2015）第067386号

机械工业出版社（北京市百万庄大街22号 邮政编码100037）
策划编辑：王 颖 责任编辑：王 颖
责任校对：张玉琴 责任印制：郜 敏
北京富资园科技发展有限公司印刷
2024年7月第1版第4次印刷
184mm×260mm・12.5印张・303千字
标准书号：ISBN 978-7-111-49862-9
定价：39.90元

电话服务 网络服务
客服电话：010-88361066 机 工 官 网：www.cmpbook.com
010-88379833 机 工 官 博：weibo.com/cmp1952
010-68326294 金 书 网：www.golden-book.com
封底无防伪标均为盗版 机工教育服务网：www.cmpedu.com

高等职业教育系列教材
电子类专业编委会成员名单

出版说明

党的二十大报告首次提出“加强教材建设和管理”，表明了教材建设国家事权的重要属性，凸显了教材工作在党和国家事业发展全局中的重要地位，体现了以习近平同志为核心的党中央对教材工作的高度重视和对“尺寸课本、国之大者”的殷切期望。教材作为教育目标、理念、内容、方法、规律的集中体现，是教育教学的基本载体和关键支撑，是教育核心竞争力的重要体现。建设高质量教材体系，对于建设高质量教育体系而言，既是应有之义，也是重要基础和保障。为落实立德树人根本任务，发挥铸魂育人实效，机械工业出版社组织国内多所职业院校（其中大部分院校入选“双高”计划）的院校领导和骨干教师展开专业和课程建设研讨，以适应新时代职业教育发展要求和教学需求为目标，规划并出版了“高等职业教育系列教材”丛书。

该系列教材以岗位需求为导向，涵盖计算机、电子信息、自动化和机电类等专业，由院校和企业合作开发，由具有丰富教学经验和实践经验的“双师型”教师编写，并邀请专家审定大纲和审读书稿，致力于打造充分适应新时代职业教育教学模式、满足职业院校教学改革和专业建设需求、体现工学结合特点的精品化教材。

归纳起来，本系列教材具有以下特点：

1）充分体现规划性和系统性。系列教材由机械工业出版社发起，定期组织相关领域专家、院校领导、骨干教师和企业代表开展编委会年会和专业研讨会，在研究专业和课程建设的基础上，规划教材选题，审定教材大纲，组织人员编写，并经专家审核后出版。整个教材开发过程以质量为先，严谨高效，为建立高质量、高水平的专业教材体系奠定了基础。

2）工学结合，围绕学生职业技能设计教材内容和编写形式。基础课程教材在保持扎实理论基础的同时，增加实训、习题、知识拓展以及立体化配套资源；专业课程教材突出理论和实践相统一，注重以企业真实生产项目、典型工作任务、案例等为载体组织教学单元，采用项目导向、任务驱动等编写模式，强调实践性。

3）教材内容科学先进，教材编排展现力强。系列教材紧随技术和经济的发展而更新，及时将新知识、新技术、新工艺和新案例等引入教材；同时注重吸收最新的教学理念，并积极支持新专业的教材建设。教材编排注重图、文、表并茂，生动活泼，形式新颖；名称、名词、术语等均符合国家有关技术质量标准和规范。

4）注重立体化资源建设。系列教材针对部分课程特点，力求通过随书二维码等形式，将教学视频、仿真动画、案例拓展、习题试卷及解答等教学资源融入到教材中，使学生学习课上课下相结合，为高素质技能型人才的培养提供更多的教学手段。

由于我国高等职业教育改革和发展的速度很快，加之我们的水平和经验有限，因此在教材的编写和出版过程中难免出现疏漏。恳请使用本系列教材的师生及时向我们反馈相关信息，以利于我们今后不断提高教材的出版质量，为广大师生提供更多、更适用的教材。

机械工业出版社

前　言

集成电路产业是信息技术产业的核心，是支撑社会经济发展和保障国家安全的战略性、基础性和先导性的产业。近年来，我国集成电路产业快速发展，整体实力显著提升，集成电路设计、制造能力与国际先进水平之间的差距不断缩小，集成电路制造企业对集成电路制造高技能人才的需求在不断扩大，对人才的要求也在不断提高。

本书主要介绍了集成电路制造工艺的工艺流程，内容包括半导体产业的发展、集成电路制造工艺的主要工艺制程等。在内容选取上，侧重介绍工艺流程的操作以及设备的使用，依据高职高专院校学生的特点，简单地介绍了工艺的原理，让学生能够在掌握一定专业知识技能的前提下，熟练地掌握操作技能。在内容的设计上，通过对集成电路制造企业的岗位需求分析，参照企业职业岗位能力标准安排教材内容。

本书的第 1 章介绍了半导体产业概况，第 2 章介绍了硅衬底的制备，第 3 章分别介绍了双极型晶体管制造工艺和 CMOS 集成电路工艺概况。第 4 章介绍了集成电路制造中的污染控制。第 5 ~ 13 章，按照集成电路制造工艺流程分别介绍了外延工艺、氧化工艺、化学气相淀积工艺、隔离工艺、光刻工艺、刻蚀工艺、掺杂工艺、金属化工艺和平坦化工艺，并加入了工艺生产实训的内容。第 14 章介绍了晶圆测试。附录以工业上生产双极型晶体管为例，介绍了整个生产加工工艺流程。

本书内容全面，讲究实用性，注重工艺实践操作的介绍，可作为高职高专院校微电子专业的教材，也可供从事集成电路制造相关领域的工作者参考。

本书由重庆城市管理职业学院的刘新、彭勇、吕坤颐、牟洪江和重庆工商职业学院蒲大雁共同编写。其中，彭勇编写第 1 章；吕坤颐编写第 2 章；刘新编写第 3、4、5、6、7、8、9、10、11、12 章、附录及全书实训内容，牟洪江编写第 13 章，蒲大雁编写第 14 章。

本书在编写过程中，得到了重庆邮电大学唐政维老师的指导，重庆鹰谷光电有限公司的各位工程师也给出了很多的意见和建议，对他们的支持和帮助表示感谢。

由于编者水平有限，书中不妥之处在所难免，恳请广大读者批评指正。

编　者

目　　录

出版说明
前言
第 1 章　半导体产业概况 ······ 1
1.1　半导体产业的发展历程 ······ 1
1.2　电路集成 ······ 3
1.3　半导体产业发展趋势 ······ 3
1.3.1　提高芯片性能 ······ 3
1.3.2　提高芯片可靠性 ······ 4
1.3.3　降低芯片价格 ······ 5
1.4　半导体制造产业及职业 ······ 5
1.4.1　半导体制造产业 ······ 5
1.4.2　半导体制造产业中的职业 ······ 6
1.5　习题 ······ 7
第 2 章　硅衬底的制备 ······ 8
2.1　半导体材料 ······ 8
2.1.1　半导体材料的分类 ······ 9
2.1.2　常用的半导体材料 ······ 9
2.2　硅材料的制备 ······ 12
2.2.1　半导体级硅的制备 ······ 12
2.2.2　晶体结构 ······ 13
2.2.3　单晶硅的制备 ······ 14
2.3　硅衬底的制备 ······ 17
2.3.1　晶圆的制备 ······ 17
2.3.2　硅片的质量控制 ······ 19
2.4　习题 ······ 20
第 3 章　集成电路制造工艺概况 ······ 21
3.1　双极型晶体管制造工艺概况 ······ 21
3.2　MOS 场效应晶体管工艺概况 ······ 24
3.3　CMOS 集成电路工艺概况 ······ 25
3.4　习题 ······ 29
第 4 章　集成电路制造中的污染控制 ······ 30
4.1　集成电路制造中的玷污 ······ 30
4.1.1　颗粒 ······ 30
4.1.2　金属杂质 ······ 31

4.1.3 有机物玷污…… 32
4.1.4 自然氧化层…… 33
4.1.5 静电释放…… 33
4.2 玷污的源与控制…… 34
4.2.1 空气…… 34
4.2.2 人…… 35
4.2.3 净化间布局…… 35
4.2.4 生产设备…… 37
4.3 清洗工艺…… 37
4.3.1 化学湿法清洗工艺…… 37
4.3.2 干法清洗工艺…… 39
4.3.3 常用清洗设备——超声波清洗设备…… 40
4.4 清洗工艺生产实训…… 41
4.4.1 原始硅片清洗…… 41
4.4.2 光刻后去胶清洗…… 42
4.4.3 预扩散后清洗…… 42
4.4.4 反刻铝后清洗…… 43
4.5 习题…… 43
第5章 外延工艺 …… 45
5.1 外延…… 45
5.1.1 外延的分类…… 45
5.1.2 外延的作用…… 46
5.1.3 外延材料参数的选定…… 47
5.1.4 硅源的选择…… 48
5.2 外延设备…… 49
5.2.1 外延设备系统组成…… 49
5.2.2 外延反应室…… 49
5.3 气相外延…… 50
5.3.1 外延生长原理…… 50
5.3.2 外延前工艺准备…… 51
5.3.3 外延工艺流程…… 52
5.3.4 提高外延工艺质量的方法…… 53
5.4 分子束外延…… 54
5.4.1 分子束外延原理与设备…… 54
5.4.2 分子束外延工艺流程…… 55
5.5 低压选择外延…… 55
5.6 外延工艺生产实训…… 57

5.7 习题…………………………………………………………………… 59
第6章 氧化工艺 ………………………………………………………… 60
6.1 二氧化硅膜的结构、性质与应用…………………………………… 60
6.1.1 二氧化硅的结构…………………………………………………… 60
6.1.2 二氧化硅的物理性质与化学性质………………………………… 61
6.1.3 二氧化硅的用途…………………………………………………… 62
6.2 热氧化生长二氧化硅薄膜…………………………………………… 64
6.2.1 氧化生长机理……………………………………………………… 64
6.2.2 水汽氧化…………………………………………………………… 65
6.2.3 干氧氧化…………………………………………………………… 66
6.2.4 湿氧氧化…………………………………………………………… 67
6.2.5 掺氯氧化…………………………………………………………… 68
6.2.6 影响氧化速率的因素……………………………………………… 68
6.3 二氧化硅膜的质量检测……………………………………………… 69
6.3.1 氧化膜厚度的测量………………………………………………… 69
6.3.2 氧化膜的缺陷……………………………………………………… 70
6.3.3 氧化膜的缺陷检测………………………………………………… 71
6.4 氧化设备……………………………………………………………… 72
6.4.1 卧式炉……………………………………………………………… 72
6.4.2 掺氯氧化炉………………………………………………………… 72
6.4.3 立式炉……………………………………………………………… 73
6.4.4 快速升温立式炉…………………………………………………… 74
6.5 氧化工艺生产实训…………………………………………………… 75
6.6 习题…………………………………………………………………… 76
第7章 化学气相淀积 …………………………………………………… 77
7.1 薄膜…………………………………………………………………… 77
7.1.1 常用的薄膜材料…………………………………………………… 77
7.1.2 半导体制造中对薄膜的要求……………………………………… 78
7.2 化学气相淀积的原理………………………………………………… 80
7.3 化学气相淀积系统…………………………………………………… 82
7.3.1 APCVD …………………………………………………………… 82
7.3.2 LPCVD …………………………………………………………… 83
7.3.3 等离子体辅助 CVD ……………………………………………… 84
7.4 二氧化硅薄膜淀积…………………………………………………… 85
7.4.1 低温 CVD 二氧化硅薄膜 ………………………………………… 85
7.4.2 中温 CVD 二氧化硅薄膜 ………………………………………… 87
7.4.3 CVD 掺杂二氧化硅薄膜 ………………………………………… 87
7.5 氮化硅薄膜淀积……………………………………………………… 88
7.6 多晶硅薄膜淀积……………………………………………………… 89

7.6.1 多晶硅薄膜的性质与用途 …… 89
7.6.2 多晶硅薄膜的制备 …… 90
7.6.3 多晶硅薄膜的掺杂 …… 90
7.7 金属薄膜的淀积 …… 91
7.7.1 金属钨的薄膜淀积 …… 91
7.7.2 金属铝的薄膜淀积 …… 92
7.8 化学气相淀积生产实训 …… 93
7.9 习题 …… 94
第8章 隔离工艺 …… 95
8.1 PN结隔离 …… 95
8.2 介质隔离 …… 96
8.2.1 局部氧化隔离（LOCOS）工艺 …… 96
8.2.2 浅槽隔离工艺 …… 97
8.3 PN结-介质隔离 …… 98
8.4 MOS与CMOS中的隔离技术 …… 99
8.5 习题 …… 100
第9章 光刻工艺 …… 101
9.1 光刻概念 …… 101
9.1.1 光刻的特征参数 …… 102
9.1.2 光刻胶 …… 103
9.1.3 掩膜版 …… 105
9.1.4 光刻对准曝光方式 …… 106
9.2 光刻的工艺流程 …… 107
9.3 光刻设备 …… 111
9.3.1 接触式光刻机 …… 111
9.3.2 接近式光刻机 …… 112
9.3.3 扫描投影光刻机 …… 112
9.3.4 分步重复光刻机 …… 113
9.3.5 步进扫描光刻机 …… 113
9.4 光刻工艺生产实训 …… 114
9.4.1 一次曝光光刻生产实训 …… 114
9.4.2 二次及后续对准曝光光刻生产实训 …… 115
9.5 习题 …… 116
第10章 刻蚀工艺 …… 117
10.1 刻蚀 …… 117
10.2 湿法刻蚀工艺 …… 118
10.3 干法刻蚀工艺 …… 119
10.3.1 二氧化硅的干法刻蚀 …… 120
10.3.2 氮化硅的干法刻蚀 …… 122

10.3.3　多晶硅的干法刻蚀…… 122
10.3.4　金属的干法刻蚀…… 123
10.3.5　湿法刻蚀与干法刻蚀的比较…… 124
10.4　刻蚀质量检测…… 125
10.5　刻蚀工艺生产实训…… 125
10.5.1　二氧化硅的湿法刻蚀…… 125
10.5.2　硅的湿法刻蚀…… 126
10.5.3　铝的湿法刻蚀…… 126
10.5.4　微波等离子体刻蚀…… 127
10.6　习题…… 128
第11章　掺杂工艺 …… 129
11.1　掺杂…… 129
11.1.1　掺杂的两种方法…… 129
11.1.2　掺杂的工艺流程…… 129
11.2　扩散…… 130
11.2.1　扩散原理…… 130
11.2.2　扩散参数的测量…… 132
11.3　离子注入…… 134
11.3.1　离子注入原理…… 134
11.3.2　离子注入的参数…… 135
11.3.3　离子注入设备…… 137
11.3.4　离子注入掺杂工艺与扩散掺杂工艺的比较…… 141
11.3.5　退火…… 141
11.3.6　离子注入的应用…… 142
11.4　扩散工艺生产实训…… 143
11.4.1　硼固态源扩散实训…… 143
11.4.2　磷液态源扩散实训…… 145
11.5　习题…… 146
第12章　金属化工艺 …… 147
12.1　金属化的概念…… 147
12.1.1　金属化的作用…… 147
12.1.2　金属化的种类…… 148
12.2　金属淀积…… 151
12.2.1　蒸发…… 152
12.2.2　溅射…… 153
12.2.3　金属 CVD …… 154
12.2.4　铜电镀…… 155
12.3　金属化工艺流程…… 156
12.3.1　传统金属化流程…… 156

12.3.2 双大马士革工艺流程…… 157
12.4 金属化工艺生产实训…… 160
12.4.1 蒸发工艺生产实训…… 160
12.4.2 溅射工艺生产实训…… 161
12.5 习题…… 162
第 13 章 平坦化工艺 …… 163
13.1 平坦化的概念…… 163
13.2 传统平坦化技术…… 164
13.3 化学机械平坦化…… 165
13.3.1 CMP 机理 …… 165
13.3.2 CMP 机理模型 …… 166
13.3.3 CMP 主要参数 …… 167
13.3.4 CMP 优点和缺点 …… 167
13.4 CMP 设备组成 …… 168
13.5 CMP 清洗 …… 170
13.6 习题…… 171
第 14 章 晶圆测试 …… 172
14.1 晶圆测试的概况…… 172
14.2 晶圆测试设备…… 173
14.3 晶圆测试流程…… 174
14.4 习题…… 176
附录 晶体管生产工艺实训…… 177
参考文献…… 185

第 1 章　半导体产业概况

电子工业已经发展成为世界上规模最大的工业，半导体工业是电子工业的重要的基础。电子产业的高速发展依赖于半导体产业的快速发展。半导体产业的核心是集成电路，而集成电路的发展又是以集成电路制造工艺的发展为基础的。

本章的学习目标：

1）了解半导体产业的发展历程。

2）掌握集成电路的定义以及集成电路的分类。

3）了解半导体产业的发展趋势。

4）了解半导体产业的分类。

5）熟悉半导体制造产业中的职业。

1.1　半导体产业的发展历程

电信号处理工业始于 Lee Deforest 在 1906 年发明的真空晶体管。真空晶体管有两个重要的功能：开关和放大。开关是指电子器件可接通和切断电流（“开”或“关”）；放大则是指电子器件可把接收到的信号放大，并保持信号原有特征的功能。1947 年，世界上第一台计算机 ENIAC（Electronic Numerial Integrator And Computer）就是主要用真空管制造出来的。ENIAC 的制造用了 19000 个真空管和数千个电阻器及电容器。这台电子计算机和现代的计算机大相径庭，它花费了当时的 400000 美元，占据约 1500 平方英尺的面积，重量达 30 吨，工作时产生大量的热量，需要一个小型发电站来供电。

真空管（见图 1-1）有一系列的缺点，如体积庞大，元器件老化很快，要求相对较多的电能维持运行，连接处易于变松导致真空泄漏及易碎等。ENIAC 电子数字积分计算机和其他基于真空管的电子设备的主要缺点是由于真空管易烧毁而导致运行时间有限，这种情形一直持续到 20 世纪 40 年代。

图 1-1　真空管

1947 年 12 月 23 日，贝尔实验室的三位科学家巴丁（John Bardeen）、布莱顿（Walter Brattin Walter Brattin）和肖克莱（William Shockley）演示了用半导体材料锗制成的电子放大器件，这种器件不但有真空管的功能，而且为固态无真空，体积小、重量轻、耗电低且寿命长。这种器件最初被命名为“传输电阻器”，而后更名为晶体管（Transistor），这三位科学家也因他们的这一发明而被授予 1956 年的诺贝尔物理学奖。巴丁、萧克莱、布拉顿及贝尔实险室第一支晶体管，如图 1-2 所示。

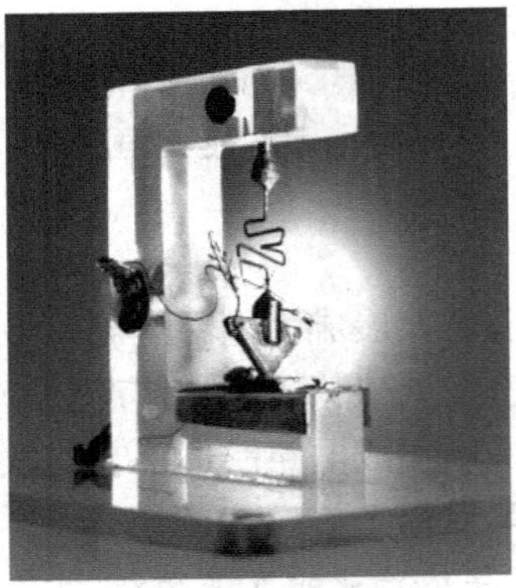

图 1-2　巴丁、萧克莱、布拉顿及贝尔实验室第一支晶体管

图 1-3　第一块集成电路

1959 年，分立器件的统治地位走到了尽头。当年，在德州仪器（TI）公司工作的青年工程师杰克·基尔比（Jack Kilby）第一次成功地在一块锗半导体基材上，用几个晶体管、二极管、电容器和利用锗芯片天然电阻的电阻器组成了一个完整的电路，如图 1-3 所示。这一发明就是影响深远的集成电路（Integrated Circuit，IC）。

Kilby 开发的电路并不是现今所普遍应用的形式，早些年，在 Fairchild Camera 公司的 Jean Horni 开发出一种在芯片表面上形成电子结来制作晶体管的平面制作工艺，使用铝蒸气镀膜并使之形成适当的形状来做器件的连线，这种技术称为平面技术（Planar Technology）。Fairchild Camera 公司的 Robert Noyce 应用这种技术把预先在硅表面上形成的器件连接起来（见图 1-4）。Kilby 和 Noyce 开发的集成电路成为以后所有集成电路的模式，Kilby 和 Noyce 也共同享有集成电路的专利。

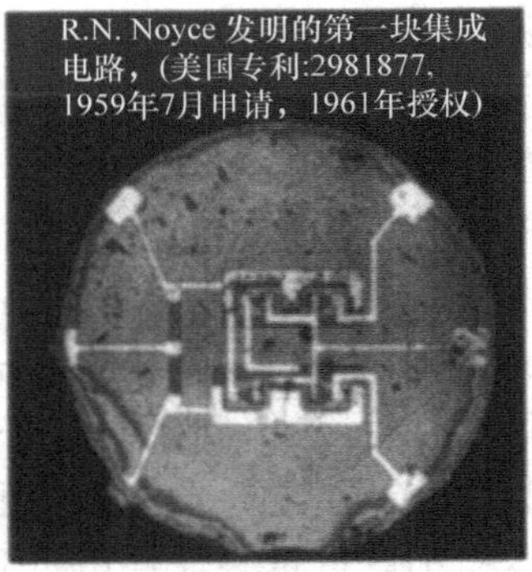

图 1-4　Noyce 和其开发的集成电路

1.2 电路集成

半导体这一名称的来源是由于半导体材料有时是导电的导体，而有时是非导体。制作具有单一功能的简单芯片最早的材料是锗。现在，集成电路基本上都是用半导体材料硅来制造的。

集成电路即半导体集成电路，它是通过一系列特定的加工工艺，将晶体管、二极管等有源器件和电阻、电容等无源元件，按照一定的电路互连，“集成”在一块半导体单晶片（如硅或砷化镓）上，封装在一个外壳内，执行特定电路或系统功能。

集成电路发展的标志之一是集成度的提高。集成度是指每个芯片上的等效门数，一个等效门一般是指一个二输入端的与非门。按照集成度的高低可以分为小规模集成电路（SSI）、中规模集成电路（MSI）、大规模集成电路（LSI）、超大规模集成电路（VLSI）、甚大规模集成电路（ULSI）以及巨大规模集成电路（GSI）阶段。表 1-1 给出了集成电路按照集成度的发展的历程。

表 1-1 集成电路的历程

集成电路	集成度	半导体产业周期
小规模集成电路（SSI）	2 ~ 50	20 世纪 60 年代早期
中规模集成电路（MSI）	50 ~ 5000	20 世纪 60 年代到 70 年代早期
大规模集成电路（LSI）	5000 ~ 100000	20 世纪 70 年代早期到 70 年代晚期
超大规模集成电路（VLSI）	100000 ~ 1000000	20 世纪 70 年代晚期到 80 年代晚期
甚大规模集成电路（ULSI）	$10^5 \sim 10^7$	20 世纪 90 年代至今
巨大规模集成电路（GSI）	$10^7 \sim 10^9$	

1.3 半导体产业发展趋势

甚大规模集成电路设计和制造集成电路所需技术的快速变化，导致了新设备和新工艺的不断引入。每隔 18 ~ 24 个月，半导体产业就进入新的制造技术。硅片制造技术的改变受到用户需求的驱使。用户要求更快、更可靠和成本更低的芯片。要达到这些要求，芯片制造商已经懂得在一块芯片上减小元件的尺寸，这便提高了芯片速度并能减少功耗。芯片将经历强度测试和分析以证明其长期可靠性。增加一个硅片上的芯片数可以降低成本。

半导体芯片发展的 3 个主要趋势如下所述。

1） 提高芯片性能。

2） 提高芯片可靠性。

3） 降低芯片价格。

1.3.1 提高芯片性能

从 20 世纪 60 年代早期小规模集成电路时代以来，半导体微芯片的性能已得到巨大的提高。判断芯片性能的一种通用方法是速度。器件做得越小，在芯片上放置得越紧密，芯片的速度就会越快，这是因为通过电路的电信号传输距离更短了。提高速度的另一种方法是使用材料，通过芯片表面的电路和元器件来提高电信号的传输。

关键尺寸（CD）：芯片上的物理尺寸特征被称为特征尺寸。描述特征尺寸的另一个术语就是电路几何尺寸。特别值得注意的是，硅片上的最小特征尺寸也称为关键尺寸。关键尺寸也作为定位复杂性水平的标准。例如，如果芯片的最小尺寸为 0.18μm，那么这个尺寸就是 CD（见图 1-5）。

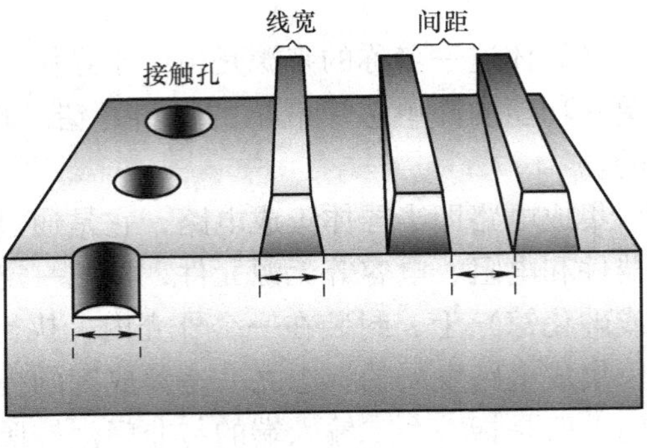

图 1-5　特征尺寸

芯片上元器件尺寸相应缩小是按比例进行的。仅减小芯片上的一个特征尺寸是不可以接受的。这就像具有非常小的轮胎的大起重卡车。在正常情况下，要载重的大汽车需要大轮胎，负载轻的小车用小轮胎即可。对于芯片设计也是如此。为了优化化学性能，所有尺寸必须同时减小或按比例缩小。对于先进半导体制造过程，元器件按比例缩小发生在垂直和横向两个方向。

1964 年，戈登·摩尔，半导体产业前驱者和英特尔公司的创始人，预言在一块芯片上的晶体管数大约每隔一年翻一番，这就是著名的摩尔定律（后来在 1975 年被修正为预计每 18 个月翻一番）。摩尔定律的关键贡献是加工硅片的能力，这是通过减小元器件特征尺寸以得到新的 CD 以及随着每一代新产品的引入增加芯片上晶体管的数量来实现的。关于微处理器的摩尔定律如图 1-6 所示。

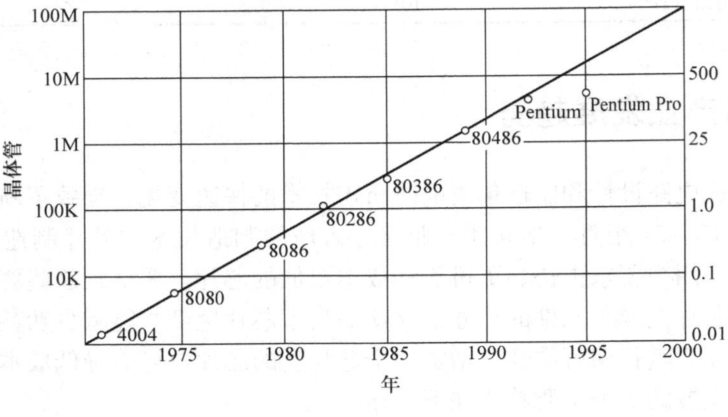

图 1-6　关于微处理器的摩尔定律

1.3.2　提高芯片可靠性

芯片可靠性致力于延长芯片寿命的能力。技术上的进步已经提高了芯片产品的可靠性的发展历程如图 1-7 所示。例如，通过严格的诸如无颗粒空气净化间的使用以及控制化学试剂纯度来控制玷污。为提高元器件的可靠性，不间断地分析制造工艺，通过硅片监控和微芯片测试以验证可接受的性能，这样方式可生成在工作过程中低失效的产品。

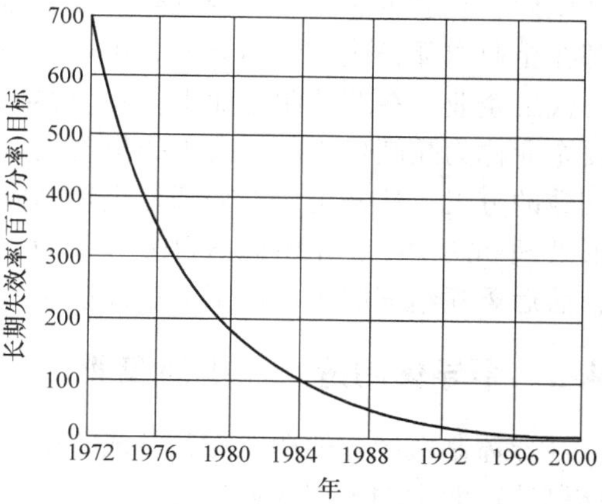

图 1-7　芯片可靠性提高

1.3.3　降低芯片价格

半导体微芯片的价格一直在持续下降，如图 1-8 所示。到 1996 年之前的近 50 年中，半导体微芯片的价格以一亿倍的情况下降。例如，1958 年，一个质量低劣的硅晶体管价值大约 10 美元。在今天，10 美元可以买到具有超过两千万晶体管的一块存储器芯片、一个等量的其他元器件以及必要的互连，以便做成的一个有用的芯片。

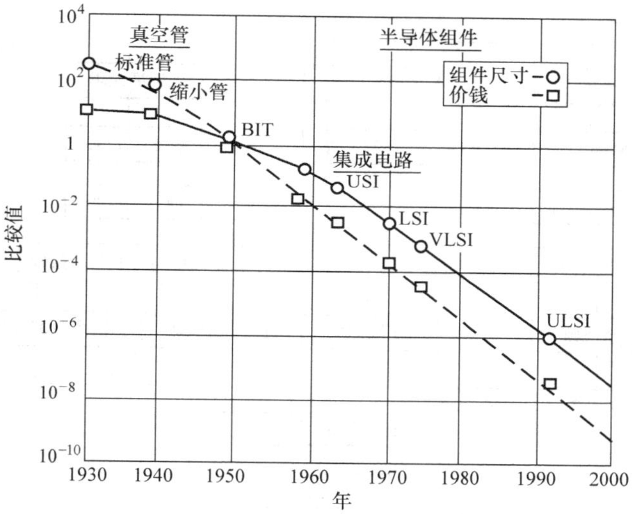

图 1-8　半导体芯片价格的下降趋势

关于降低半导体芯片价格，有几种原因。如前所述，诸如减小特征尺寸和增加硅片直径以便将更多芯片放在一个硅片上的这些因素有助于价格的降低。根本原因是得益于 CD 尺寸减小的成本。价格降低的另一个原因是半导体产品市场大幅度增大。这种增长要求提高芯片制造工艺的产量，这就引入了制造的规模经济。引入改善微芯片使用的设备和制造工艺也降低了成本。工作队伍在改善制造技术和成本方面起着重要作用，他们在芯片制造设备和投入方面的开拓性工作增强了生产效率。

1.4　半导体制造产业及职业

1.4.1　半导体制造产业

集成电路制造企业可划分为两类：一类是设计、制造企业，另一类是代工企业。

设计、制造企业：许多企业都集合了芯片设计和芯片制造，从芯片的前端设计到后端加工都在企业内部完成。例如 Intel、IBM、Motorola 和 Samsung 等公司。

代工企业：在芯片制造业中，有一类特殊的企业，专门为其他芯片设计企业制造芯片，这类企业称为晶圆代工厂。代工的出现是由于现代技术的飞速发展，越来越多的技术需要更加细致的分工，这样可以部分降低企业的成本或风险。比如显卡和主板，它们的核心分别是图形处理和芯片组，是由像 NVIDIA、ATI、Intel 和 AMD 等一些顶级的芯片研发公司设计出来，然后委托给某些工厂加工成芯片或芯片组。

1.4.2 半导体制造产业中的职业

半导体制造产业的职业途径分成 3 个方面：技师、工程师和管理人员。图 1-9 给出了半导体制造产业中的不同职业途径。

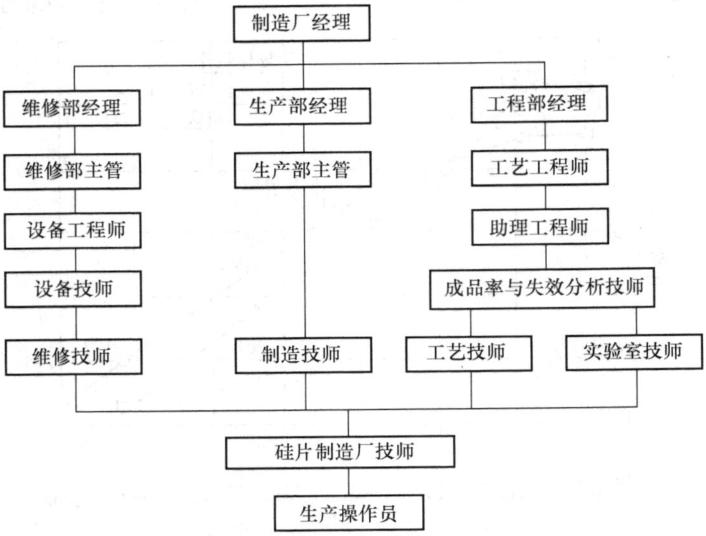

图 1-9　半导体制造产业中的不同职业途径

在硅片制造厂，技师、工程师和管理人员的不同岗位描述如下。

硅片制造技师：硅片制造技师负责操作硅片制造设备，从事一些设备维护以其工艺和设备的基本故障查询。

设备技师：设备技师查询故障并维护先进设备系统，以保证在硅片制造过程中设备能正常运行。

设备工程师：设备工程师专门从事确定设备设计参数和优化硅片生产的设备性能。

工艺技师：工业技师通过查询与工艺相关的问题支持生产设备和工艺工程组。

工艺工程师：工艺工程师分析制造工艺和设备的性能以确定优化参数设置。

现场服务代表：安装制造设备，进行设备维护、诊断及修理以确保设备有效的生产。

实验室技师：从事工艺开发的工作，建立新工艺并进行试验。

成品率、失效分析技师：从事与缺陷分析相关的工作，例如准备待分析的材料并操作分析设备以确定在硅片制造过程中引起问题的根源。

成品率提高工程师：负责收集并分析成品率及测试数据以提高硅片制造性能。

设施技师：负责支持设施设备以及硅片制造厂要求的设施，包括化学材料管理和净化间设施。

设施工程师：负责为硅片制造厂的化学材料、净化空气及常用设备的基础设施提供工程设计支持。

主管、经理：负责将技术技能和人事管理技能结合在一起以达到公司的组织目标。

1.5 习题

1. 晶体管是由谁发明的？
2. 最早的集成电路是由谁发明的？
3. 什么是集成电路？
4. 什么叫集成度？按照集成度划分，集成电路的发展趋势是怎样的？
5. 什么叫图形特征尺寸？
6. 什么是摩尔定律？它预测了什么？这个定律基本正确吗？
7. 半导体芯片主要的发展趋势是什么？
8. 半导体产业主要分为哪几类？
9. 半导体制造产业中的主要职业有哪几类？

第2章　硅衬底的制备

半导体材料的发展与元器件紧密相关。可以说，电子工业的发展和半导体元器件对材料的需求是促进半导体材料研究和开拓的强大动力，而材料质量的提高和新型半导体材料的出现，又优化了半导体元器件性能，产生新的元器件，两者相互影响，相互促进。

硅是制造集成电路的主要半导体材料，也是半导体产业中最重要的材料，了解硅材料及其制备过程将有助于理解硅芯片的制造过程。

本章学习目标：

1）了解半导体材料的特点以及半导体材料的分类。

2）掌握常用的半导体材料硅和锗。

3）了解常用的化合物半导体材料。

4）掌握非晶、晶体的概念，掌握多晶和单晶结构的区别。

5）掌握单晶硅的制备过程。

6）熟悉硅锭到晶圆片的制备过程。

2.1　半导体材料

半导体材料是室温下导电性介于导电材料和绝缘材料之间的一类功能材料。靠电子和空穴两种载流子实现导电，室温时电阻率一般在 $10^{-5} \sim 10^{7}\,\Omega \cdot m$ 之间。通常电阻率随温度升高而增大；若掺入活性杂质或用光、射线辐照，可使其电阻率有几个数量级的变化。1906年，制成了碳化硅检波器。1947年，发明晶体管以后，半导体材料作为一个独立的材料领域得到了很大的发展，并成为电子工业和高技术领域中不可缺少的材料。

半导体材料的导电性对某些微量杂质极其敏感。纯度很高的半导体材料称为本征半导体，常温下其电阻率很高，是电的不良导体。在高纯半导体材料中掺入适当杂质后，由于杂质原子提供导电载流子，使材料的电阻率大为降低，这种掺杂半导体常称为杂质半导体。杂质半导体靠导带电子导电的称为N型半导体，靠价带空穴导电的称为P型半导体。不同类型半导体间接触（构成PN结）或半导体与金属接触时，因电子（或空穴）浓度差而产生扩散，在接触处形成势垒，因而这类接触具有单向导电性。利用PN结的单向导电性，可以制成具有不同功能的半导体器件，如二极管、晶体管和晶闸管等。此外，半导体材料的导电性对外界条件（如热、光、电和磁等因素）变化非常敏感，据此可以制造各种敏感元器件，用于信息转换。

半导体材料的特性参数有禁带宽度、电阻率、载流子迁移率、非平衡载流子寿命和位错密度。禁带宽度由半导体的电子态、原子组态决定，反映组成这种材料的原子中价电子从束缚状态激发到自由状态所需的能量。电阻率、载流子迁移率反映材料的导电能力。非平衡载流子寿命反映半导体材料在外界作用（如光或电场）下内部载流子由非平衡状态向平衡状态过渡的弛豫特性。位错是晶体中最常见的一类缺陷。位错密度用来衡量半导体单晶材料晶格完整性的程度，非晶态半导体材料则没有这一参数。半导体材料的特性参数不仅能反映半导体材料与其他非半导体材料之间的差别，更重要的是能反映各种半导体材料之间甚至同一种材料在不同情况下，其特性的量值差别。

2.1.1　半导体材料的分类

1. 元素半导体

元素半导体大约有十几种，处于ⅢA族～ⅦA族的金属与非金属的交界处，如Ge（锗）、Si（硅）、Se（硒）和Te（碲）等。

2. 化合物半导体

由两种或两种以上元素以确定的原子配比形成的化合物并具有确定的禁带宽度和能带结构等半导体性质的化合物称为化合物半导体。

（1）二元化合物半导体

ⅢA族和ⅤA族元素组成的化合物半导体。即Al（铝）、Ga（镓）、In（铟）和P（磷）、As（砷）、Sb（锑）组成的9种化合物半导体，如AlP、AlAs、Alsb、GaP、GaAs、GaSb、InP、InAs和InSb等。

ⅡB族和ⅥA族组成的化合物半导体，即Zn、Cd、Hg与O、Se、Te组成的12种化合物半导体，如CdS、CdTe、CdSe等。

ⅣA族元素之间组成的化合物半导体，如SiC等。

ⅣA和ⅥA族元素组成的化合物半导体，如GeS、GeSe、SnTe、PbS和PbTe等共9种。

（2）多元化合物半导体

ⅠB－ⅢA－（ⅥA）$_2$组成的多元化合物半导体，如$AgGeTe_2$等。

ⅠB－ⅤA－（ⅥA）$_2$组成的多元化合物半导体，如$AgAsSe_2$等。

（ⅠB）$_2$－ⅡB－ⅣA－（ⅥA）$_4$组成的多元化合物半导体，如$Cu_2CdSnTe_4$等。

（3）非晶态半导体

原子排列短程有序、长程无序的半导体称为非晶态半导体，主要有非晶Si、非晶Ge、非晶Te、非晶Se等元素半导体及GeTe、As_2Te_3、Se_2As_3等非晶化合物半导体。

2.1.2　常用的半导体材料

1. 半导体材料硅和锗

硅和锗都是具有灰色金属光泽的固体，硬而脆。两者相比，锗的金属性更显著。锗的室温本征电阻率约为50Ω.cm，而硅的约为2.3×10^5Ω.cm，硅在切割时易碎裂。

锗的禁带宽度为0.66eV，硅的禁带宽度为1.12eV。锗的室温电子迁移率为3800cm^2/Vs，硅为1800cm^2/Vs。

硅和锗在常温下化学性质是稳定的，但升高温度时，很容易同氧、氯等多种物质发生化学反应，所以在自然界没有游离状态的硅和锗存在。

锗不溶于盐酸或稀硫酸，但能溶于热的浓硫酸、浓硝酸、王水及HF－HNO_3混合酸中。

硅不溶于盐酸、硫酸、硝酸及王水，易被HF－HNO_3混合酸所溶解，因而半导体工业中常用此混合酸作为硅的腐蚀液。硅比锗易与碱起反应。硅与金属作用能生成多种硅化物，这些硅化物具有导电性良好、耐高温、抗电迁移等特性，可以用于制备大规模和超大规模集成电路内部的引线、电阻等。

锗和硅都具有金刚石结构，化学键为共价键。锗和硅的导带底和价带顶在 k 空间处于不同的 k 值，为间接带隙半导体，见图 2-1。

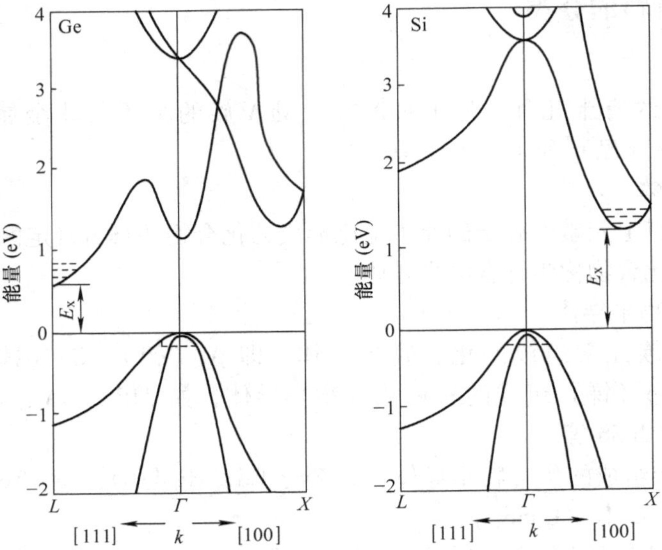

图 2-1　锗硅的能带结构

杂质对锗、硅电学性质的影响与杂质能级在禁带中的位置密切相关。在锗、硅中的杂质可分为两类，一类是ⅢA 族或ⅤA 族元素，它们在锗、硅中只有一个能级，且电离能小，一个杂质原子只起一个受主或施主作用，ⅢA 族杂质起受主作用使材料呈 P 型导电，ⅤA 族杂质起施主作用，使材料呈 N 型导电。另一类是除ⅢA、ⅤA 族以外的杂质。

20 世纪 50 年代初期，锗是半导体工业应用的最普遍的材料之一，但因为其禁带宽度较小，使得锗半导体的工作温度仅能达到 90℃。锗的另一个严重缺点是无法在表面形成稳定的且对掺杂杂质呈钝化性的氧化层，如二氧化锗为水溶性，且会在 800℃左右自然分解。相比而言，硅的禁带宽度较大，硅半导体的工作温度可以高达 200℃。硅片表面可以氧化出稳定且对掺杂杂质有极好阻挡作用的氧化层，这个特性使得硅材料在半导体的应用远优于锗。

因此，硅被选为主要的半导体材料主要原因有：

1）硅的丰裕度。硅是地球上第二丰富的元素，占地壳成分的 25%。

2）更高的熔化温度允许更宽的工艺容限。硅的熔点是 1412℃，远高于锗的 937℃的熔点，更高的熔点使得硅可以承受更高的工艺温度。

3）更宽的工作温度范围。硅半导体器件的工作温度比锗的工作温度范围要宽，增加了半导体的应用范围和可靠性。

4）氧化硅的自然生成。二氧化硅是一种高质量、稳定的电绝缘材料，而且能充当优质的化学阻挡层以保护硅不受外部玷污。电学上的稳定对于避免集成电路中相邻导体之间的漏电流是很重要的。生长稳定的薄层二氧化硅材料的能力是制造高性能金属氧化物半导体器件的根本。

2. 砷化镓

砷化镓（GaAs）的晶体结构是闪锌矿型，每个原子和周围最近邻的4个其他原子发生键合。砷化镓的化学键和能带结构与硅、锗不同，为直接带隙结构，见图2-2。

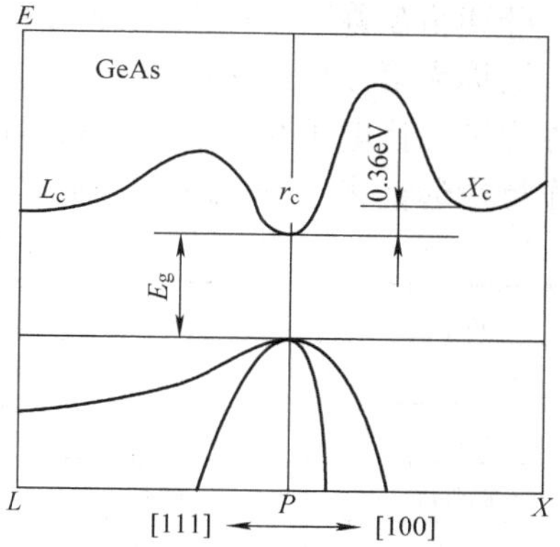

图2-2　砷化镓的能带结构

砷化镓的禁带宽度比硅、锗都大，为1.43eV。砷化镓具有双能谷导带，在外电场下电子在能谷中跃迁，迁移率变化，电子转移后电流随电场增大而减小，产生“负阻效应”。砷化镓的介电常数和电子有效质量均小，电子迁移率高，是一种特性比较全面兼有多方面优点的材料。

3. 磷化铟

磷化铟（InP）晶体呈银灰色，质地软脆。磷化铟具有载流子速度高、工作区长、热导率大等特点，可以制作低噪声和大功率器件。

磷化铟材料主要用于制作光电器件、光电集成电路和高频高速电子器件。在光电器件的应用方面，主要制作长波长（1.3～1.6μm）激光器、激光二极管和光电集成电路等，用于长距离通信。

磷化铟的抗辐射性能优于砷化镓，作为空间应用太阳能电池的材料更理想，其转换效率可达20%。在高频高速电子元器件应用方面，工作在毫米波范围内显示出它的优势。InP的异质结双极晶体管（简称为HBT）特征频率已超过160GHz，InP的高电子移动率晶体管（简称为HEMT）最高已达到320GHz，W波段（波长范围为0.375～0.3cm，频率范围为80～100GHz）振荡功率达到10mW，这些元器件可用于毫米波雷达、卫星通信。

4. 磷化镓

非掺杂磷化镓（GaP）晶体在室温下呈红色，在普通照明光源照射下透明。在GaP中掺入铬、铁和氧等杂质元素，成为半绝缘材料。目前还未得到非掺杂半绝缘材料。

GaP是间接带隙材料，它的禁带宽度为2.25eV，带间跃迁可发射550nm的绿光，掺入适当的施主、受主杂质，使之跃迁能量变化减小，可发出黄、红光，但发光效率低。

若在GaP中掺入杂质元素，将间接跃迁转化为直接跃迁，可提高发光效率。在GaP中掺N可提高绿光发光效率，掺ZnO络合物可提高红光发光效率。

GaP单晶是化合物半导体材料中生产量仅次于GaAs单晶的材料，它主要用于制作能发出红色、纯绿色、黄绿色及黄色光的发光二极管，广泛用于交通、广告等数字和图像显示。

5. 碳化硅

碳化硅（SiC）是一种重要的宽禁带半导体材料。纯净的SiC无色透明，晶体结构复杂，有近百种。常见的典型结构有3C（也称为β－SiC）、4H、6H、15R－SiC。后3种统称为α－SiC，其中6H－SiC是稳定的结构，制备工艺成熟。C代表立方晶格（闪锌矿）结构；H代表六方晶格（纤锌矿结构）；R代表菱形结构；β－SiC代表所有具有立方结构的SiC多型体。

SiC的硬度高，莫氏硬度为9，低于金刚石（10）而高于刚玉（8）。由于SiC单晶具有较大的热导率、宽禁带、高电子饱和速度和高击穿电压等特性，是制作高功率、高频率、高温“三高”元器件的优良衬底材料，并可用于制作发蓝光的发光二极管。

6. 氮化镓

硅和锗被称为第一代电子材料，Ⅲ－V族化合物半导体包括GaAs、GaP、InP及其合金，被称为第二代电子材料，SiC、c－BN、GaN、AlN、ZnSe和金刚石等宽禁带半导体材料被称为第三代电子材料。这些材料制作的元器件在大功率、高温、高频和短波长应用方面的工作特性远远优于Si和GaAs制作的元器件。表2-1为各种半导体材料的物理特性。

表2-1 各种半导体材料的物理特性

材料	带隙类型	带隙宽度/eV	熔点/℃	晶格常数/nm
Si	间接	1.12	1412	0.543
GaAs	直接	1.42	1238	0.568
金刚石	间接	5.5	4000	0.357
SiC	间接	2.9~3.3	2800	0.436
c－BN	间接	6.0~6.4	2704	0.362
ZnSe	直接	2.67	1520	0.566
c－GaN	直接	3.4	1500	0.410
AlN	直接	6.28	2300	0.311

GaN是一种坚硬稳定的高熔点材料，GaN的晶体结构主要为纤锌矿结构，其晶格常数随生长条件、杂质浓度和化学配比的变化而变化。由GaN与InP、AlN组成的混晶，形成三元化合物AlGaN、GaInN、AlInN。InN的禁带宽度为2eV，GaN的禁带宽度为3.4eV，AlN的禁带宽度为6.3eV。三者构成的化合物半导体材料的禁带宽度可在2~6.3eV之间变化，从而覆盖了红、黄、绿、紫及紫外的光谱范围。

GaN晶体生长困难，目前主要制备薄膜材料。通过金属有机气相沉积、分子束外延、氢化物气相外延制备GaN及其异质结构外延材料。

2.2 硅材料的制备

2.2.1 半导体级硅的制备

现今，300mm的晶圆技术已经成熟，随着直径的增大，其制造难度也相应提高。为了开发硅作为半导体的优越性，天然硅石必须要提炼成非常纯净的硅材料。

纯硅要求将硅原子级的微缺陷减到最小，这些缺陷对半导体的性能非常有害。一旦得到了纯硅，就要把它制成带有想要的晶向、适量的掺杂浓度和半导体硅片制备所需物理尺寸的硅片。

用来做芯片的高纯硅被称为半导体级硅（Semiconductor Grade Silicon，SGS），有时也被称为电子级硅。从天然硅中获得达到生产半导体器件所需纯度的SGS要分几步（见表2-2）。

得到SGS的第一步是在还原气体环境中，通过加热含碳的硅石（SiO_2），一种纯沙，来生产冶金及硅。

$$SiC(s)+SiO_2(s) \longrightarrow Si(l)+SiO(g)+CO(g) \tag{2-1}$$

表 2-2　制备半导体级硅（SGS）的过程

步骤	过程描述	反应方程式
1	碳加热硅石来制备冶金级硅	$SiC(s)+SiO_2(s) \longrightarrow Si(l)+SiO(g)+CO(g)$
2	通过化学反应将冶金级硅提纯以生成三氯硅烷	$Si(s)+3HCl(g) \longrightarrow SiHCl_3(g)+H_2(g)+$热量
3	三氯硅烷和氢气，用西门子工艺生产 SGS	$2SiHCl_3(g)+2H_2(g) \longrightarrow 2Si(s)+6HCl(g)$

在反应式右边所得到的冶金级硅的纯度为98%。由于冶金级硅的玷污程度相当高，所以必须使它对半导体制作没有任何用处。然后将冶金级硅压碎并通过化学反应生成含硅的三氯硅烷气体。

$$Si(s)+3HCl(g) \longrightarrow SiHCl_3(g)+H_2(g)+\text{热量} \tag{2-2}$$

含硅的三氯硅烷经过再一次化学过程并用氢气还原制备出纯度为99.9999999%的半导体级硅。

$$2SiHCl_3(g)+2H_2(g) \longrightarrow 2Si(s)+6HCl(g) \tag{2-3}$$

这种生产纯SGS的工艺称为西门子工艺。三氯硅烷和氢气被注入西门子反应器中（见图2-3）。然后在加热的超纯硅棒上进行化学反应（硅棒的温度在1100℃）。几天后，工艺过程结束，将淀积的SGS棒切成用于硅单晶生长的小片。

图 2-3　半导体级硅的西门子反应器

2.2.2　晶体结构

不仅半导体级硅的高纯度对制造半导体器件非常关键，而且它也要有近乎完美的晶体结构，只有这样才能避免对元器件特性非常有害的电学和机械缺陷。

单晶是一种固体材料，在许多的原子长程范围内原子都在三维空间中保持有序且重复状态。图2-4表示了在单晶结构中原子是怎样连接在一起的，这种称为晶格。晶格代表晶体原子水平的内部重复状态（原子排序），即使晶体表面有划伤或者很粗糙。一个例子就是普通的沙滩，尽管表面很不平整，但它的内部有原子级的水晶结构。

1. 非晶材料

非晶材料是指非晶固体材料，它们没有重复的结构，并且在原子级结构上体现的是杂乱的结构（见图2-5）。非晶材料是与晶体材料相对的，塑料就是一种非晶材料。非晶硅对生产半导体器件所需的硅片来讲是没有任何用处的，这是因为器件的许多电学和机械性质都与它的原子级结构有关。这就要求重复性的结构使得芯片与芯片之间的性能有重复性。

2. 多晶与单晶结构

如果晶胞不是有规律地排列，那么这种材料就称为多晶材料。如果从提纯工艺中得到的半导体级硅是多晶硅结构，就称为多晶硅。多晶结构就像一堆砖一样，每块砖代表一个晶胞，但从整体来看却是多晶结构，因为这些晶胞并没有按照一定的顺序重复排列（见图2-6）。

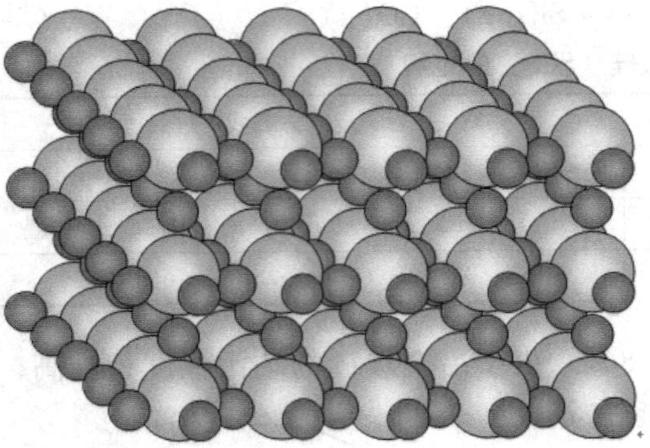

图 2-4　晶体结构的原子排列

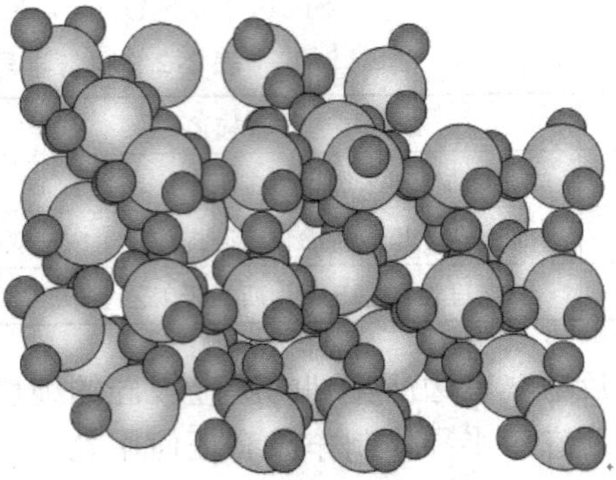

图 2-5　非晶原子结构

如果晶胞在三维方向上整齐地重复排列，那这样的结构就称为单晶。半导体芯片加工需要纯净的单晶硅结构，这是因为晶胞重复的单晶结构能够提供制作工艺和器件特性所要求的电学和机械性质。

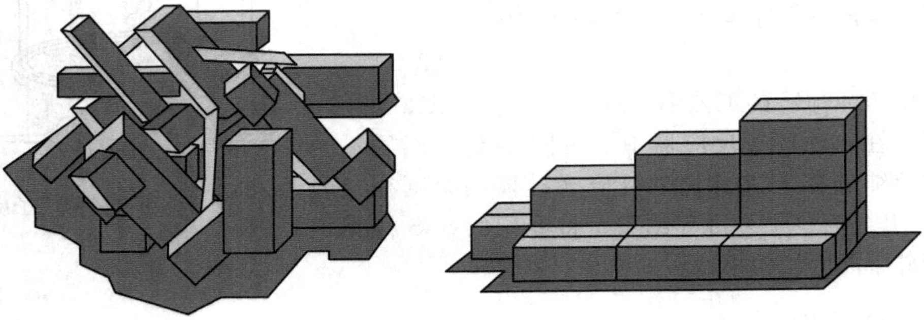

a)　　b)

图 2-6　多晶和单晶结构

a）多晶硅　b）单晶硅

2.2.3　单晶硅的制备

目前制备单晶硅的主要方法有直拉法（即 CZ 法）和悬浮区熔法，85% 以上的单晶硅是采用 CZ 法生长出来的。

1. 直拉法

早在 1918 年，切克劳斯基（J. Czochralski）从熔融金属中拉制出了金属细灯丝。受此启发，在 20 世纪 50 年代初期，Teal 和 Little 采用类似的方法从熔融硅中拉制出单晶硅锭，开发出直拉法生长单晶硅锭技术。因此，直拉法又被称为切克劳斯基法，简称为 CZ 法。

CZ 法生长单晶硅把熔化了的半导体级硅液体变为有正确晶向并且被慘杂成 N 型或者 P 型的固定硅锭。

直拉法需要一块跟所需要晶向的单晶硅作为籽晶来生长硅锭，生长的单晶硅锭正如籽晶的复制品，因此在生长过程中需要精确控制熔化了的硅和单晶硅籽晶接触面的条件，而这些条件保证薄层硅能够精确复制籽晶结构，并最后生长成一个大的硅锭，这些主要通过 CZ 拉单晶炉的设备来控制。

（1）单晶炉

单晶炉可分为4个部分：炉体、机械传动系统、加热温控系统以及气体传送系统（见图2-7）。

炉体包括了炉腔、籽晶轴、石英坩埚、掺杂勺、籽晶罩以及观察窗几个部分。炉腔是为了保证炉内温度均匀分布以及很好地散热；籽晶轴的作用是带动籽晶上下移动和旋转；掺杂勺内放有需要掺入的杂质；籽晶罩是为了保护籽晶不受污染。机械传动系统主要是控制籽晶和坩埚的运动。为了保证Si溶液不被氧化，对炉内的真空度要求很高，一般在5Torr以上，加入的惰性气体纯度需在99.9999%以上。

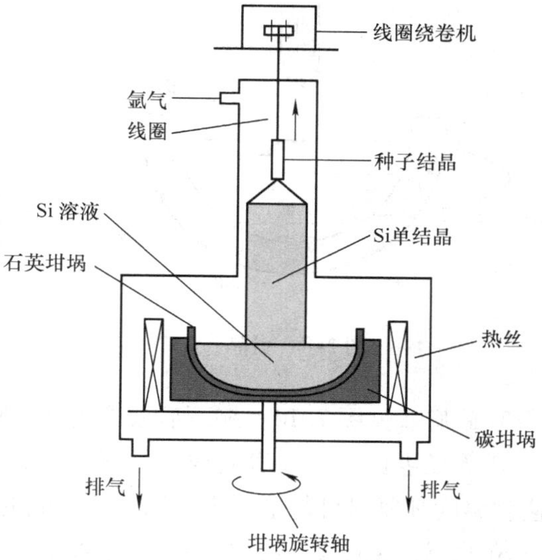

图2-7　拉单晶炉

（2）直拉法生长单晶硅过程

1）准备工作。

多晶硅的纯度要很高，要用氢氟酸对其进行抛光达到清洗的目的；籽晶上的缺陷会“遗传”给新生长的晶体，所以在选择籽晶时要注意避开缺陷；籽晶的晶向和所要生长的晶体相同；籽晶要经过清洗；根据待生长晶体的导电类型选择要掺入的杂质；清洗杂质；所有经过清洗的材料用高纯度的去离子水冲洗至中性，然后烘干，以备后用。

2）装炉。

将经过粉碎的多晶硅装入石英坩埚内；把籽晶夹到籽晶轴的夹头上，盖好籽晶罩；将炉内抽为真空并充入惰性气体；检测炉体的漏气率是否合格。

3）加热熔硅。

真空度符合要求，充满惰性气体就开始加热。一般是用高频线圈或电流加热器来加热的，后者常用于大直径硅棒的拉制。在1420℃的温度下把多晶和掺杂物加热到熔融状态。

4）拉晶。

拉晶过程分为以下5个步骤。

① 引晶（也称为下种，见图2-8）。先将温度下降到比1420℃稍低一些的温度，将籽晶下降至距液面几毫米处，对籽晶进行2～3min的预热，使熔融硅与籽晶间温度平衡。预热后，使籽晶与熔融硅液面接触，引晶完成。

② 缩颈。见图2-9，引晶结束后，温度上升，籽晶旋转向上拉出一段直径为0.5～0.7cm的新单晶，这段单晶的直径比籽晶细。缩颈的目的是为了消除籽晶原有的缺陷或引晶时由于温度变化引起的新生缺陷。缩颈时的拉速较快一些，但不宜过快。拉速过大或直径变化太大都容易导致生成多晶。

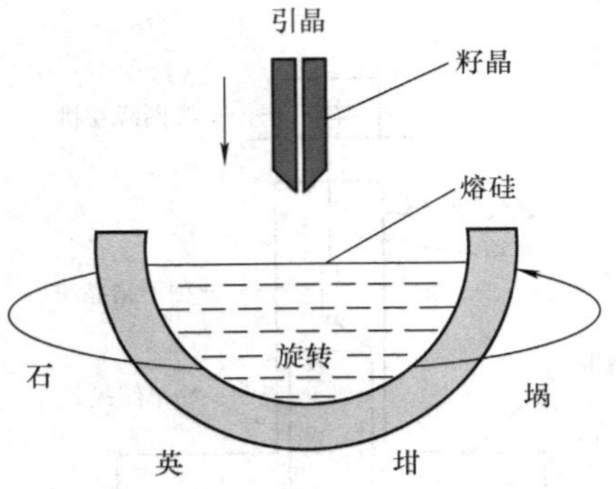

图 2-8　引晶

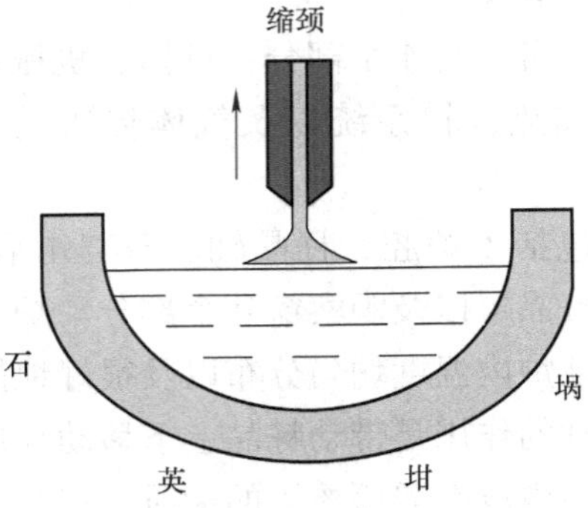

图 2-9　缩颈

③ 放肩。见图 2-10，缩颈后放慢速度、降低温度，让晶体长大至所需直径。

④ 等径生长。在放肩完成前缓慢升温，放肩结束，保持直径生长单晶。生长过程中，拉速和温度都要尽可能地稳定，以保证单晶的均匀生长。

⑤ 收尾。见图 2-11，单晶生长接近结束时，适当升高温度，提高拉速，慢慢减小晶棒直径，拉出一个锥形的尾部。其目的是为了避免晶棒离开熔融液时急速降温而产生的缺陷向上延伸。

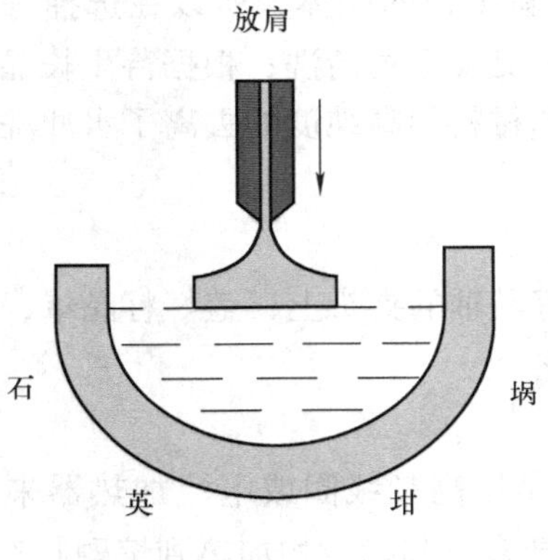

图 2-10　放肩

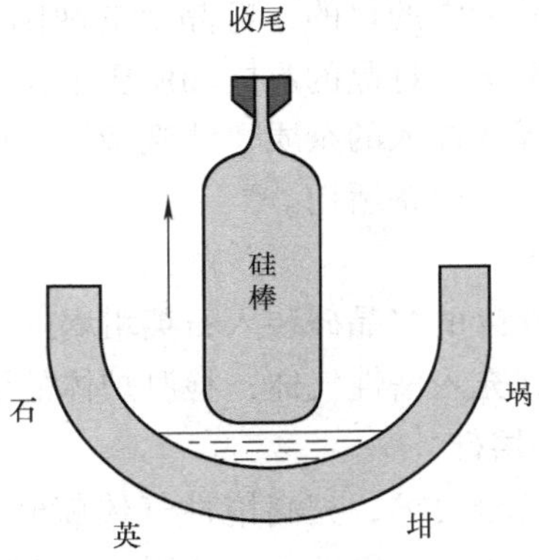

图 2-11　收尾

2. 区熔法

区熔法是另一种单晶生长方法，它所生产的单晶硅中含氧量非常少，能生产目前为止最纯的单晶硅。区熔法的示意图如图 2-12 所示。

区熔法生长单晶硅锭是把掺杂好的多晶硅棒铸在一个模型里。一个籽晶固定到一端然后放进生长炉中。用射频线圈加热籽晶与硅棒的接触区域。加热多晶硅棒是区熔法最主要的部分，因为在熔融的硅棒上凝固为单晶界面之前只有 3min 的时间。晶体生长中的加热过程沿着晶棒的轴向移动。

典型的区熔法硅片直径要比直拉法小，在进入 21 世纪以前主要生产的是 125mm 的硅片。

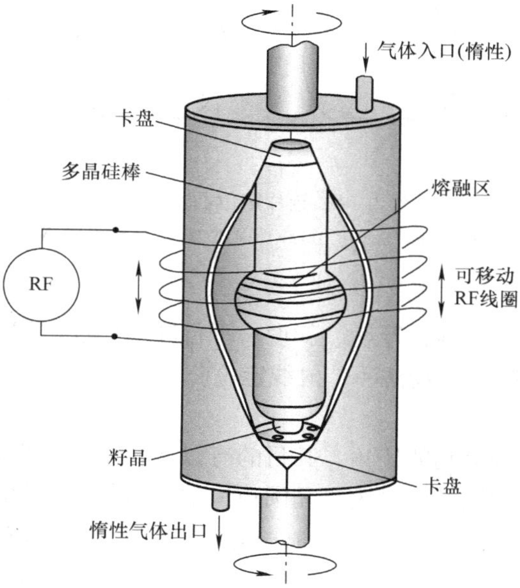

图 2-12　区熔法生长单晶硅的示意图

2.3　硅衬底的制备

2.3.1　晶圆的制备

晶棒还要经过一系列加工，才能形成符合半导体制造要求的硅衬底，即晶圆（Wafer）。加工的基本流程为：外形整理、切片、倒角、研磨以及抛光等。

1. 外形整理

（1）切割分段

将籽晶部分、肩部、尾部以及目检后不符合直径要求的部分切除，需要切除的还有电阻率和结构完整性不符合规格的部分。

（2）径向研磨

晶棒的直径不可能很精确地符合直径要求，一般都要稍大一些，所以需要对其进行径向研磨，见图 2-13。

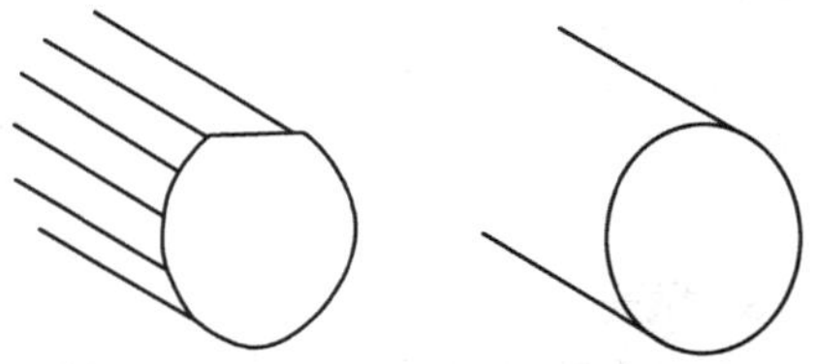

图 2-13　径向研磨
a）研磨前　b）研磨后

（3）定位面研磨

一旦晶体在切割块上定好晶向，就沿着轴滚磨出一个参考面，其位置沿着一个重要的晶面，这是通过晶体定向检查来确定的。硅片定位面示意图如图 2-14 所示。

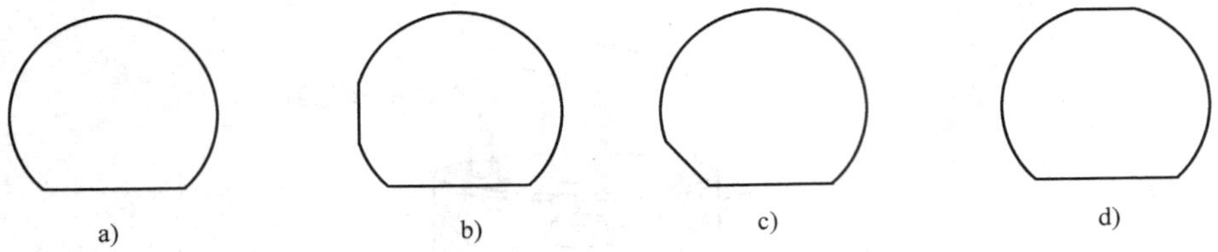

图 2-14　硅片定位面示意图

a）P 型 <111>　b）P 型 <100>　c）N 型 <111>　d）N 型 <100>

2. 切片

切片决定了晶圆的几个特性：厚度、斜度、平行度和翘度。切片的流程为：晶棒固定→X 射线定位→切片→晶圆拆卸→清洗→X 射线定位。

3. 倒角

倒角就是磨去晶圆周围锋利的棱角，其目的有以下 3 个：防止晶圆边缘破裂、防止热应力造成的损伤、增加外延层以及光刻胶在晶圆边缘的平坦度。倒角工艺如图 2-15 所示。

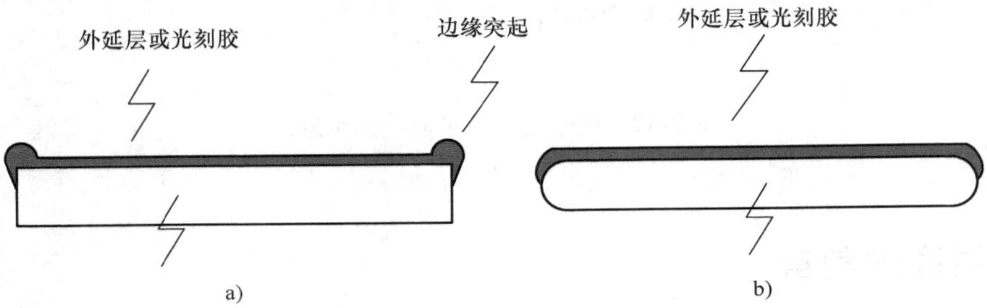

图 2-15　倒角工艺

a）倒角前　b）倒角后

4. 研磨

研磨目的是：去除表面的刀痕；消除损伤层；提高平整度，使晶圆薄厚均匀；增加表面平坦度等。研磨前后对比如图 2-16 所示。

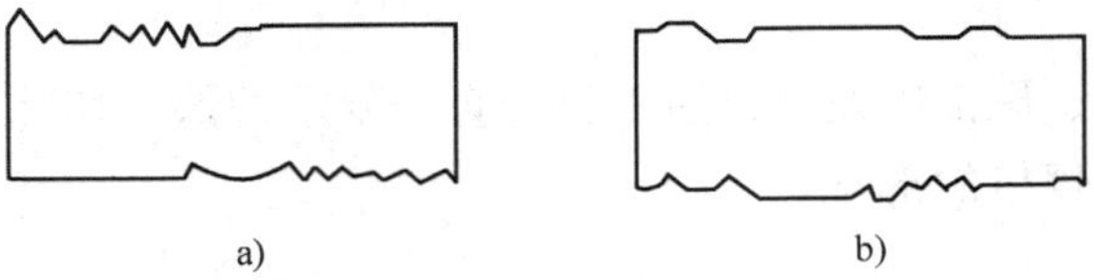

图 2-16　研磨前后对比

a）之前　b）之后

5. 抛光

抛光的目标是除去表面细微的损伤层，得到高平整度的光滑表面。抛光的方法有机械抛光和化学机械抛光两大类，机械抛光效率太低，而且耗材量大。化学机械抛光的速度就大有提高，表面质量也有所改善。抛光前后对比如图 2-17 所示。

6. 清洗

晶圆从单晶硅棒拉制完成经历了切片、研磨和抛光等加工工序，中间接触了抛光剂、研磨料等各种化学试剂及微粒的污染，最后需要将这些杂质清除干净。

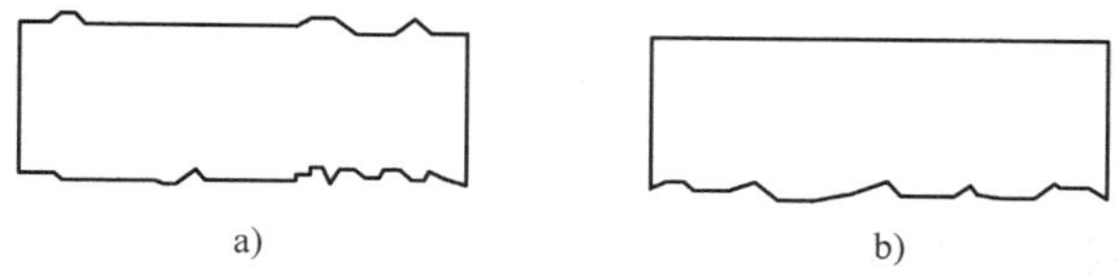

图 2-17　抛光前后对比

a）抛光前　b）抛光后

传统上，晶圆清洗均使用湿式化学清洗法，湿式化学清洗技术在现场应用多年，并证明是最有效且符合成本要求的清洗技术。目前使用最广泛的湿式化学清洗技术是 RCA（湿法清洗工艺）清洗法。

2.3.2　硅片的质量控制

硅片供应商对硅片的要求越来越严格，对于硅片测量来说，硅片的均匀性是关键。重要的硅片质量要求主要有：

1. 物理尺寸

为了达到芯片生产中器件制造的要求，以及适合硅片制造厂自动传动设备的要求，硅片必须规定物理尺寸。在硅片的制备中，尺寸控制和检查包括许多测量，例如直径、厚度、晶向位置和尺寸，定位边（或定位槽）和硅片形变。造成硅片形变最可能的原因是切片工艺。

2. 平整度

平整度是硅片最主要的参数之一，主要是因为光刻工艺对局部位置的平整度是非常敏感的。硅片平整度是指通过硅片的直线上的厚度变化。它是通过硅片的上表面和一个规定参考面的距离得到的。

3. 微粗糙度

对芯片制造来说，表面微粗糙度控制非常重要，这是因为在器件制造中，它对硅片非常薄的介质层地击穿有着负面影响。硅片在磨片后要刻蚀以去除表面微粗糙度。

4. 氧含量

控制硅锭含氧水平和均匀性是非常重要的，而且随着更大的直径尺寸，难度也越来越大。少量的氧能起到俘获中心的作用，如束缚硅中的玷污物。然而，硅锭中过量的氧会影响硅的机械和电学特性。例如，氧会导致 PN 结漏电流的增加，也会增大 MOS 器件的漏电流。

5. 颗粒

硅片表面颗粒的数量应该加以控制，使在芯片制造中的成品率损失降到最低。减少颗粒的主要方法是在硅工艺中尽量减少颗粒的产生，并且采用有效的清洗步骤去除颗粒。典型的硅片洁净度规范是在 200mm 的硅片表面每平方厘米少于 0.13 个颗粒。

6. 体电阻率

硅锭的均匀电阻率是很重要的。但在实际的晶体生长过程中，沿半径方向存在温度梯度，使硅锭中心位置达到最大值并由内到外逐渐减小。径向的温度梯度使硅锭半径方向的掺杂浓度不同。在硅锭去除两端之后，检查硅锭电阻率和均匀性。

2.4 习题

1. 常用的半导体材料有哪些？
2. 为什么会选用硅作为常用的半导体材料？
3. 简述半导体级硅的制作步骤。
4. 描述非晶材料。为什么这种硅不能用于硅片？
5. 常用生长单晶硅的方法有哪些？
6. 单晶炉由哪些部分组成？
7. 简述直拉法晶体生长过程。
8. 描述区熔法。
9. 硅锭径向研磨的作用是什么？
10. 为什么要倒角？给出它有益于硅片质量的 3 个原因。
11. 为什么要对硅片表面进行化学机械平坦化？
12. 硅片质量控制主要有哪些？

第 3 章　集成电路制造工艺概况

典型的集成电路芯片制造需要硅片在不同工艺步骤中多次循环，本章通过几种典型的集成电路制造工艺过程的介绍，了解集成电路制造中主要的工艺流程。

本章的学习目标：

1）了解典型双极型晶体管制造工艺流程。

2）了解典型 MOS 制作工艺流程。

3）了解典型 CMOS 制作工艺流程。

3.1　双极型晶体管制造工艺概况

双极型电路具有速度快、电流驱动能力强和模拟电路精度高等特点，因此，双极型工艺不仅非常适用于模拟电路制造，而且在集成电路制造工艺技术发展初期，双极型工艺集成技术在数字电路制造中也得到了广泛应用，特别是还出现了双极逻辑集成电路发展高潮。逻辑集成电路通用性强、需用量大、结构简单、便于大批量生产以及在价格、体积、功耗和可靠性等方面与同等功能的分立器件相比具有明显优势，因而迅速得到推广应用。

双极工艺发展过程中，在早期的标准双极工艺集成技术的基础上陆续推出了多晶硅发射极双极、互补双极、SiGe 双极和 SOI 全介质隔离双极等工艺，并广泛采用了薄层外延、深槽隔离、多晶硅自对准以及多层金属互连等技术，使陆续推出的新工艺技术制造的元器件性能不断提高，不过双极工艺集成技术也越变越复杂。

下面以一个 NPN 双极型晶体管为例，介绍一个典型的双极型晶体管的制作工艺流程。

1. 衬底制备

衬底采用轻掺杂的 P 型硅（见图 3-1）。

图 3-1　P 型硅衬底

2. 埋层制备

为了减小集电区的串联电阻，并减小寄生 PNP 管的影响，在集电区的外延层和衬底间通常要制作 N^+ 埋层。首先在衬底上生长一层二氧化硅，并进行一次光刻，刻蚀出埋层区域，然后注入 N 型杂质（如磷、砷等），再退火（激活）杂质。埋层材料选择标准是杂质在硅中的固溶度要大，以降低集电区的串联电阻；在高温下，杂质在硅中的扩散系数要小，以减少制作外延层时的杂质扩散效应；杂质元素与硅衬底的晶格匹配要好，以减小应力，最好是采用砷。制备埋层如图 3-2 所示。

3. 外延层

去除全部二氧化硅后，外延生长一层轻掺杂的硅。此外延层作为集电区。整个双极型集成电路便制作在这一外延层上。外延生长主要考虑电阻率和厚度。为了减少结电容，提高击穿电压，降低后续工艺过程中的扩散效应，电阻率应尽量高一些；但为了降低集电区串联电阻，又希望它小一些。外延工艺如图 3-3 所示。

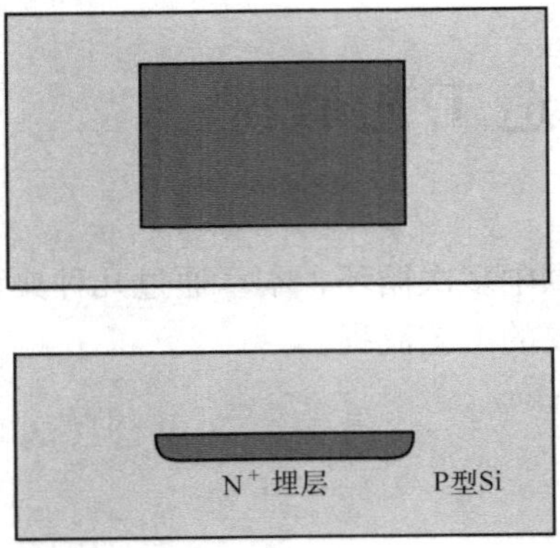

图 3-2　制备埋层

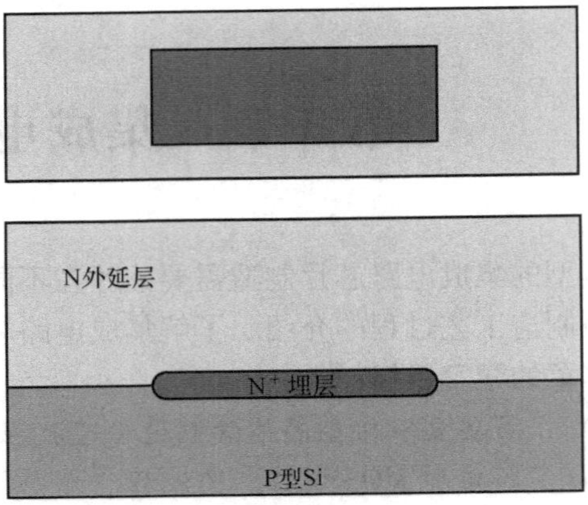

图 3-3　外延工艺

4. 形成隔离区

先生长一层二氧化硅，然后进行二次光刻，刻蚀出隔离区，接着预淀积硼（或者采用离子注入），并退火使杂质推进到一定距离，形成 P 型隔离区。这样器件之间的电绝缘就形成了。形成隔离区如图 3-4 所示。

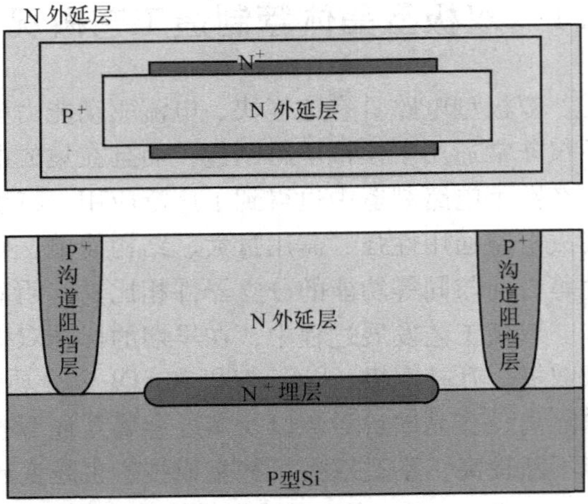

图 3-4　形成隔离区

5. 深集电极接触的制备

这里的“深”指集电极接触深入到了 N 型外延层的内部。

为降低集电极串联电阻，需要制备重掺杂的 N 型接触，进行第三次光刻，刻蚀出集电极，再注入（或扩散）磷并退火。制备集电极接触如图 3-5 所示。

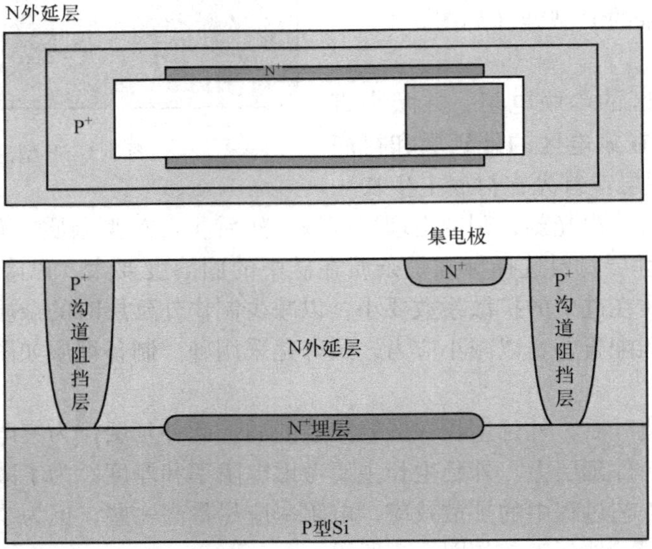

图 3-5　制备集电极接触

6. 基区的形成

先进行第四次光刻，刻蚀出基区，然后注入硼并退火，使其扩散形成基区。由于基区掺杂元素及其分布直接影响元器件电流增益、截止频率等特性，因此注入硼的剂量和能量要特别加以控制。形成基区如图 3-6 所示。

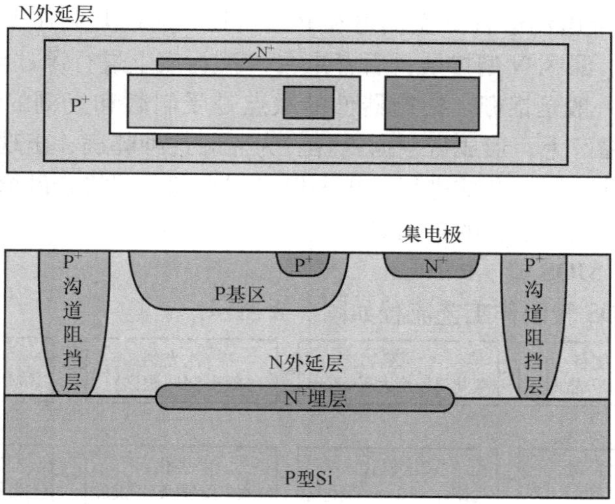

图 3-6　形成基区

7. 发射区形成

在基区上生长一层氧化物，进行第五次光刻，刻蚀出发射区，进行磷或砷注入（或扩散），并退火形成发射区。形成发射极如图 3-7 所示。

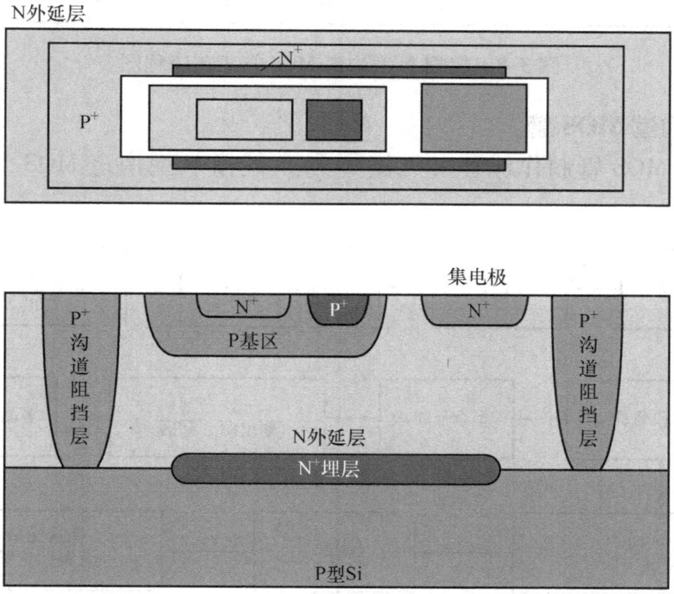

图 3-7　形成发射极

8. 金属接触

淀积二氧化硅后，进行第六次光刻，刻蚀出接触窗口，用于引出电极线。接触孔中通过溅射金属铝形成欧姆接触。

3.2 MOS 场效应晶体管工艺概况

由于 MOS 器件的导电沟道有 N 型沟道和 P 型沟道，所以其制作工艺稍有差别。前者是在 P 型衬底上进行源、漏区 N 型掺杂；后者是在 N 型衬底上进行源、漏区 P 型掺杂。

MOS 器件的栅极一般是铝栅。铝栅器件的缺点是受制版和光刻的精度局限，使铝栅边缘有一部分盖在源、漏区上，形成寄生栅电容。为克服这种弊病，出现了自对准工艺，作为栅极的多晶硅淀积在漏、源掺杂前进行，栅电极光刻和源、漏掺杂区窗口一次光刻完成，从而实现硅栅边界和源、漏区边界的自动对准。

1. 铝栅 N 型沟道 MOS 管

铝栅 N 型沟道 MOS 管制作工艺流程如图 3-8 所示。

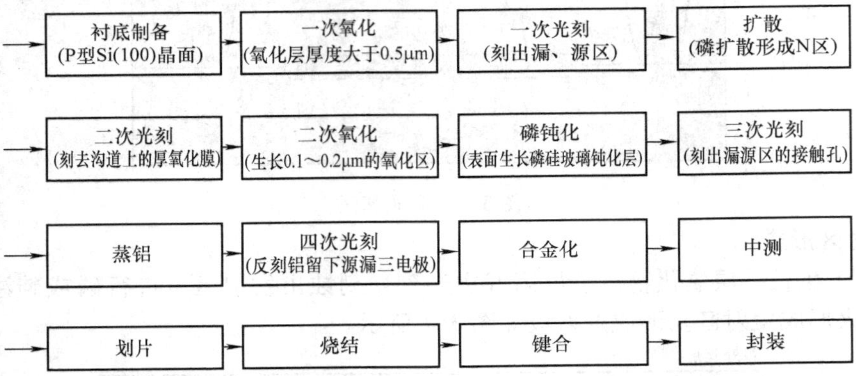

图 3-8　铝栅 N 型沟道 MOS 管工艺流程图

2. 硅栅 P 型沟道 MOS 管

硅栅 P 型沟道 MOS 管制作流程（见图 3-9），硅栅 P 型沟道 MOS 管工艺流程剖面图（见图 3-10）。

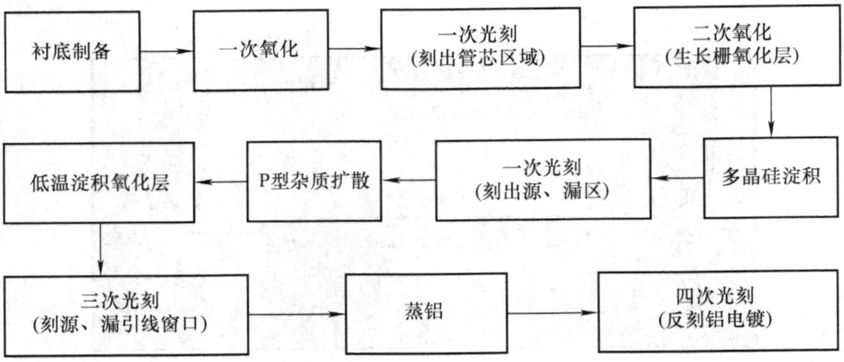

图 3-9　硅栅 P 型沟道 MOS 管制作流程图

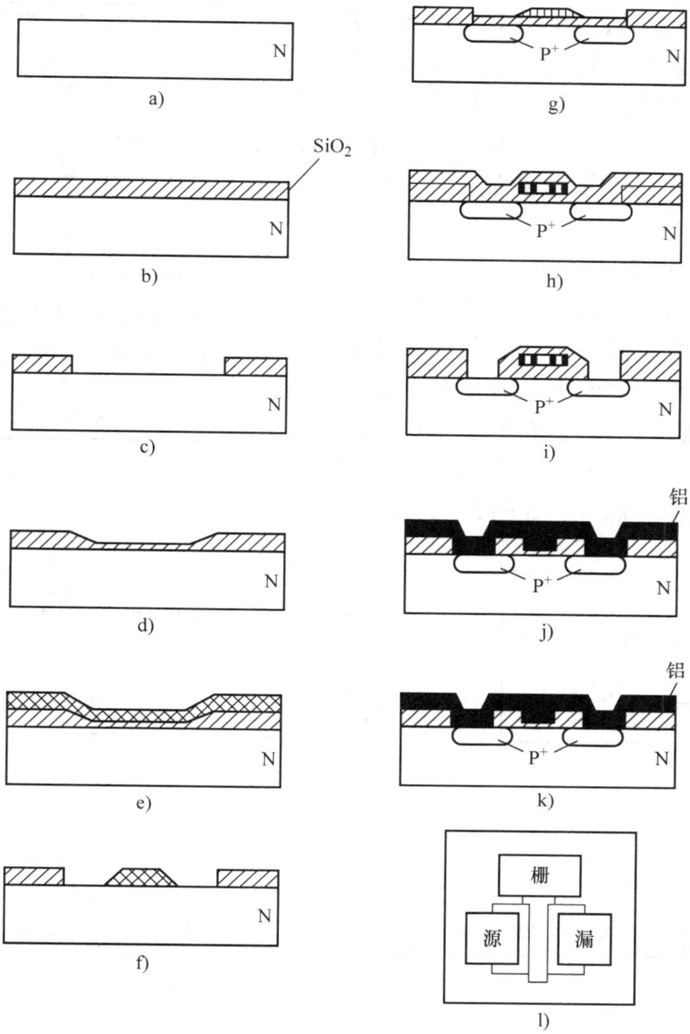

图 3-10　硅栅 P 型沟道 MOS 管工艺流程剖面图

a）衬底制备　b）一氧化　c）一次光刻　d）二次氧化　e）多晶硅淀积　f）二次光刻　g）P 型杂质扩散　h）低温淀积氧化层　i）三次光刻　j）蒸铝　k）反刻铝及合金（四次光刻）　l）布局示意图

3.3　CMOS 集成电路工艺概况

CMOS 器件功耗低、速度快、抗干扰能力强、集成密度高和封装成本低，在很多领域得到了广泛的应用。下面以 CMOS 反相器为例，简单介绍 P 阱 CMOS 电路的工艺流程。

1. 选择衬底

衬底既可以是 N 型的，也可以是 P 型的，选择类型不同，制作工艺也是有差别的，但原理是相同的。

2. P 阱的制作

首先用热氧化法（干—湿—干氧化模式）在衬底或外延层上生长一层二氧化硅膜；接

着用光刻掩膜版在氧化层上刻出 P 阱的掺杂孔，提供杂质源进行掺杂；最后还需要在一定的条件下（通常选择在 1150℃的氮氧混合气氛中）退火，使杂质激活以及再分布。由于退火氛围中含氧，所以退火的同时在晶圆表面也生长了一层薄薄的氧化层。P 阱的制作如图 3-11 所示。

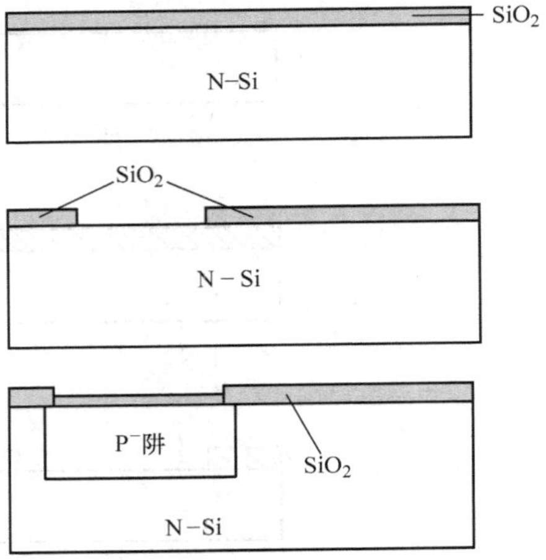

图 3-11　P 阱的制作

3. 场氧氧化、确定有源区

CMOS 中 N 沟道晶体管和 P 沟道晶体管所在的区域为“有源区”。为了减少寄生晶体管的影响，需要在不同的 MOS 晶体管之间形成较厚的氧化层，称为“场氧”。场氧以外的区即为有源区。制作步骤如下：淀积氮化硅层、有源区光刻、N 管场区注入和生长场氧。场氧氧化，确定有源区，如图 3-12 所示。

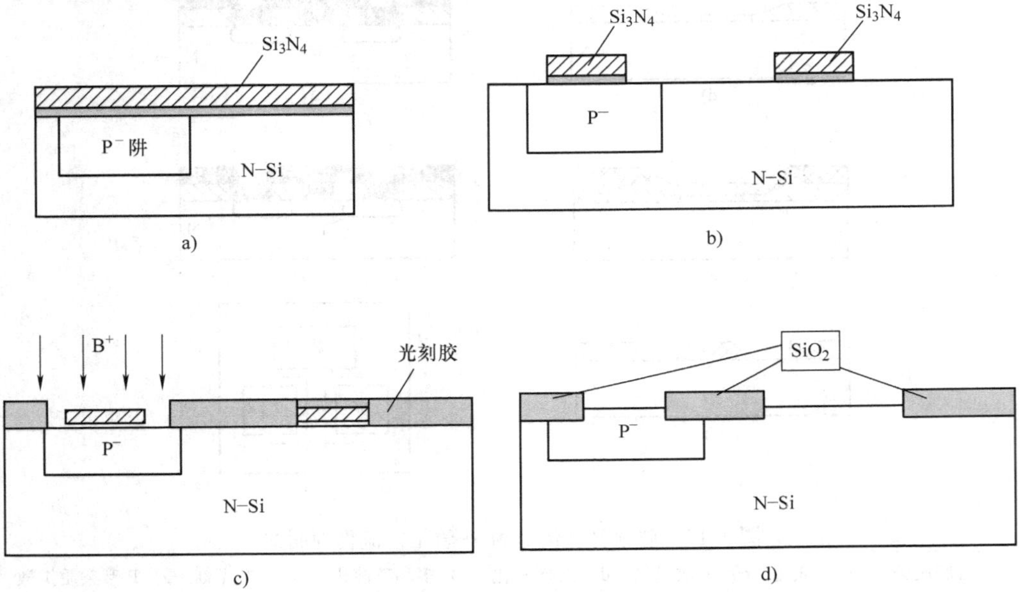

图 3-12　场氧氧化、确定有源区

a）淀积氮化硅　b）有源区光刻　c）N 管场区注入　d）场氧氧化

4. 生长多晶硅栅

制作步骤如下：氧化、P 管场区注入、栅氧化、生长多晶硅和形成硅栅。多晶硅栅的形成如图 3-13 所示。

5. 形成 PMOS 的源、漏区

栅电极形成后，就可以制作 PMOS 管和 NMOS 管。P 沟道 MOS 晶体管的制作包括：光刻、掺杂。PMOS 的源、漏区的形成如图 3-14 所示。

6. 形成 NMOS 的源、漏区

生成 P 沟道 MOS 晶体管后，就可采用类似方法制作 N 沟道 MOS 晶体管。NMOS 的源、漏区的形成如图 3-15 所示。

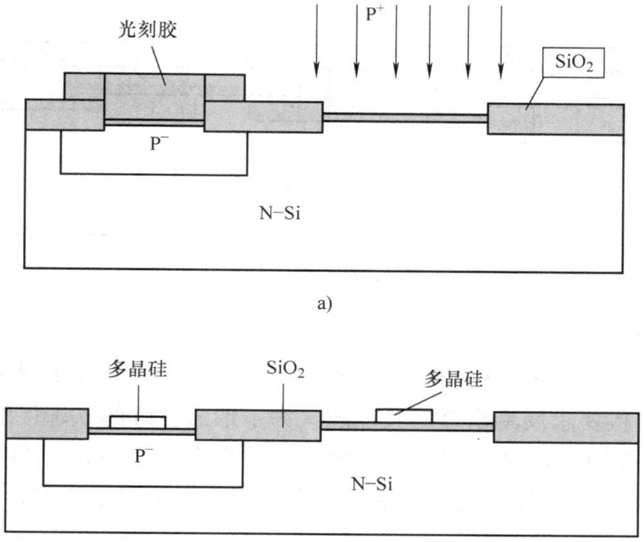

a)

b)

图 3-13　多晶硅栅的形成

a）P 管场区注入　b）形成硅栅

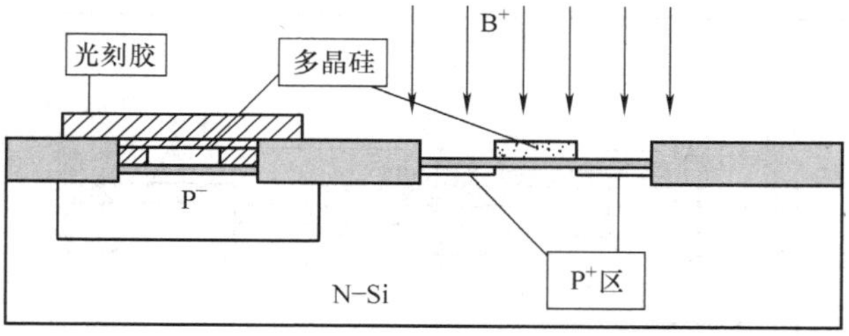

图 3-14　PMOS 的源、漏区的形成

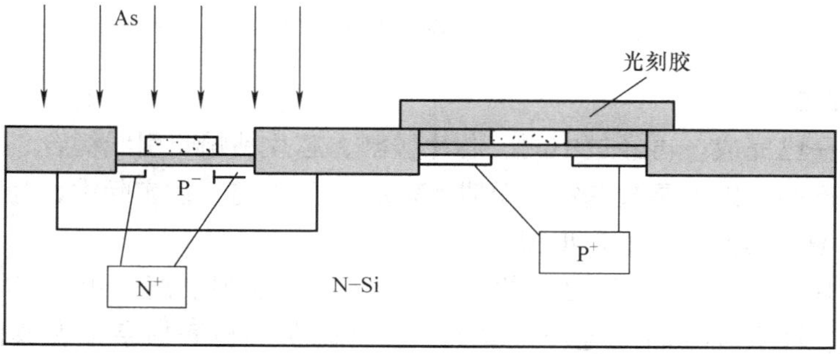

图 3-15　NMOS 的源、漏区的形成

7. 生长 PSG

接下来的二氧化硅层都是通过化学反应沉积而成的，其中加入 PH_3 形成 PSG，加入 B_2H_6形成 BPSG 以平坦表面。PSG 或 BPSG 能很好地稳定可动离子，保证 MOS 器件的电压稳定性，它们还起到保护管芯表面提高使用可靠性的作用。生长 PSG 如图 3-16 所示。

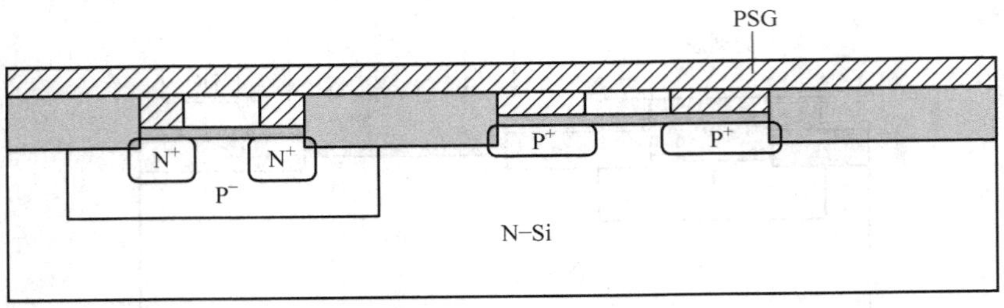

图 3-16　生长 PSG

8. 制作电极引线

为了形成电极，首先应进行引线孔的光刻，接下来采用蒸发或溅射工艺在晶片表面淀积金属层，按照电路连接要求反刻出金属互连线。为了形成良好的欧姆接触，布线工艺是在含有 5% ~10% 氢的氮气中，在 400 ~500℃温度下热处理 15 ~30min，以使铝和硅合金化。最后还要定出 PAD 接触孔，以便进行引线键合工作。制作电极引线如图 3-17 所示。

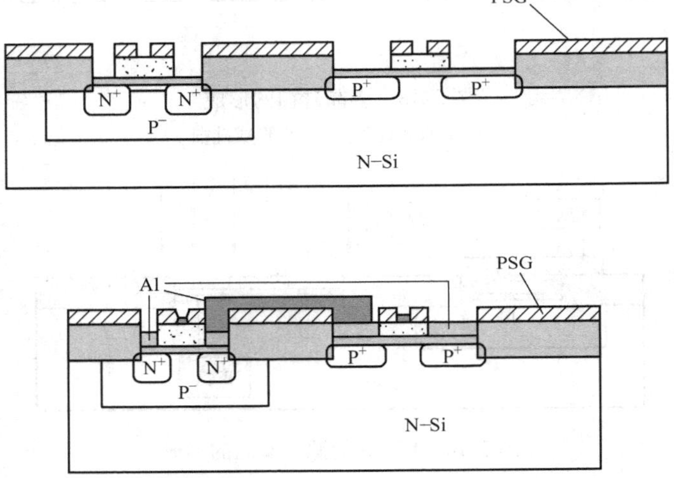

图 3-17　制作电极引线

9. 后工序加工

至此，前工序已完成。再经过中测、芯片切割、芯片粘贴、引线键合、压模、筛选和测试，挑选出合格产品。以上是最基本的单阱 CMOS 工艺流程。在实际中，为了提高电路的某些性能，还需要增加其他附加工艺步骤。

CMOS 电路中为了使阱与衬底之间的 PN 结处于反偏起到隔离作用，需将 P 阱连接到电路中电压最低处，而 N 阱连接到电压最高处。另外因阱和衬底掺杂浓度较低，故在阱、衬底区域有一小部分要进行重掺杂，其作用是便于以后与金属电极间形成良好的欧姆接触，如图 3-18 所示。

N 阱 CMOS 工艺与 P 阱 CMOS 工艺流程相同，只是在衬底、阱、掺杂类型的选择上有所不同而已。此外，还有双阱工艺，双阱工艺是在重掺杂的衬底上生长一层轻掺杂的外延层，以防止闩锁效应，然后在轻掺杂的外延层内分别形成 N 阱和 P 阱，其他步骤都与单阱 CMOS 工艺相同。

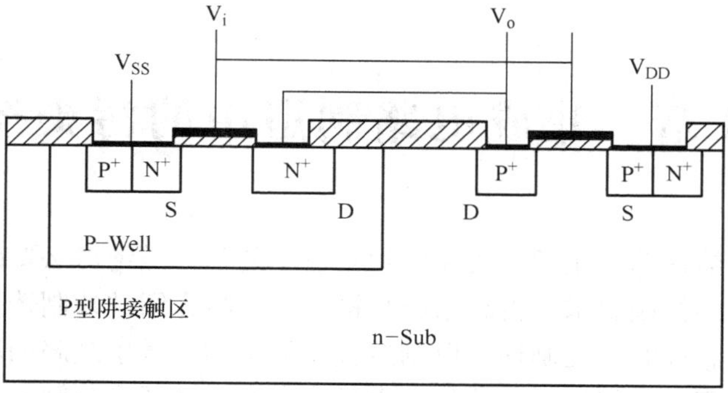

图 3-18　欧姆接触

3.4　习题

1. 简述双极型晶体管制造工艺流程。
2. 简述 MOS 晶体管制造工艺流程。
3. 简述 CMOS 制造工艺流程。

第 4 章　集成电路制造中的污染控制

为使芯片上的元器件功能正常，避免硅片制造中的玷污是绝对必要的。随着元器件关键尺寸的缩小，对玷污的控制要求变得越来越严格。本章将介绍硅片制造中各种类型的重要玷污、它们的来源以及怎样有效控制玷污以制造包含最小玷污诱生缺陷的高性能集成电路。

为了控制制造过程中不能接受的玷污，半导体产业开发了净化间。净化间本质上是一个净化的空间，它以超净空气把芯片制造与外界的玷污环境隔离开来，包括化学品、人员和常规的工作环境。

了解净化间的环境很重要，因为复杂的芯片就是从这里制造出来的。硅片制造中大量的工序细节都要受到保持净化间完整性的限制，成功的净化间一个首要的因素就是员工纪律。

本章的学习目标：

1）了解集成电路制造中玷污的种类。

2）了解集成电路制造中玷污控制的方法。

3）熟悉清洗工艺流程及清洗设备。

4）掌握化学湿法清洗及工艺流程操作。

4.1　集成电路制造中的玷污

玷污是指半导体制造过程中引入半导体硅片的任何危害微芯片成品率及电学性能的不希望有的物质。这里将介绍制造工序中引入的各种类型的表面玷污。

玷污经常导致有缺陷的芯片。致命缺陷是导致硅片上的芯片无法通过电学测试的原因。据估计，80%的芯片电学失效是由玷污带来的缺陷引起的。电学失效引起成品率损失，导致硅片上的管芯报废（丢弃）以及很高的芯片制造成本。

净化间玷污分为 5 类，如下所述。

- 颗粒
- 金属杂质
- 有机物玷污
- 自然氧化层
- 静电释放（ESD）

4.1.1　颗粒

颗粒是能黏附在硅片表面的小物体。悬浮在空气中传播的颗粒被称为浮质（aerosol）。

半导体制造的目标是控制并减少硅片与颗粒的接触，在硅片制作过程中，颗粒能引起电路开路或短路，它们能在相邻导体间引起短路。

半导体制造中，可以接受的颗粒尺寸的粗略法则是它必须小于最小器件特征尺寸的一半，大于这个尺寸的颗粒会引起致命的缺陷。例如，0.18μm 的特征尺寸不能接触 0.09μm

以上尺寸的颗粒。为估量这些尺寸，先假定人类头发的直径约为90μm，0.18μm的尺寸则为人类头发尺寸的1/500。人类头发对0.18μm颗粒的相对尺寸如图4-1所示。

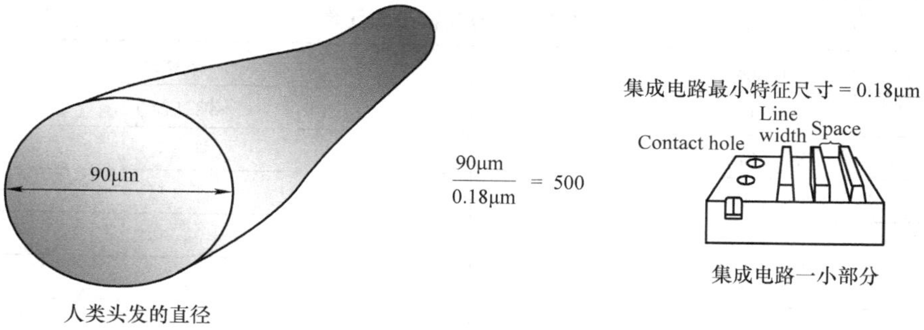

图4-1　人类头发对0.18μm颗粒的相对尺寸

硅片表面的颗粒密度代表了特定面积内的颗粒数。更高的颗粒密度产生致密缺陷的机会也更大。一道工序进入到硅片中超过某一关键尺寸的颗粒数，用术语表征为每步每片上的颗粒数（PWP）。在半导体制造的早期，熟练的操作员通过诸如显微镜之类的简单工具直观地检查硅片表面的颗粒。然而，这种方法在VLSI和ULSI时代是不可接受的。自从20世纪80年代中期以来，颗粒检测已经广泛采用激光束扫描硅片表面和检测颗粒散射的光强及位置来进行（见图4-2）。

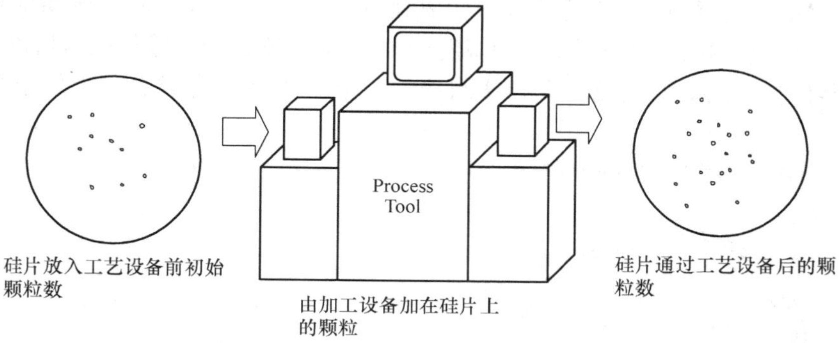

图4-2　每硅片每通道颗粒数

4.1.2　金属杂质

硅片加工厂的玷污也可能来自金属化合物。危害半导体工艺的典型金属杂质是碱金属，它们在普通化学品和工艺中都很常见，这些金属在所有用于硅片加工的材料中都要严格控制（见表4-1）。

金属来自于化学溶液或者半导体制造中的各种工序。离子注入工艺表现出最高的金属玷污，在10^{12} ~ 10^{13}原子/平方厘米级数之间。另一种金属玷污的来源是化学品同传输管道和容器的反应。例如，一氧化碳气体作为改进各种硅片工艺的附加气体，能与不锈钢中的镍、垫圈和气体传输系统中的其他元器件起反应。通过这个反应，气相的一氧化碳形成镍的四羰基化物颗粒分布在硅片表面。这些颗粒可以重新分布到硅片体内导致器件缺陷增加。

金属可以通过两种途径淀积在硅片表面上。第一种途径，金属通过金属离子与位于硅片表面的氢原子的电荷交换而被束缚在硅表面，这些类型的金属杂质很难消除。金属淀积在硅片表面的第二种途径，是当表面氧化时金属杂质分布于氧化层内，由于这个原因，氧化工艺时洁净度是非常关键的。在氧化层中的金属杂质只有通过去除硅片表面的氧化层来去除。

表 4-1　典型金属杂质元素

重金属	碱金属
铁（Fe）	钠（Na）
铜（Cu）	钾（K）
铝（Al）	锂（Li）
铬（Cr）	
钨（W）	
钛（Ti）	

金属离子在半导体材料中是具有高度活动性的，可被称为可动离子玷污（MIC）。当MIC引入到硅片中，在整个硅片中移动，严重损害元器件电学性能和长期可靠性。未经处理过的化学品中的钠是典型的、最为普遍的MIC之一，人充当了它的运送者。钠玷污在硅片加工中被严格控制。

金属杂质带来的问题。金属杂质导致了半导体制造中元器件成品率的减少，包括氧化物-多晶硅栅结构中的结构性缺陷。额外的问题包括PN结上漏电流的增加以及少数载流子寿命的减少。MIC玷污能迁移到栅结构中的氧化硅界面，改变开启晶体管所需的阈值电压（见图4-3）。由于它们的性质活泼，金属离子可以在电学测试和运输很久以后沿着元器件移动，引起元器件在使用期间失效。半导体制造的一个主要目标是减少与金属杂质和MIC的接触。

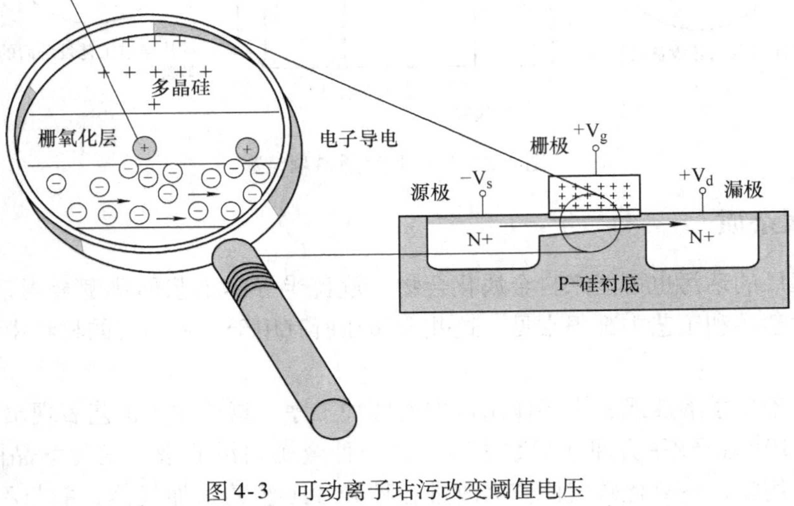

图 4-3　可动离子玷污改变阈值电压

4.1.3　有机物玷污

有机物玷污是指那些包含碳的物质，几乎总是同碳自身及氢结合在一起，有时也和其他元素结合在一起。有机物玷污的一些来源包括细菌、润滑剂、蒸汽、清洁剂、溶剂和潮气。现在用于硅片加工的设备用不需要润滑剂的组件来设计，例如，无油润滑泵和轴承等。

在特定工艺条件下，微量有机玷污能降低栅氧化层材料的致密性。工艺过程中给半导体表面带来的另一个问题是表面的清洗不彻底，这种情况使得诸如金属杂质之类的玷污在清洗后仍保留在硅片表面。

4.1.4 自然氧化层

如果暴露于室温下的空气或含溶解氧的去离子水中，硅片的表面将被氧化，这一薄氧化层称为自然氧化层。硅片上最初的自然氧化层生长始于潮湿。当硅片表面暴露在空气中时，1s 内就有几十层水分子吸附在硅片上并渗透到硅表面，这引起硅表面甚至在室温下就发生氧化。自然氧化层的厚度随暴露时间的增长而增加。

硅表面无自然氧化层对半导体性能和可靠性是非常重要的。自然氧化层将妨碍其他工艺步骤，如硅片上单晶薄膜的生长和超薄氧化层的生长。自然氧化层也包含了某些杂质，它们可以向硅中转移并形成电学缺陷。

自然氧化层引起的另一个问题在于金属导体的接触区。接触使得互连线和半导体元器件的源区及漏区保持电学连接，如果有自然氧化层存在，将增加接触电阻，减少甚者可能阻止电流流过（见图 4-4）。

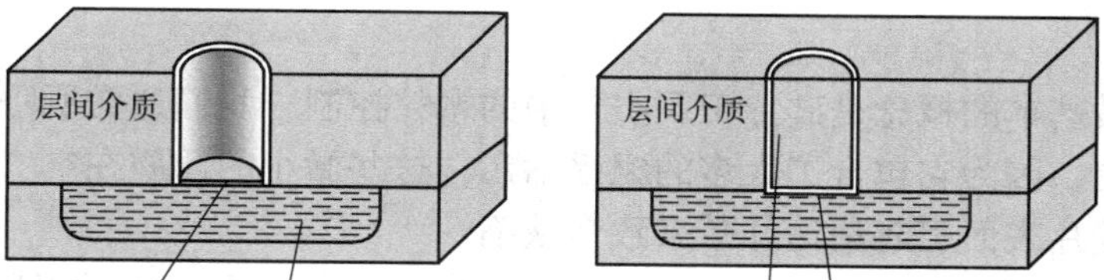

图 4-4　接触孔底部的自然氧化层引起差的电接触

4.1.5 静电释放

静电释放（ESD）也是一种形式的玷污，因为它是静电荷从一个物体向另一物体未经控制地转移，可能损坏微芯片。ESD 产生于两种不同静电势的材料接触或摩擦，带过剩余电荷的原子被相邻的带正电荷的原子吸引了。这种由吸引产生的电流泄放电压可以高达几万伏。

半导体制造中容易产生静电释放，因为硅片加工保持在较低的湿度中，典型条件为 40% +10% 相对湿度（RH），这种条件容易使较高级别的静电荷生成。虽然增加相对湿度可以减少静电生成，但是也会增加侵蚀带来的玷污，这种方法并不实用。

尽管 ESD 发生时转移的静电总量通常很小，然而放电的能量积累在硅片上很小的一个区域内。发生在几个纳秒内的静电释放能产生超过 1A 的峰值电流，简直可以蒸发金属导体连线和穿透氧化层。放电也可能成为栅氧化层击穿的诱因。ESD 带来的另一个重大问题在于，一旦硅片表面有了电荷积累，它产生的电场就能吸引带电颗粒或极化并吸引中性颗粒到硅片表面，如图 4-5 所示。电视屏幕能吸引灰尘就是一个例子。此外，颗粒越小，静电对它的吸引作用就越明显。随着器件关键尺寸的缩小，ESD 对更小颗粒的吸引变得重要起来，能产生致命缺陷。为了减小颗粒玷污，硅片放电必须得到控制。

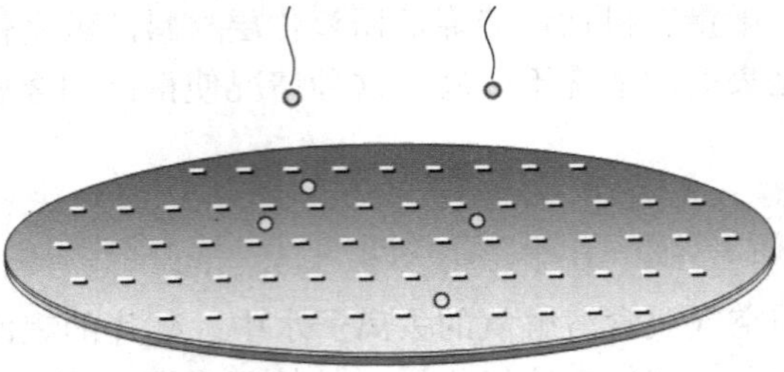

图 4-5　带电硅片吸附颗粒

4.2　玷污的源与控制

加工硅片的净化间必须严格控制玷污以减少危害芯片性能的致命缺陷，几乎每一个接触硅片的物体都是潜在的玷污来源。硅片生产车间的主要玷污源有：空气、人、厂房、水、工艺化学品、工艺气体和生产设备等。

4.2.1　空气

净化间最基本的概念是硅片工厂空气中的颗粒控制。我们通常所呼吸的空气是不能用于半导体制造的，因为它包含了太多的飘浮玷污，这些微小的浮质在空气中飘浮并停留很长时间，淀积在硅片表面引起玷污并带来致命缺陷。

净化级标定了净化间的空气质量级别，它是由净化室空气中的颗粒尺寸和密度表征的。这一数字描绘了要如何控制颗粒以减少颗粒玷污。净化级别起源于美国联邦标准 209，209E 版本如表 4-2 所示。

表 4-2　209E 中各净化间级别对空气飘浮颗粒的限制

级别	颗粒/立方英尺				
	0.1 μm	0.2 μm	0.3 μm	0.5 μm	5 μm
1	3.50×10^{1}	7.70	3.00	1.00	
10	3.50×10^{2}	7.50×10^{1}	3.00×10^{1}	1.00×10^{1}	
100		7.50×10^{2}	3.00×10^{2}	1.00×10^{2}	
1000				1.00×10^{3}	7.00
10000				1.00×10^{4}	7.00×10^{1}
100000				1.00×10^{5}	7.00×10^{2}

如果净化间级别仅用颗粒来说明，例如 1 级净化间，则只接受 1 个 0.5μm 的颗粒。这意味着每立方英尺中尺寸等于或大于 0.5μm 的颗粒最多允许 1 个。对于尺寸不同于 0.5μm 的颗粒，净化间级别应该表达为具体颗粒尺寸的净化级别。例如：10 级 0.2μm 和 10 级 0.1μm。

4.2.2 人

为了实现净化间内的超净环境，人员必须遵循某些程序，称为净化间操作规程，还必须穿上超净服，如图 4-6 所示。超净服由兜帽、连衣裤工作服、靴子和手套组成，完全包裹住身体。

超净服系统的目标是满足以下职能标准：

1）对身体产生的颗粒和浮质的总体抑制；

2）超静服系统颗粒零释放；

3）对 ESD 的零静电积累；

4）无化学和生物残余物的释放。

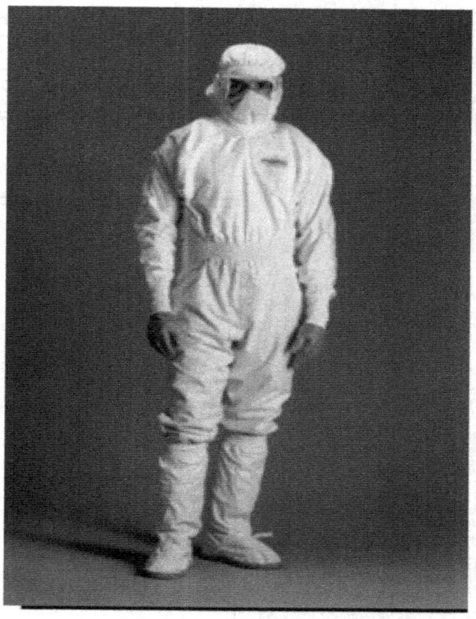

图 4-6 穿净化服的技术员

为了减小净化间的玷污，每家半导体公司都有一套严格的程序以满足净化间操作规程。表 4-3 列出了某些净化间操作规程。

表 4-3 合理的净化间操作规程

应该做的	不应该做的	理由
只有授权的人员可进入净化间	没有授权不得入内	有授权的人熟悉超静间规范
只把必需的物品带入净化间	禁止携带化妆品、香烟、手帕、卫生纸、食品、饮料、果糖、香水、水表、电话或非净化间允许的纸张、设计图、操作手册、指标图标等	阻断不想要的玷污源进入半导体元器件中产生缺陷
根据公司培训规定的方式着装进入	不允许包裹不严的服装进入净化间	确保超静服免受可能进入净化间的玷污
始终确保所有的头部和面部头发被包裹起来	不要暴露脸上和头部的头发	头发是玷污源
遵守进入净化间的程序，如风淋和鞋清洁器	不要在所有程序完成之前开启任何一道通往净化间的门	所有的淋浴都可能有助于去除玷污
在净化间中所有时间内都保持超静服闭合	不要把任何服装暴露于超静室内。不要让皮肤的任何部分接触超静服的外面部分	不想要的玷污源
缓慢移动	不要群聚或快速移动	破坏气流模式

4.2.3 净化间布局

为使半导体制造在一个超洁净的环境中进行，有必要采用系统的方法来控制净化间区域的输入和输出，有 3 种基本的策略用于消除净化间颗粒：

1）从未受颗粒玷污的净化间着手开始。

2）尽可能减小通过设备、器具、人员和净化间供给引入的颗粒。

3）持续监控净化间的颗粒，定期反馈信息和维护清洁。

在 20 世纪 70 年代早期，LSI 制造线制造区的整体净化级别为 10000 级，而单独工作台的局部级别为 100 级。业界开发了一种舞厅式布局方法，大的制造间具有 10000 级的级别，层流工作台提供了一个 100 级的生产环境，见图 4-7。

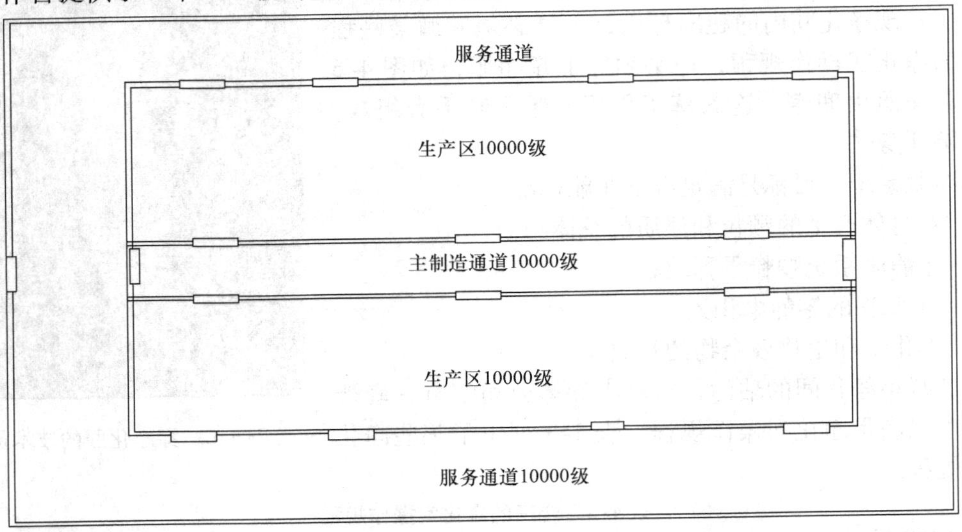

图 4-7　早期净化间的舞厅式布局

随着 20 世纪 80 年代的亚微米工艺的到来，生产区与技术区夹层方法进入到净化间。在这种净化间布局中，一个普通的走廊分隔开生产区和服务区，如图 4-8 所示。在加工硅片的生产车间内，典型的净化级别为 1 级。绝大多数设备维护在 1000 级的服务区进行。

现代硅片加工线基于其中一种净化间设计制造。舞厅式布局作为最先进的净化间设计被推广，包括硅片自动控制和工艺设备的局部玷污控制。在这两种净化间中，典型的情况下面都设有一个亚工厂区，包含大量的设施（如泵、管道系统和电缆等）。

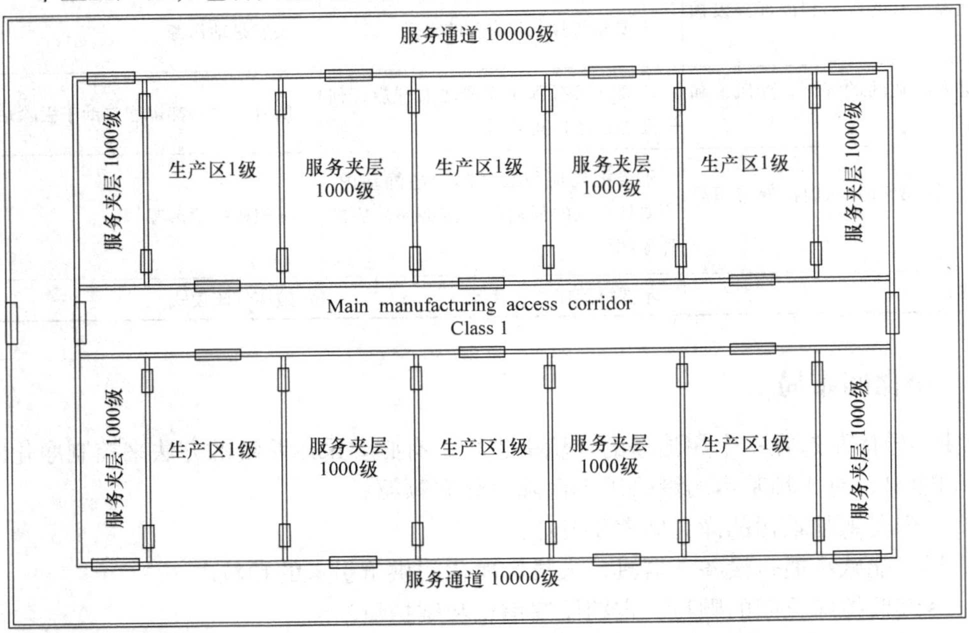

图 4-8　净化间间格和夹层的概念

4.2.4 生产设备

用于制造半导体的生产设备是硅片工厂中最大的颗粒来源。在硅片制造过程中，硅片从片架重复地转入设备中，经过多台装置的操作，卸下返回到片架中，又被送交到下一工作台。为了制造一个硅片，这一过程反复达450次或者更多的次数，把硅片暴露在不同设备的许许多多机械和化学加工过程中。许多硅片制造过程发生在真空中，需要特殊的设计考虑来避免玷污。下面是工艺设备中各种颗粒玷污来源的一些例子。

① 剥落的副产物积累在腔壁上。

② 自动化的硅片装卸与传送。

③ 机械操作，如旋转手柄和开关阀门。

④ 真空环境的抽取和排放。

⑤ 清洗和维护过程。

4.3 清洗工艺

在集成电路工艺的诸多加工步骤中，为了有效地去除前一加工工艺步骤造成的污染，做到表面清洁，需要经常对晶片进行清洗，为下一步加工工艺创造条件。清洗工艺主要除去各种对电路的实现有阻碍作用的灰尘及颗粒污染、金属或离子型导电污染物以及有腐蚀作用的无机、有机污染物等。

晶圆表面有各种不同类型的玷污，每一种在晶圆上表现为不同的问题，只有知道了各种玷污的来源，明确各种玷污的影响，针对具体的玷污，才能制定出具体的清洗方法，各种玷污的来源和相对影响见表4-4。

表4-4 各种玷污的来源和相对影响

玷污	可能来源	影响
颗粒	设备、环境、气体、去离子水、化学试剂	氧化层低击穿，成品率降低
有机残余物	室内气氛、光刻胶、存储容器、化学试剂	氧化速率改变
金属离子	设备、化学试剂、反应离子刻蚀、离子注入、人	氧化层击穿，PN结漏电，少子寿命降低，阈值电压偏离
自然氧化层	环境湿气、去离子水冲洗	栅氧化层退化，外延质量变差，接触电阻增大，硅化物质量差

4.3.1 化学湿法清洗工艺

化学湿法清洗是清除附着在半导体和各种生产用具表面上的杂质的一种方法，也就是利用不同的化学试剂对不同杂质的化学反应和溶解作用，或配合以物理方法，如超声、升温和抽真空等，使杂质与半导体和各种生产用具表面脱附（或解吸），并用大量高纯水（电阻率大于5MΩ·cm）冲刷，以达到去除杂质、清洗表面的目的。

硅晶片在进行热氧操作之前必须实施清洗工艺，消除表面有机物、过渡金属和碱性离子和颗粒。如果在热氧之前不将晶片的污染物除尽，将会影响栅氧化层的质量。一般通用的方法是先用含氨的弱碱性过氧化氢溶液进行碱性氧化清洗，再用含盐酸的酸性过氧化氢溶液进行酸性氧化清洗，最后用纯水和超纯水进行清洗，并用低沸点有机溶剂蒸气进行干燥。目前，工业中标准的湿法清洗工艺称为 RCA 清洗工艺，是由美国无线电公司（RCA）的 W. Kern 和 D. Puotinen 于 1970 年提出的，主要由过氧化氢和碱组成的 1 号标准清洗液（SC－1）以及由过氧化氢和酸组成的 2 号标准清洗液（SC－2）进行一系列有序的清洗。RCA 清洗工艺技术的特点在于按照应该被清除的污染物种类选用相应的清洗药水，按照顺序进行不同的药水的清洗工艺，就可以清除掉所有附着在硅圆片上的各种污染物。需要注意的是，每次使用化学品后都要在超纯水（UPW）中彻底清洗，去除残余成分，以免污染下一步清洗工序。典型的硅片湿法清洗流程如下：

第一步是去除有机物和金属，用到的试剂是 H_2SO_4/H_2O_2（SPM）。硫酸具有强氧化能力，可把金属溶解在药水里进行清洗，同时硫酸也具有很强的脱水性，可以使用有机物脱水而碳化，而过氧化氢可将碳化物氧化成一氧化碳或二氧化碳气体。造成大规模集成电路产生污染的最具代表性的有机物，正是在光刻曝光工艺里使用的感光胶。当经过这一工艺流程之后，虽然利用 O_2 等离子可以去除感光胶，但是往往都有残存的感光胶。在这种情况下，为了清除残存的感光胶有机物，就需要通过具有更强氧化能力的高温硫酸处理，使碳原子氧化，变成二氧化碳之后被清除掉。

第二步是去除颗粒，一般用 $NH_4OH/H_2O_2/H_2O$（APM）1 号标准清洗液（SC－1）。SC－1 清洗液是碱性溶液，主要通过氧化颗粒或电学排斥作用。H_2O_2 是强氧化剂，能氧化硅片表面和颗粒。颗粒上的氧化层能提供消散机制，分裂并溶解颗粒，能破坏颗粒和硅片表面之间的附着力。这样颗粒变得可溶于 SC－1 溶液而脱离表面，这一过程如图 4-9 所示。H_2O_2 的氧化效应也在硅片表面形成一个保护层，阻止颗粒重新黏附在硅片表面。

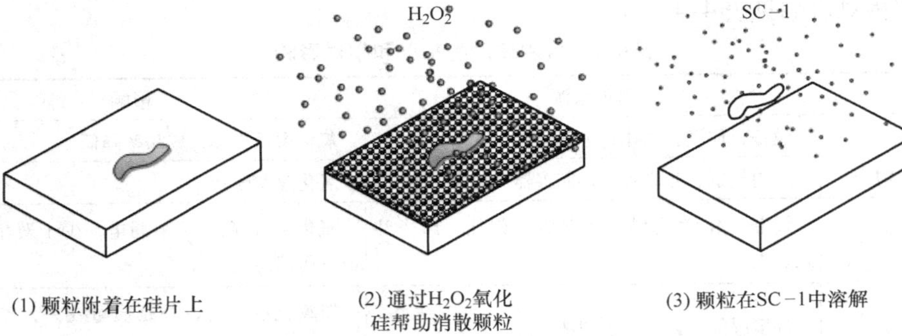

图 4-9　颗粒在 SC－1 中的氧化合溶解

SC－1 的颗粒去除机制实际上是以颗粒的电学排斥来实现的。氢氧化铵的氢氧根（OH－）轻微侵蚀硅片表面，并从颗粒下部切入。氢氧根也在硅片表面和颗粒上积累负电荷。表面和颗粒上的负电荷使得颗粒从表面排斥开并进入 SC－1 溶液中，如图 4-10 所示。表面负电荷的另一个好处是它阻止了颗粒的重新淀积。

第三步是去除金属，一般用 $HCl/H_2O_2/H_2O$（HPM）2 号标准液（SC－2）。SC－2 清洗液是碱性溶液，它具有极强的氧化性和腐蚀性。盐酸能与金属作用生成金属氯化物，也能与碱性氧化物、氢氧化物或两性氧化物作用，或者与碳酸盐作用形成氯化物，这些金属氯化物大多数可溶于水。

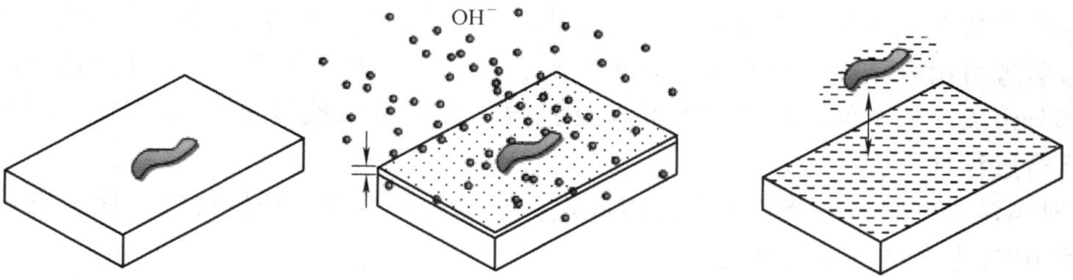

(1) 颗粒吸附在硅片上　(2) NH_4OH中OH^-刻蚀表面　(3) OH^-在表面组成负电荷将颗粒排斥开

图 4-10　颗粒通过负电荷排斥而去除

第四步是在旋转干燥器中进行离心干燥，并用低沸点的有机溶剂进一步置换干燥。

4.3.2　干法清洗工艺

所谓干法清洗是相对湿法化学清洗而言的，一般指不采用溶液的清洗技术。根据彻底采用溶液的程度，分为“全干法”和“半干法”清洗。目前常用的干法清洗方法有等离子体清洗、气相清洗技术等。等离子体清洗属于全干法清洗，而气相清洗属于半干法清洗。干法清洗的优点在于清洗后无废液，可以有选择性地进行芯片的局部清洗工序。在 VLSI 制备过程中，面对晶圆尺寸的不断扩大与芯片关键图形尺寸的不断减小，以等离子清洗技术为主的干法清洗技术，以它少辐射、易控制的优点正在逐步成为湿法清洗的主要替代方法。

与湿法清洗不同，等离子清洗的机理是依靠于等离子态的物质的活化作用达到去除表面污渍的目的，从目前已有的各类清洗方法来看，等离子清洗可能是所有清洗方法中最为彻底的剥离式的清洗。图 4-11 所示为等离子清洗机的清洗过程及工作原理图。

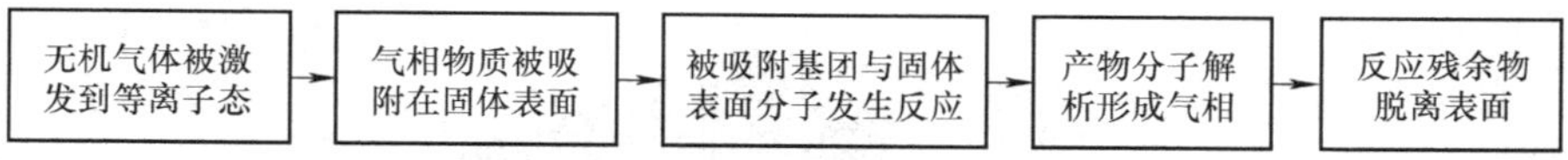

a)

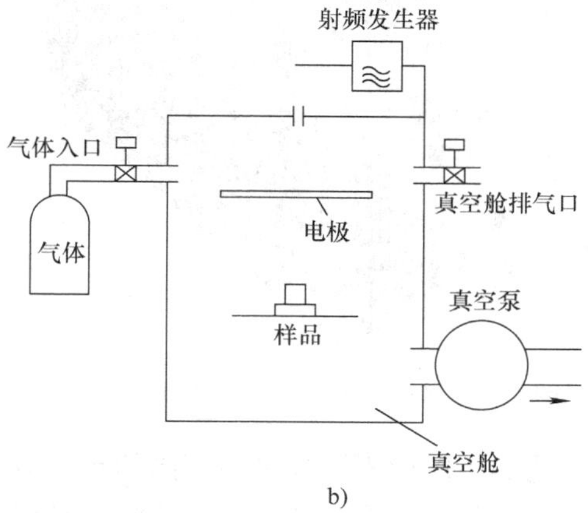

b)

图 4-11　等离子清洗机的清洗过程及工作原理图

a）清洗过程　b）工作原理图

根据用途的不同，可选用多种构造的等离子清洗设备，并可通过不同种类的气体、调整装置的特征参数等方法使工艺流程实现最佳化，但等离子体清洗装置的基本结构大致是相同的，一般装置可由真空室、真空泵、高频电源、电极、气体导入系统、工作传送系统和控制系统等部分组成。通常使用的真空泵是旋转油泵，高频电源通常是 13.56MHz 的无线电波，设备的运行过程如下：

1）被清洗的工件送入真空舱并加以固定，起动运行装置，开始排气，使真空舱的真空程度达到 10Pa 左右的标准真空度。

2）向真空舱引入等离子清洗用的气体，并使其压力保持在 100Pa。

3）在真空舱内的电极与接地装置之间施加高频电压，使气体被击穿，并通过辉光放电而发生离子化并产生等离子体。

4）清洗完毕后切断高频电压，并将气体及汽化的污垢排出，同时向真空舱内鼓入空气，并使气压升至一个大气压。

4.3.3 常用清洗设备——超声波清洗设备

超声波清洗设备在湿法清洗中应用比较广泛。超声波清洗工艺简单、操作简便，劳动强度低，清洗质量好，清洗效率高，而且易于实现清洗自动化，因而是一种很有发展前途的清洗方法。全自动硅片超声波清洗机如图 4-12 所示。

超声波清洗机一般由槽体、机械手、人机界面和电控柜等几个部分组成。除装料和取料需人工外，其余工艺均由机械手来实现，机械手在各槽间的转换靠 PLC（可编程序控制器）来控制，操作员通过触摸屏控制生产。手动将装有原料硅片的提篮放入上料位，机械手抓取提篮，按设定程序将提篮转移到各工艺槽中进行清洗，相关工艺槽有加热、超声、排液、温度检测以及液体检测等功能，完成处理过程后，机械手将提篮转移至下料位，手动取出提篮。

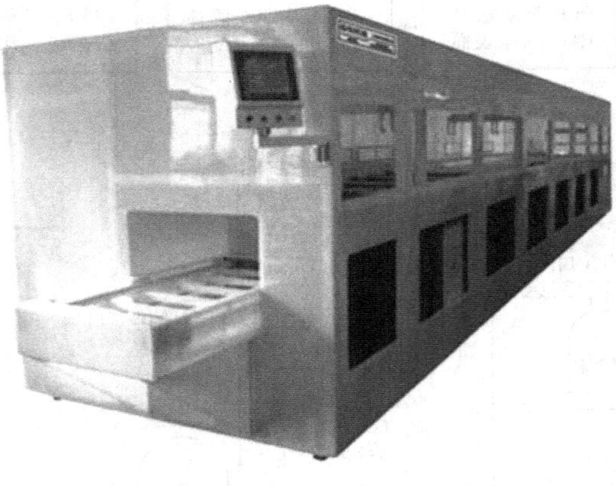

图 4-12 全自动硅片超声清洗机

具体的清洗工艺步骤根据工艺的不同而不同并采用不同的超声清洗机清洗。下面是针对切割片、研磨片和外延片而采用的 3 种类型超声波清洗机清洗的具体工艺流程。

（1）切割片超声波清洗机的工艺流程

①超声波抛动粗洗→②超声波抛动清洗→③超声波抛动漂洗→④超声波抛动漂洗→⑤纯水喷淋抛动漂洗→⑥超声波抛动漂洗。

（2）研磨片超声波清洗机的工艺流程

①热纯水超声波抛动清洗→②热碱水超声波抛动清洗→③热纯水超声波抛动清洗→④热纯水超声波抛动清洗→⑤纯水喷淋抛动漂洗→⑥热酸超声波抛动清洗→⑦热纯水超声波抛动漂洗→⑧热纯水超声波抛动漂洗。

（3）外延片超声波清洗机的工艺流程

①纯水超声波抛动清洗→②清洗剂超声波抛动清洗→③纯水喷淋漂洗→④清洗剂超声波抛动清洗→⑤清洗剂超声波抛动清洗→⑥纯水喷淋漂洗→⑦纯水超声波抛动漂洗→⑧纯水超声波抛动漂洗→⑨纯水超声波抛动漂洗

超声波清洗是半导体工业中广泛应用的一种清洗方法，该方法的优点是清洗效果好，操作简单，对于复杂的器件和容器也能清除，但该方法有噪声较大、换能器易坏的缺点。对硅片进行清洗经常会用到的设备还有刷洗器、旋转喷淋器和溢流清洗器等。

① 刷洗器。当硅片表面粘有微粒或有机残渣时常用刷洗的方法去除表面颗粒。

② 旋转喷淋器。旋转喷淋器是指利用机械设备将硅片以较高的速度旋转起来，在旋转过程中通过不断向硅片表面喷液体（高纯去离子水或其他清洗液）而达到清除硅片目的的一种设备。

③ 溢流清洗器。传统上绝大多数类型的去离子水清洗都是用溢流清洗器。

4.4 清洗工艺生产实训

4.4.1 原始硅片清洗

从晶圆厂购置的硅片在生产、包装和运输途中通常会受到各种因素的污染，带有大量颗粒以及金属离子污染，因此必须在进入工艺流程前对其彻底清洗。

1. 实验目的

1）掌握原始硅片清洗要求与操作流程。

2）掌握1号、2号清洗液的配置。

2. 实验设备、耗材

1）去离子水生产系统。

2）化学清洗柜，要求配套有石英炉、烧杯、量杯和溢流清洗水槽。

3）硅片甩干机。

4）硫酸、氨水、双氧水和盐酸。

3. 操作流程

（1）使用1号液清洗，主要去除颗粒杂质污染

1）用去离子水冲洗烧杯，确保无残留试剂。

2）按照 $NH_4OH:H_2O_2:H_2O=1:1:6$ 的比例配置试剂，以1600mL试剂为例，向烧杯中依次倒入200mL H_2O_2、200mL NH_4OH 和1200mL H_2O。

3）将装有硅片的花篮放入试剂中，并将烧杯放置在石英炉上加热，待试剂煮沸后，计时10min。

4）将装有硅片的花篮从烧杯中取出，放入水槽内，冲洗10min。

（2）使用 2 号液清洗，主要去除金属离子污染

1）用去离子水冲洗烧杯，确保无残留试剂。

2）按照 $HCl:H_2O_2:H_2O=1:1:6$ 的比例配制试剂，以 1600mL 试剂为例，向烧杯中依次倒入 200mL H_2O_2、200mL HCl 和 1200mL H_2O。

3）将装有硅片的花篮放入试剂中，并将烧杯放置在石英炉上加热。

4）待试剂煮沸后，计时 10min。

5）将装有硅片的花篮从烧杯中取出，放入水槽内，冲洗 15min。

6）将装有硅片的花篮放入甩干机中甩干。

注意：在配制试剂时应优先量取挥发性较弱的试剂。

4.4.2 光刻后去胶清洗

晶圆经过光刻工艺之后，通常附着有残留的光刻胶、刻蚀残留物等污染，必须首先去除光刻胶，并进行必要的清洗。

1. 实验目的

1）掌握光刻后硅片去胶及清洗操作流程。

2）掌握 3 号清洗液的配置。

2. 实验设备、耗材

1）去离子水生产系统。

2）化学清洗柜，要求配套有石英炉、烧杯、量杯和溢流清洗水槽。

3）硅片甩干机。

4）硫酸、氨水、双氧水和盐酸。

3. 操作流程

（1）使用 3 号液清洗，主要去除残留光刻胶

1）用去离子水冲洗烧杯，确保无残留试剂。

2）按照 $H_2SO_4:H_2O_2=3:1$ 的比例配置试剂，以 1600mL 试剂为例，向烧杯中依次倒入 1200mL H_2SO_4 和 400mL H_2O_2。

3）将装有硅片的花篮放入试剂中，并将烧杯放置在石英炉上加热。

4）待试剂煮沸后，计时 15min。

5）将装有硅片的花篮从烧杯中取出，放入水槽内，冲洗 5min。

（2）使用 1 号液清洗，主要去除颗粒杂质污染。操作流程参考“原始硅片清洗”

（3）使用 2 号液清洗，主要去除金属离子污染。操作流程参考“原始硅片清洗”

4.4.3 预扩散后清洗

预扩散后残留在晶圆表面的扩散源会与硅材料形成玻璃体，对再扩散进程和效果都有不良影响，必须将其清除。

1. 实验目的

1）掌握硼、磷预扩散后清洗操作。

2）掌握硼、磷硅玻璃漂洗液的配置。

2. 实验设备、耗材

1）去离子水生产系统。

2）化学清洗柜，要求配套有石英炉、烧杯、量杯和溢流清洗水槽。

3）硅片甩干机。

4）氢氟酸、双氧水和盐酸。

3. 操作流程

（1）漂洗硼、磷硅玻璃

1）按照 HF: H_2O = 1∶5 的比例配置试剂，以 1200mL 试剂为例，向烧杯中依次倒入 200mL HF 和 1000mL H_2O。

2）将装有硅片的花篮放入试剂中，浸泡 1min。

3）检查确认硅片表面脱水后，将花篮取出。

（2）使用 2 号液清洗，主要去除金属离子污染。操作流程参考“原始硅片清洗”

4.4.4 反刻铝后清洗

完成反刻铝形成金属电极后，需要去除晶圆表面残留的光刻胶，以便进行后续操作。但金属铝易与硫酸反应分解，因此不能使用 3 号清洗液去胶。

1. 实验目的

1）掌握金属化后清洗方法。

2）了解金属化操作后清洗注意事项。

2. 实验设备、耗材

1）去离子水生产系统。

2）化学清洗柜，要求配套烧杯、量杯和溢流清洗水槽。

3）硅片甩干机。

4）发烟硝酸。

3. 操作流程

1）使用发烟硝酸去除反刻铝之后的残留光刻胶。

2）量取适量发烟硝酸（以能淹没硅片花篮为底限）倒入烧杯，并将装有硅片的花篮放入烧杯，浸泡 10min。

3）将装有硅片的花篮从烧杯中取出，放入水槽内，冲洗 10min。

4）将装有硅片的花篮放入甩干机中甩干。

4.5 习题

1. 什么是半导体制造中的玷污？
2. 说明净化间的主要玷污。
3. 什么是有机玷污？
4. 什么是自然氧化层？自然氧化层会引起哪些问题？
5. 解释静电释放。
6. 解释空气质量净化级别。

7. 硅片清洗的主要工艺是什么工艺?
8. 什么是 RCA 清洗工艺?
9. 用于 SC－1 中的化学配比是什么? SC－1 去除什么玷污?
10. SC－1 湿法清洗是如何去除硅片表面颗粒的?
11. 用于 SC－2 中的化学配比是什么? SC－2 去除什么玷污?
12. 常用的清洗设备是什么?

第5章　外延工艺

外延是生长晶体薄膜的工艺过程。外延硅片是集成电路制造中重要的衬底材料。双极型晶体管和双极型集成电路都是在外延硅片的外延层制作的。因此。了解外延工艺及其工艺流程是非常必要的。

本章的学习目标：

1）掌握外延的概念。

2）了解外延的分类及作用。

3）了解常用的外延系统及设备。

4）掌握气相外延原理、设备及工艺流程。

5）掌握分子束外延原理、设备及工艺流程。

5.1　外延

外延是指在硅单晶衬底上生长一层硅单晶薄膜的工艺，新生的单晶薄膜即外延层。外延单词的字母是由两个希腊字母（epi 意义为“在上面的”，taxis 意思为“有序的”）拼写而成，其意思为在一个晶体衬底上生成结晶薄层的方法。

新生单晶层是按衬底晶向生长的，因此与衬底成键，晶向也一致。但是，外延生长时，可根据需要控制其导电类型、电阻率和厚度等，且这些参数不依赖于衬底片中的杂质种类和掺杂水平。在高掺杂衬底上能外延低掺杂外延层，在 N 型衬底上能外延 P 型外延层，还可以通过外延直接得到 PN 结。而且，生长的外延层厚度也是可调的，可以通过多次外延得到多层不同掺杂类型、不同杂质含量、不同厚度和甚至不同杂质材料的复杂结构的外延层。

5.1.1　外延的分类

1. 按外延层、衬底材料分类

根据外延层与衬底的材料不同，可以将外延生长分为同质外延和异质外延，同质外延又可分为真同质外延和准同质外延，异质外延也可分为真异质外延以及准异质外延。

2. 根据工艺方法分类

外延工艺主要有气相外延、液相外延、固相外延和分子束外延。其中气相外延最为成熟，易于控制外延层厚度、杂质浓度和晶格的完整性，在硅外延工艺中一直占据着主导地位。而分子束外延出现得较晚，技术先进，生长的外延层质量好，但是生产效率低、费用高，只有在生长的外延层薄、层数多或结构复杂时才被采用。

3. 按工艺温度分类

外延若按工艺温度来分类，可以划分为高温外延、低温外延和变温外延。

高温外延是指外延工艺温度在 1000℃ 以上的外延；低温外延是指外延工艺温度在 1000℃ 以下的外延；变温外延是指在低温（1000℃ 以下）成核，然后再升至高温（1000℃

以上，多在1200℃）进行外延生长的工艺方法。

4. 按外延层、衬底电阻率分类

将外延层电阻率和衬底电阻率对比，可将外延工艺划分为正外延和反外延。

正外延是指低阻衬底上外延生长高阻层，元器件做在高阻的外延层上；反外延是指高阻衬底上外延生长低阻层，而元器件做在高阻的衬底上。

5.1.2 外延的作用

1. 提高了元器件的性能和集成度

随着半导体技术的不断发展，作为集成电路的硅单晶材料逐步被硅外延材料所取代，硅单晶片在制造半导体的工艺过程中，表面存在机械损伤和自发吸附的一层有害物质。由于硅表面要经过机械抛光，使其内部不可避免地出现新的杂质和缺陷，给元器件的电特性、成品率和可靠性带来了极大的危害。硅外延材料是将硅单晶的损伤层与玷污层气相抛光后，再进行的外延生长，并且硅在（111）晶向生长时，横向生长速率比纵向生长速率要高几个数量级，致使横向扩散很快，纵向生长慢，所以，外延层的厚度均匀性、电阻一致性比较好。

无论是MOS集成电路还是双极型集成电路，在大工业化生产时都离不开隔离工艺，特别是双极型集成电路，由于存在隔离工艺、需要将外延层扩散，而横向扩散距离与纵向扩散距离几乎相等，如果采用较厚的外延层，势必会使集成度降低，而采用高阻薄层外延层时（补偿、反型时间短），就可减少横向扩散距离，缩小隔离区所占面积，提高集成度。

2. 提高电路速度

MOS电路的速度通常低于双极电路，改进的方法之一是提高材料的电阻率，材料的电阻率的提高可以使载流子的迁移率得到提高。另一种方法就是减小电容效应，采用高阻薄外延层，进行浅结扩散，使寄生电容、势垒电容、扩散电容均相应地减小，从而使电路的负载电容减小，缩短电容的充放电时间，提高电路速度。

3. 改善电路的功率特性与频率特性

N/N^+（P/P^+）型高阻薄层外延层结构较好地解决了高频与大功率特性对集电区电阻率要求之间的矛盾，高电阻率的外延层满足了大功率对高击穿电压的要求。重掺杂的厚衬底既使样品具有足够的机械强度，又减小了集电区的体电阻，于是降低了饱和压降，提高了开关速率和特征频率，从而为在VLSI电路中制作高频功率晶体管开辟了新途径。因此，N/N^+（P/P^+）型高阻薄外延结构能改善电路的功率特性与频率特性。

4. 外延提高双极型晶体管性能

外延工艺诞生之初，所制备的硅外延片是用来制作双极型晶体管的，衬底作为高掺杂硅单晶，在衬底上外延生长几到十几个微米厚的低掺杂的外延层，晶体管就制作在外延层上。这样制作的外延晶体管有高的集电结击穿电压，低的集成极串联电阻，性能优良。使用外延硅片制作晶体管巧妙地解决了提高频率和增大功率对集电区电阻率要求上的矛盾。图5-1所示就是N^+PN^-型外延晶

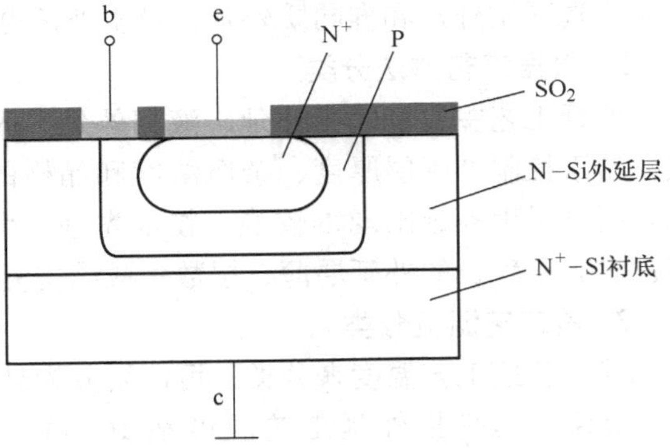

图5-1 N^+PN^-型外延晶体管芯片剖视图

体管芯片剖视图。

在集成电路制造中，各元器件之间必须进行电学隔离，通过外延技术实现电学隔离就是其中一种重要方法。常用的 PN 结隔离结构剖视图如图 5-2 所示，在有 N^+ 埋层的 P 型衬底上外延生长一层 N 型外延层，再重掺杂形成 P^+ 隔离墙，从而构成 N 型的隔离岛。在隔离岛中制作各元器件，如果衬底接低电位，基于 PN 结单向导电特性，隔离岛上的元器件之间不导通。利用外延技术的 PN 结隔离是早期双极型集成电路常用的电隔离方法。

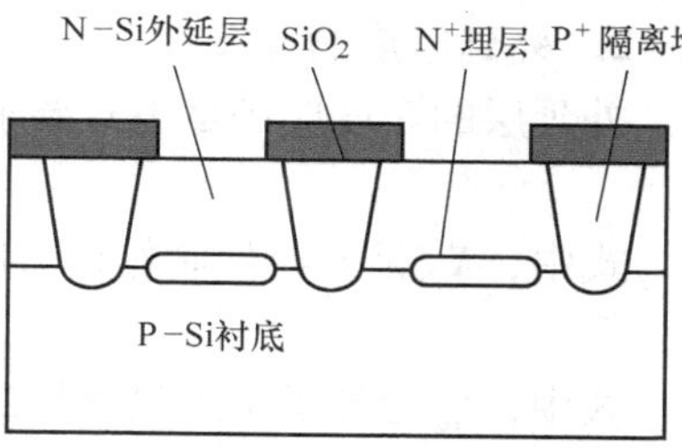

图 5-2 PN 结隔离结构剖视图

5. 外延改善 NMOS 电路性能

现在，NMOS 半导体存储电路中日益增多的采用外延片。其优点是：①提高元器件的抗软误差能力。从封装材料中辐射出的 α，粒子进入衬底产生大量电子空穴对，在低掺杂 MOS 衬底中，电子－空穴对可以扩散 50μm 左右距离，易受电场的作用进入有源区，引起元器件误动作，这就是软误差。采用低阻衬底上外延高阻层外延片，则电子－空穴对先进入衬底低阻层，其扩散长度仅为 1μm，易被复合掉。采用外延片后使软误差率减少到原来的 1%。②采用了低阻上外延高阻层，可降低源、漏 N^+ 区耗尽层寄生电容，并提高元器件对衬底中杂散电荷噪声的抗扰度。③硅外延片可提供比硅高的载流子寿命，使半导体存储器的电荷保持性能提高。

6. 外延改善 CMOS 电路性能

在 CMOS 电路中，完整的元器件是做在一层很薄的（2～4μm）轻掺杂 P 型（在某些情况下是在本征的）外延层上，图 5-3 所示的为制作在外延层上的双阱 CMOS 电路剖视图。将 CMOS 电路制作在外延层上比制作在体硅抛光片上有以下优点：①避免了闩锁效应。②避免了硅表面层中硅氧化物的沉积。③硅表面更光滑，损伤最小。CMOS 电路中的寄生闩锁效应会使电源和地之间增加一个低电阻通路，造成很大的漏电流，漏电流可能导致电路停止工作。虽然很多工艺和设计技术都能够减小闩锁效应，但是采用硅外延片的效果更好，这已成为超大规模集成电路中 CMOS 微处理器电路的标准工艺。

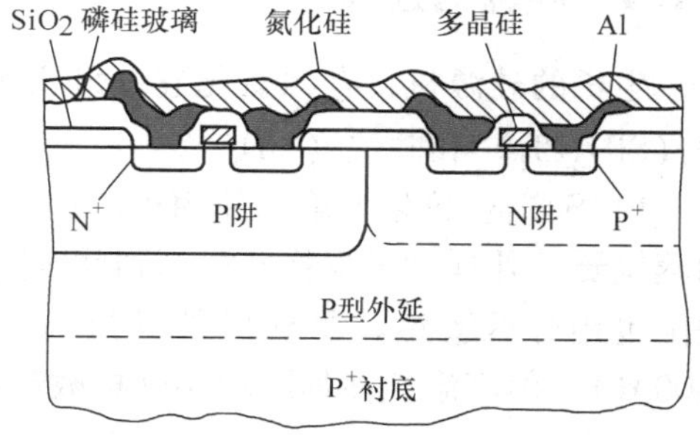

图 5-3 制作在外延层上的双阱 CMOS 电路剖视图

5.1.3 外延材料参数的选定

1. 外延导电类型的选定

1）对于 NPN 管为主体的一般双极电路，外延层作集成极区，选用 N 型外延层。

2）对平面隔离的双极电路，可有 N 外延和 P 外延两种工艺方案，视电路要求而定，通常超高速电路多选用 N 外延。

3）采用外延片的 NMOS 电路，一般选用 P 型外延层。

4）采用外延片的 CMOS 电路，P 阱工艺的 CMOS 电路用 N 型外延层，N 阱工艺用 P 型外延层；双阱工艺者用 N^+ 上的 N^- 外延层。

2. 外延厚度的选择

外延层的厚度应满足下式要求：

$$T_{epi} = X_{jb} + X_0 + X_t + X_f \tag{5-1}$$

式中，X_{jb}是元器件制作好后的基区结深，X_0由下式估计：

$$X_0 = 0.45t_{ox} \tag{5-2}$$

式中，t_{ox}为外延层上热生长二氧化硅层的总厚度；X_t为外延层过渡区厚度，X_t的厚度与工艺有关，一般处于0.4～1.5μm 的范围，在薄层外延工艺中，一般控制在0.4μm 以下。X_f为外延层水平杂质分布区的厚度减去 X_{jb}和 X_0后余下的距离。

3. 外延电阻率的选定

外延电阻率的选定主要考虑 BC 结击穿电压 BVce 的要求，另外还要考虑饱和压降对集电极串联电阻的要求，在肖特基 TTL 电路中，还要考虑肖特基二极管的肖特基接触对 N 型杂质浓度范围的要求。

4. 外延层晶向

外延层晶向取决于衬底的晶向，因此，要选择外延层晶向应从选择衬底晶向开始。MOS 电路希望有较高的表面迁移率，一般选用（100）硅；采用 V 型隔离槽隔离或在工艺中要利用各相异性湿腐蚀的双极电路选用（100）硅，一般双极电路多选（111）硅。

5.1.4 硅源的选择

生长的硅源材料有四氯化硅（$SiCl_4$）、三氯氢硅（$SiHCl_3$，又称为三氯硅烷）、二氯氢硅（SiH_2Cl_2）和硅烷（SiH_4）。

1）$SiCl_4$：价格低廉，使用很广；室温下为液体，蒸汽压低。要用冒泡蒸发器或恒定液面蒸发器；外延时很少将硅淀积到反应壁上，高温时对携带气体中的氧化剂不敏感，对衬底缺陷也相对不敏感。要确保外延层有较好的表面质量，必须采用较高的温度（1100～1300℃），但高温往往加剧埋层外扩散和外延自掺杂。外延生长硅的简单反应式为：

$$SiCl_4 + 2H_2 \longrightarrow Si + 4HCl \tag{5-3}$$

2）$SiHCl_3$：外延温度可略低于，生长速度快，每分钟可超过 1μm，这种源主要用于较厚的外延层生长。外延硅的简单反应式为：

$$SiHCl_3 + H_2 \longrightarrow Si + 3HCl \tag{5-4}$$

3）SiH_2Cl_2：常温下为气体。蒸汽压大于 1 个大气压，可在较上两种源更低的温度下外延，从而有利薄层外延工艺中减少外扩散与自掺杂。采用 1000℃以下的外延可以淀积高质量的外延层。用外延的生长膜，晶格缺陷密度低，元器件成品率较高，外延简单反应式为：

$$SiH_2Cl_2 + H_2 \longrightarrow Si + 2HCl \tag{5-5}$$

4）SiH_4：为气体，用于较低温度（950～1000℃）下薄层硅外延。外延可减少硼的自掺杂和外扩散（对砷正好反之），在（111）面上外延不产生埋层图形的漂移，公认为是理想的亚微米薄层外延源。缺点是低温下气相分解，有很多硅淀积在反应室壁上，需频繁清洗式壁。硅烷工艺易产生气相成核（加入适量 HCL 可抑制），硅烷有危险性，浓度超过 2% 就自然，外延淀积反应是热分解反应。

$$SiH_4 \longrightarrow Si + 2H_2 \tag{5-6}$$

5.2 外延设备

5.2.1 外延设备系统组成

外延设备系统框图如图5-4所示。

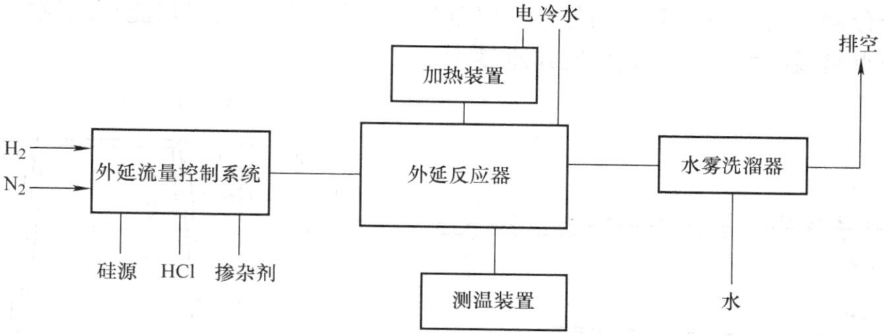

图5-4 外延设备系统框图

1）外延流量控制系统。主要控制H_2、N_2、硅源、掺杂气及HCl的流量及流通路线。

2）外延反应室。有卧式、盘形立式、桶形3种主要形式，选用高纯石英制作成管式或钟罩形，少数也有用金属钟罩的。多数采用“冷壁”反应室，水冷或强制风冷，可避免有反应物淀积在壁上。

3）支座。提供片子的机械支持，感应加热时作加热体。要具有一定的机械强度，工艺中不能对片子有玷污，与反应气氛中的物质不能发生反应。一般用石磨外包多晶硅的支座、碳化硅涂覆的石磨支座（涂层为50~500μm厚）或CVD氮化硅覆盖的多晶硅支座。

4）加热装置。基本上有感应加热和辐射加热两大类。感应加热是采用振荡频率为500kHz左右的射频发生器（高频炉），通过其在反应室外支座附近的射频线圈使支座感应加热；辐射加热采用红外灯或石英卤灯辐照加热装置。

5）测温装置。感应加热时，用对焦在硅片上的光学高温计测温，所测温度值常比实际温度值低50~100℃。辐射加热时，用在外延反应器内的温度传感元器件测温。

6）水雾洗涤器。装在反应器的排气通道上，用于清除运载气体中未反应的有害物质及已反应的产物，然后再排空，以免污染环境。

7）安全装置。外延系统应有防爆、防燃烧、防漏气和防毒等安全措施及连锁装置。操作中要注意H_2操作安全，HCl或SiH_4等腐蚀性、掺杂剂，尤其是砷源的毒性。

8）其他测控装置。近代设备用微处理器或微计算机控制工艺，包括外延温度、流量和时间等。气流测量用质量流量计。由电磁阀或热膨胀控制流量等。

5.2.2 外延反应室

1. 卧式（水平式）反应室

卧式反应室如图5-5所示，片子放在管形反应室的支座上，气流方向与片子平面近乎平行。优点是产量大，设备结构简单，曾是20世纪70年代广泛采用的反应室。缺点是气流由反应管一端进另一端出，出现气流下游硅源浓度降低和埋层衬底挥发杂质在下游积聚较多现象，致使外延层厚度均匀性、电阻率均匀性较差；在射频加热方式中，很难达到片内和片间的温度均匀，外延生长时易出现滑移位错及片子弯曲。

2. 立式（盘式）反应室

立式反应室如图 5-6 所示。片子水平放置于盘形石磨支座上，支座由射频感应加热，气流由支座中心管道进入石英钟罩顶返回到片子，排气在支座边缘种罩的下方，支座可旋转，气流得到充分的混合，故电阻率均匀性、厚度均匀性和自掺杂现场均能得到较好地控制，维护容易。缺点是设备大型化、设备制作难度大。

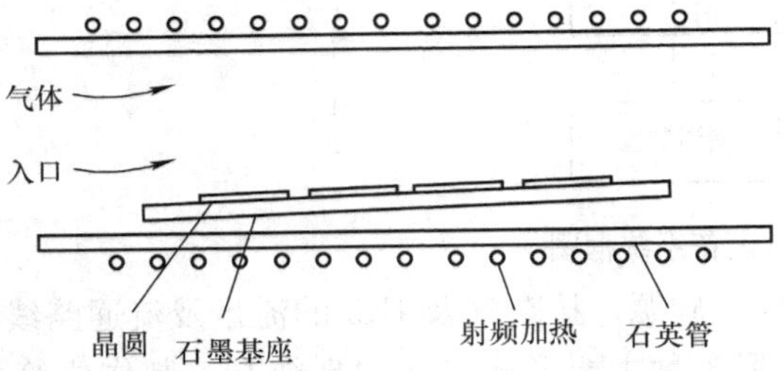

图 5-5　卧式反应室

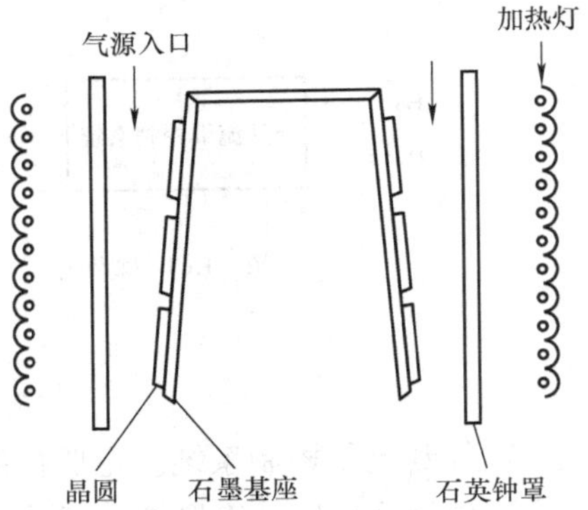

图 5-6　立式反应室

3. 筒式反应室

筒式反应室如图 5-7 所示。片子偏移垂直方向几度，放于多边形锥体支座上，支座旋转，气流平行于片子表面，由高强度卤钨灯辐射加热，片子受热较均匀，能较好地防止外延移滑错位，气体通过两个喷嘴进入钟罩，可调节喷嘴使边至边、顶至底的气流均匀，从而电阻率和厚度的均匀性较好，设备经济性好。缺点是结构复杂，维护不易。

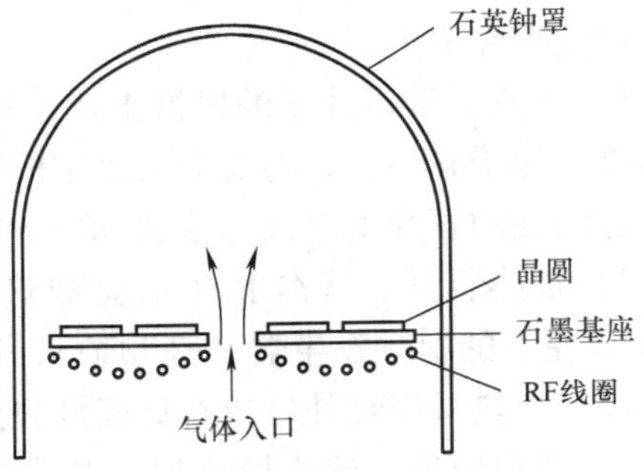

图 5-7　筒式反应室

5.3　气相外延

气相外延（Vapor Phase Epitaxy，VPE）是指含外延层材料的物质以气相形式流向衬底，在衬底上发生化学反应，生长出和衬底晶向相同的外延层的外延工艺。

5.3.1　外延生长原理

从生长机构来分，外延方法可以归纳为直接生长法和间接生长法。

1. 直接生长法

对硅外延来说，直接生长法就是用硅作源，不经过中间化学反应，让硅原子直接转移到衬底上形成外延层，完成晶向外延伸的过程。如蒸发、升华和溅射等。这类方法是用高温蒸发或电子轰击硅源，使硅原子跑出来，撞击在衬底表面，经过与衬底原子相互作用，沉积在衬底表面。

为了防止外延生长过程的杂质玷污，这类方法必须要有高真空的外延系统，所以使用的设备、系统都比较复杂。同时在工艺上，电阻率和厚度比较难控制，复杂性也较差。所以这类方法一直未能用于制造元器件的外延片的生产。但蒸发和溅射却是目前半导体元器件和集成电路工艺中淀积各种金属薄膜、介质薄膜不可缺少的方法，并且在外延技术发展的初期，它们对外延生长机构的探讨和理论分析提供了一定的参考数据。

2. 间接生长法

间接生长是由含硅的化合物通过还原或热分解反应而得到硅原子，并使其在衬底表面进行淀积，完成晶面向外延伸的过程。如四氯化硅（$SiCl_4$）的氢还原，三氯硅烷（$SiHCl_3$）的氢还原和硅烷（$SiCl_4$）的热分解就是属于这种方法。其中以四氯化硅的氢化还原应用最为普遍。这种方法由于设备简单。同时外延层的各种参数比较好控制，其重复性也比较好，所以是目前工业生产中普遍采用的方法。

3. 外延生长过程

外延生长的过程如图 5-8 所示，生长过程可分解为以下步骤。

反应气体分子从气相转移到生长层表面；反应气体分子被生长层表面吸附；在生长层表面，反应物完成化学反应，生成硅原子和其他副产物；副产物从生长层表面脱离；副产物排出反应室；硅原子在生长层表面扩散；硅原子扩散至晶格形成处，与其他硅原子结合形成晶核；晶核生长成单晶外延层。

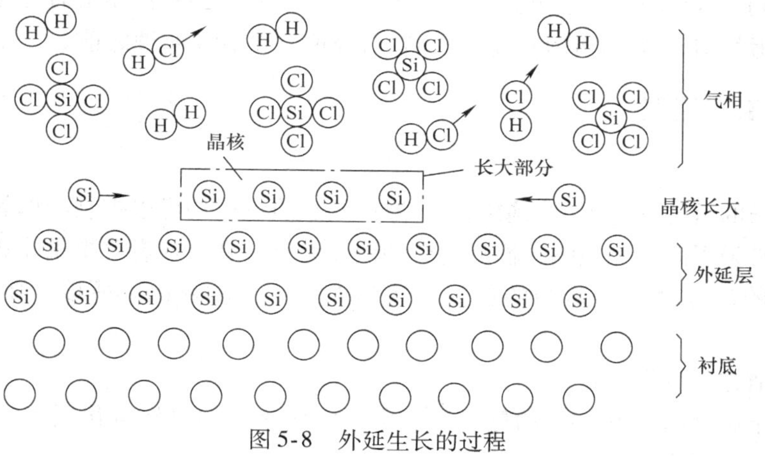

图 5-8　外延生长的过程

5.3.2　外延前工艺准备

硅片外延生长前，先要作如下一些工作。

1）衬底材料初选：检查衬底片的机械尺寸，电阻率范围，抛光质量乃至有害杂质含量。

2）清洗硅片：去掉表面驻点、油污、吸附的有机物、金属杂质残余物。清洗系统，反应室及支座。

3）硅片清洗后抽样镜检。合格者待用，不合格者返工清洗。

4）装调好外延系统并检查（包括检漏）完好，准备外延启用。

5）按工艺要求和工艺设计拟订好工艺条件。

6）安全措施检查。

7）外延前的 HCl 和 H_2 处理。

方法：外延反应室经装片、赶气、通 H_2，加热到 1150℃左右后，使 H_2 有一支路通过盐酸瓶将蒸发的 HCl 带入反应室或直接通入 HCl 气，HCl 在 H_2 中的浓度为 1% ~2%，使硅片在外延前接受 HCl 气相腐蚀，腐蚀反应如下：

$$4HCl + Si \longrightarrow SiH_4 + 2H_2 \tag{5-7}$$

也可根据腐蚀速率控制 HCl 的浓度。腐蚀速率要求控制在大约 0.5μm/min。腐蚀时间为 1 ~5min。

HCl 腐蚀的目的：①剔除衬底表面的损伤层尘埃及脏点（它们会引起外延表面缺陷）；②腐蚀掉衬底表面的痕量氧化物（它们是堆垛层错的成核源）；③改善表面平滑度；④释放衬底表面应力。总的目的是改善表面质量，从而优化外延淀积的质量。

HCl 处理的可能副作用：①处理时间过长会增加图形畸变；②在 Si 衬底 - 外延硅界面产生微观淀积物；③若 HCl 气中含 H_2O，则会给衬底表面带来质量问题，如出现氧化物、表面不平等。

H_2 处理主要是使外延前的片子在纯 H_2 中退火，温度为 1150 ~1200℃。预处理时间不能太长，否则会减少埋层表面浓度，一般 H_2 退火时间控制在几分钟到 10 分钟之间。H_2 处理的主要作用是清除硅衬底表面的自然氧化层和退火改善表面状态。

H_2 处理的可能副作用：①若氢气中除氧去水不够，会带来潜在的外延层堆垛层错；②衬底表面吸附的 H_2 会影响外延质量，可将 H_2 处理放在 HCl 腐蚀之前。

5.3.3 外延工艺流程

1. 清洁

硅外延生长的目的是得到一层缺陷少、厚度及杂质浓度均可以控制的单晶薄膜，它的先决条件是衬底必须干净、无缺陷，而且衬底的表面温度够高，或者可提供非热能能量，使吸附原子有足够的动能移动到适当的位置，达到外延生长的目的。所以，要对硅衬底进行清洁。

常用的清洁方法有两种：

将衬底置于温度高于 1000℃的氢气气氛中，使硅表面的自然氧化层与氢气反应生成一氧化硅和水汽，反应式如下：

$$SiO_2 + H_2 \longrightarrow SiO_2 \uparrow + H_2O \tag{5-8}$$

将衬底置于温度高于 850℃的超高真空中，使氧化层自然脱附，用等离子体刻蚀去除二氧化硅。

2. 装炉

装炉就是将清洁好的晶圆放在已处理好的石墨基座上，装入反应炉内。装炉之前，应先通入氮气或氢气净化反应炉，接着再通入 HCl 气体。

3. 换气

将氢气通入反应室以排除室内的空气。氢气的流速不能太大，否则，会将炉壁上的杂质吹落到晶圆上。

4. 升温

将反应室内的空气完全排除才可升温，升温速度很快，只需要几分钟的时间，温度就可达到1200℃左右。

5. 气相抛光

气相抛光就是用化学腐蚀的方法除掉晶圆表面的氧化层和晶格损伤。气相抛光包括氯化氢抛光、水汽抛光以及氯气抛光3种，通常采用氯化氢抛光。

6. 外延生长

抛光结束排空室内气体后，通入反应气体，确定好温度、气体流量，即可开始生长。生长过程中，温度、流量不应波动，否则，生长速率会发生变化，继而影响外延层的厚度均匀性、掺杂均匀性。

7. 闭源降温、取片

外延生长结束，停止提供反应气体及掺杂源，通入高纯氢气保持恒温片刻，再缓慢降温，温度降至室温后，将氮气通入室内排空氢气，打开反应器，取出生长好外延层的晶圆。

5.3.4 提高外延工艺质量的方法

1. 减少外延层杂质玷污的方法

1）仔细地清洗硅片、反应室、支座和气流管道系统。

2）采用人造高纯石墨支座，每次重新启动时要腐蚀和清洗基座，并高温处理，然后淀积50μm左右的多晶硅。

3）系统所用的气体、硅源和掺杂剂应是电子级纯级，外延用的H_2、N_2气体要经脱水、吸氧处理再送入系统。

4）严防系统漏气，使用前要检漏。

5）外延前在高温下（1150～1200℃）进行HCl腐蚀及H_2处理，可去除硅片表面玷污及氧化物。

6）对外延反应室进行循环吹除法：方法是在外延前对外延反应室进行多次抽空－充气或加压－抽气循环，以驱除反应室中的水汽和氧，并极大程度地稀释杂质地玷污。

2. 改善外延均匀性的方法

1）使外延和片间得到均匀加热。这主要靠改善设备结构来实施，例如辐射加热比感应加热的均匀性好，在感应加热中，适当调节感应圈位置及疏密布局，改善支座和片子的接触情况，均可改善加热均匀性。

2）充分混合反应气流。在设备中通过气流模拟，改进进气、出气方式和气流运动形态，使气流充分混合。

3）在水平（卧式）外延中，将支座沿气流方向倾斜3°～5°，可以改善片间厚度的均匀性。

4）选取适当的气流运动形态，可以改善外延淀积的均匀性。

5）选用盘式或者筒式外延炉作外延，可改善电阻率及厚度的均匀性。

6）采用较低的生长温度（1050℃以下）及较低的生长速率（≈100nm/min），可使外延层具有较好的厚度均匀性。

7）适当加大总气流的线性流速，能有效地提高厚度均匀性及电阻率的均匀性。

3. 减少外延层自掺杂与外扩散的方法

1）选用锑埋层的衬底，可有较小的外扩散。

2）较低的生长温度可减小外扩散和P型自掺杂。较高生长温度可降低砷自掺杂。

3）高温（如1150℃）预烘，结合较低温（1000～1050℃）外延，低生长速率，可以在砷埋层衬底上减小自掺杂和作薄层外延。

4）较高的预烘温度和较大的携带气流可减小N型自掺杂。较长预烘时间可降低自掺杂。

5）采用立式或者筒式反应室可减低自掺杂。

6）采用$SiCl_4$外延可比采用SiH_4外延有较低的As自掺杂。

7）低压外延比常压外延减低As自掺杂；常压外延可比低压外延降低硼的自掺杂。

8）HCl腐蚀后，接着附加低温吹除工序可减小自掺杂，因这样可将预烘时挥发到气相中的自掺杂杂质带出反应室。

9）执行“封层－吹除－生长”的外延工序，即在衬底先生长一层很薄的不掺杂外延层，对埋层和衬底起封盖作用，然后进行系统地吹除后再持续外延生长，可有效地减小外延层自掺杂，封层的外延薄层大概为0.1～0.2μm，这种方法又称为两步外延法。

10）采用衬底背封法降低来自高浓度衬底的自掺杂。方法有两种：①外延前在衬底背面淀积二氧化硅或氮化硅，不掺杂的多晶硅；②在射频感应加热外延中，可在外延装片前在支座上淀积多晶硅，在装片后预烘时，由于支座与片子间的温差，多余硅会从支座上蒸发到片子背面上。

5.4 分子束外延

分子束外延（Molecular Beam Epitaxy，MBE）是一种物理气相外延工艺，多用于外延薄层、杂质分布复杂的多层硅外延，也用于Ⅲ－Ⅴ族、Ⅱ－Ⅵ族化合物半导体及合金、多种金属和氧化物单晶薄膜的外延生长。

5.4.1 分子束外延原理与设备

图5-9所示是分子束外延示意图，分子束外延是在超高真空条件下，由装有各种所需组分源的喷射炉对各组分源加热，产生的源蒸气经小孔准直后形成分子束或原子束，直接喷射到适当温度的单晶衬底上，同时控制分子束对衬底扫描，使分子或原子按衬底晶向排列，在衬底上一层一层地“生长”形成外延层。外延物质是原子的又称为原子束外延。

分子束外延最早由G. Gunther提出，20世纪60年代后期，开始用于外延GaAs薄膜，到1977年以后，分子束外延开始用于制备其他技术所不能生长的新材料或复杂结构的外延薄膜，直到20世纪80年代初期它才会被用于外延硅。目前，在微电子工艺中，硅的同质外延只有当外延层很薄或杂质分布结构复杂时才考虑采用分子束外延。MBE是物理气相外延工艺。

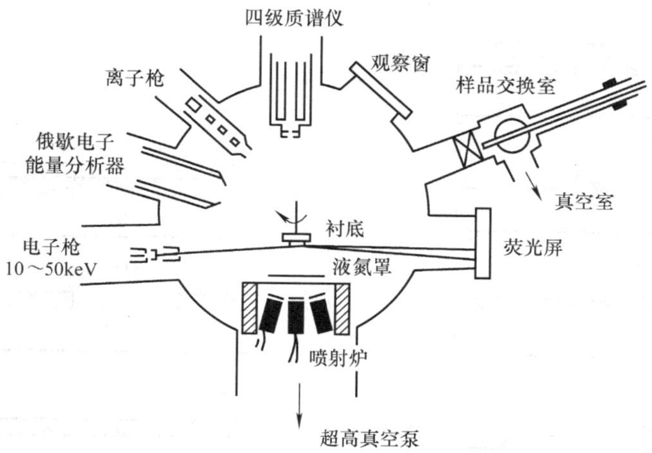

图 5-9 分子束外延示意图

5.4.2 分子束外延工艺流程

MBE 硅工艺流程为：准备→抽真空→原位清洗→外延生长→停机。

准备阶段：先进行硅衬底的 RCA 清洗，并腐蚀去除氧化层，将硅衬底装入外延室。

抽真空：至外延室基压（指未工作前室内真空度）达到 10^{-8}Pa 以下。

原位清洗：采用惰性气体的低能束流溅射清洗衬底表面（溅射是指用粒子束流轰击靶使其表面物质被撞飞溅），再升高衬底温度。在 800～900℃之间进行数分钟的短时间退火，以使表面被轰击晶格位置的原子重新排列，降温至硅外延温度在 450～650℃之间。

外延生长：打开喷射炉，调整室内压力低于 10^{-4}Pa，生长速率控制在 0.01～0.3μm/min 之间。如果是掺杂工艺应同时打开杂质喷射炉，掺杂浓度由掺杂物束流与硅束流相对通量进行适量调节，硅和杂质束流到达衬底，生长外延层。在外延生长过程中由实时监测装置监控外延层厚度后，关闭喷射炉。

停机：必须待衬底温度降至室温后，再停机取出硅外延片。

5.5 低压选择外延

低压选择外延有两种：①仅在 SiO_2 窗口露出的硅衬底上外延单晶硅，在 SiO_2 上不长多晶硅；②在窗口上长单晶硅，同时在 SiO_2 上长多晶硅（这种工艺可用于发展高阻多晶硅隔离）。本节主要介绍用得较多的前一种选择外延工艺。

用低压选择外延作 MOS 及双极电路的隔离，取代局部氧化工艺，使工序大为简化（见图 5-10），局部氧化工艺需要二次氧化、四次腐蚀、一次低压 CVD 淀积和 Si_3N_4 和一次离子注入；而选择外延只要一次氧化、一次反应离子腐蚀（RIE）、一次 CVD 选择外延。

局部氧化工艺：1）缓冲氧化层热氧化 LPCVD 淀积 Si_3N_4→光刻曝光；2）RIE 腐蚀 Si_3N_4→腐蚀 SiO_2；3）离子注入场区→局部氧化；4）等离子腐蚀 Si_3N_4→腐蚀 SiO_2。

低压外延选择工艺：1）热生长 SiO_2→涂胶曝光；2）RIE 腐蚀 SiO_2；3）低压 CVD 选择外延。

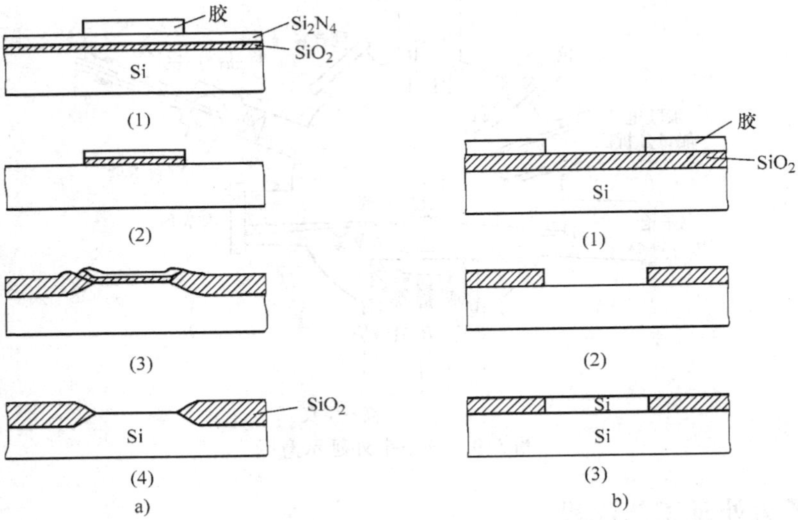

图 5-10　局部氧化工艺

1. 低压选择外延的几项关键工艺

1）只在 SiO_2 窗口露出的硅衬底上外延单晶，在 SiO_2 上部产生淀积。

一般来说，很容易在硅上外延单晶硅，同时在 SiO_2 上淀积多晶硅，为避免 SiO_2 发生淀积必须采用硅源和 HCl 的淀积，使 SiO_2 上多晶的淀积速率与 HCl 对多晶硅的腐蚀速率相等，而 HCl 对多晶硅的腐蚀速率快于单晶硅，从而使硅区仍长单晶。

2）在硅表面长好单晶，必须认真进行表面清洗。

任何表面痕量玷污都是多晶硅的潜在成核点，除作常规化学清洗氧等离子清洗外，还要保护炉内原位 HCl 腐蚀，取 HCl/H_2 体积比为 0.56%，腐蚀时间按去除二氧化硅来定。

3）保持选择外延后较好的平面性。

要保持较好的平面图（外延硅面与 SiO_2 共面）减压外延要比常压外延有利。用 Si_3N_4 薄层覆盖 SiO_2 窗侧壁可有较好平面性。另外，仔细控制生长时间，使外延达到正好与 SiO_2 的同样厚度。

4）降低外延层的层错。

选择性外延生长的硅，在 $Si-SiO_2$ 或 $Si-Si_3N_4$ 交界处附近往往有较多堆垛层错，工艺上应致力降低。生长压力在 11kPa 以下，降低生长温度，提高 HCL 浓度，可降低次层错。

2. 选择外延工艺流程

选择外延工艺示意图如图 5-11 所示。主要工艺流程如下。

1）（100）或（111）衬底准备及清洗。

2）热生长或低压 CVD 淀积 1 ~ 2μm 厚 SiO_2。

3）在 CF_4-H_2 中作反应离子腐蚀（RIE）SiO_2，刻出垂直壁窗口。

4）CVD 淀积 0.1 ~ 0.2μm 厚 Si_3N_4。

5）对 Si_3N_4 作 RIE 腐蚀，由于腐蚀各向异性，留下侧壁 Si_3N_4。

6）单晶硅选择外延生长。

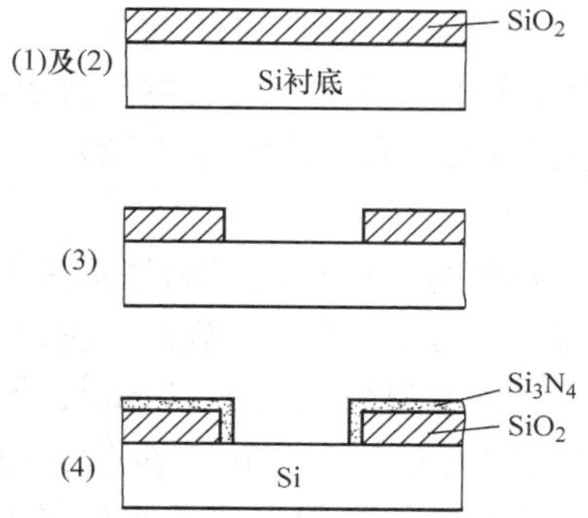

图 5-11　选择外延工艺示意图

5.6　外延工艺生产实训

1. 实验目的

1）了解液相外延生长技术的基本原理和设备构成。

2）学会使用液相外延生长装置制备适用于光电子器件制作的多层化合物半导体材料。

3）掌握液相外延生长设备基本操作。

2. 实验仪器、耗材

1）TG332－A 型微量天平。用于生长源称量。

2）由 UJ31 型低电势直流电位差计、AC15/1 型直流复射式检流计、标准电池和甲电池以及铂铑热电偶组成的测温装置，用以生长温度监测。

3）JWC－10 型精密液相外延系统，由以下主要部分组成。

① 可编程精密自动温控仪。

② 轨道滑动炉体及支撑架。

③ 石英生长室（反应管）。

④ 水平滑动石墨生长舟和石英舟托。

⑤ 不锈钢密封接口和推动装置。

⑥ 有机玻璃操作箱及支撑架。

⑦ 机械真空泵。

⑧ 氢气管路及控制阀。

⑨ BG－5 型氢气净化仪。

3. 操作流程

（1）计算生长液组分和杂质含量，配置生长溶液

（2）实验准备

1）石墨舟处理。为避免生长源泄漏，舟和衬底间的缝隙要适当，这就要求实验前把石墨舟的各个部件修整好，达到最佳的匹配状态；为避免生长源玷污，舟要非常干净，使用前

先要用王水浸泡24h，去除杂质，然后用沸去离子水煮至酸碱度为中性，再在真空下进行高温烘烤。真空度应高于10^{-3}Pa，温度在1000℃以上。由于舟的纯度对外延层的纯度有很大影响，处理时要尽量达到实验要求。

2）反应管处理。用王水浸泡24h，再用去离子水反复冲洗后烘干待用。

3）炉温设定。本实验使用的是自动控温炉，可通过程序的设定自动升温、恒温和降温。

4）衬底制备。外延生长在衬底上进行，衬底的好坏直接影响外延片的质量。因此，衬底制备在外延生长中占重要位置。通常有定向、切割、研磨、抛光、腐蚀以及清洗等工序。本实验采用N型（100）向单面抛光GaAs衬底，解理面积为$5\times7mm^2$，厚度为380μm，与石墨舟托板槽大小和深度一致。经甲苯、丙酮和无水乙醇超声清洗后，用511腐蚀液（即$H_2SO_4:H_2O_2:H_2O=5:1:1$）进行表面化学腐蚀抛光，再用去离子水反复清洗，然后浸泡在乙醇中备用。

5）生长源称量。本实验要求学生自己设计并生长出一种以GaAs为有源发光区（发光波长约为870nm）、以AlAs组分为0.3的P型和N型$Al_{0.3}Ga_{0.7}As$为上下限制层的双异质结端面发光激光器或发光管结构，而且要求上下限制层的载流子浓度分别为$5\times10^{17}cm^{-3}$和$1\times10^{17}cm^{-3}$。因此，所设计的器件至少应为3层结构。算出每层的组分源和杂质源量并用微量天平称好。本实验所用的As源为高纯GaAs多晶，Al、Te、Zn、Ge和Sn源则为高纯单质源。

6）生长源腐蚀清洗。GaAs多晶与衬底的腐蚀清洗方法相同。其他生长源的超声清洗过程同上，但腐蚀过程中所用的腐蚀液则是不同的。

Te：用稀HNO_3（在去离子水中滴几滴HNO_3）腐蚀。

Sn：用$H_2SO_4:H_2O=1:1$腐蚀液腐蚀。

Ge：用$HNO_3:HF=1:1$腐蚀液腐蚀。

Al：用NaOH溶液（去离子水中放入一小块NaOH）腐蚀。

另外要注意，在腐蚀液的配制过程中各成分倾倒的先后次序，GaAs衬底和多晶源要用热511腐蚀液（60~70℃）腐蚀，各种生长源的腐蚀时间均约为1min。

（3）外延生长

1）开炉。按操作规程启动生长温度已设置好的外延炉，炉温会自动升至850℃脱氧温度并恒定，此过程大约需要1h左右。

2）烧杯和量桶清洗。实验中要用到的玻璃和石英器皿均要用去离子水冲洗干净，并在滤纸上空干。

3）称Ga和装Ga。本实验使用纯度为99.9999%的高纯Ga做生长源溶剂，每槽Ga量均为500mg，称好后应立即装入石墨舟源槽中，以减少在空气中的氧化和玷污。

4）抽真空和通氢气。装好Ga后，按操作规程开启机械泵和有关真空阀门将石英反应管抽至真空状态（10min左右）后，关闭机械泵和有关真空阀门；与此同时严格按操作规程开启纯氢仪和氢气瓶：打开纯氢仪的加热器，当温度达到300℃时，缓慢打开高压氢气瓶阀门并利用氢气表上的减压阀将原氢压力仔细调节为0.25MPa左右，然后缓慢打开纯氢仪的原氢阀，当原氢压力表的指示达到0.25MPa时，打开纯氢仪的尾气阀并将尾气流量调至合适程度，接着依次打开纯氢仪上和操作箱下面的纯氢阀，将高纯氢引入石英反应管，当纯氢仪的纯氢压力指示超过大气压时，打开操作箱下的废气阀，将废气通过塑料管道排放到窗外大气中。

5）脱氧。通氢 30min 后，将外延炉推至石英反应管上，对 Ga 在氢气氛下进行高温（850℃）脱氧 2h，以便除去 Ga 的氧化物和玷污物。

6）装源。脱氧结束后，将石英反应管从炉膛中退出，待反应管的温度降至接近室温时，打开反应管，将处理好的衬底片及生长源快速装入石墨舟相应的衬底片槽和生长源槽中。这里要求快速装源，是为了尽量减少其在大气中的氧化和玷污。

7）熔源。生长源装好后，向反应管中通氢 30min 后，重新将外延炉推至反应管上，在氢气氛和 825℃恒温下，熔源 50min，以保证源的充分溶解和均匀混合。

8）外延生长。熔源结束后，开始执行降温生长程序，降温速度为 0.5℃/min，当温度降至 804℃时，开始陪片生长，陪片的作用是精确调整生长源的饱和度。当温度降至 800℃时，开始正片生长，若器件结构为 3 层双异质结，正片上的下限制层、有源层和上限制层的生长时间应分别控制在 4 ~ 6min、20 ~ 30s 和 4 ~ 6min，此时，3 层的生长厚度分别约为 1.5 ~ 2μm、0.2 ~ 0.4μm 和 1.5 ~ 2μm。生长过程中不同生长源的切换是通过由不锈钢定位器控制的石英杆推动滑动石墨源液槽完成的。

9）关炉取片。生长结束后，将石英反应管退出炉膛并按规程关闭外延炉。待反应管的温度降至接近室温后，关闭纯氢仪的加热器，待加热器的温度降至低于 200℃后，关闭操作箱下、纯氢仪和氢气瓶上的所有阀门。以上工作完成后，打开反应管密封腔，双手戴好一次性塑膜手套从石墨舟片托上取下生长好的外延片，擦洗干净后包上镜头纸装入样品袋备用。然后将石墨舟各组件仔细地用滤纸擦拭干净，组装到一起，放入石英反应管，定好位置，封好密封腔，以备下次实验用。至此，整个外延实验结束。

5.7 习题

1. 什么是外延？
2. 外延的作用有哪些？
3. 常用的外延设备由什么组成？
4. 外延中常用的硅源有哪些？
5. 常用的外延工艺有哪些？
6. 简述外延工艺流程。

第6章 氧化工艺

硅平面工艺基础之一是能在硅表面热生长一层氧化层。氧化物掩蔽技术是一种在热生长氧化层上通过光刻图形和刻蚀，从而达到在硅衬底进行扩散掺杂。这是20世纪50年代以来最主要的发展，这也是大规模晶体管发展的关键因素。硅的氧化物可以通过淀积和热氧化工艺获得。本章将讨论热氧化工艺。

本章学习目标：

1）了解二氧化硅的结构、物理性质与化学性质以及二氧化硅的应用。

2）掌握二氧化硅的热生长工艺的原理和制备方法。

3）掌握影响氧化速率的因素和二氧化硅膜的质量检测。

4）了解几种常见的热氧化设备。

5）掌握热氧化工艺操作流程。

6.1 二氧化硅膜的结构、性质与应用

二氧化硅（SiO_2）是一种绝缘介质。它在半导体器件中起着十分重要的作用。硅暴露在空气中，即使在室温条件下，其表面也能生长一层4nm左右的氧化膜。这一层氧化膜结构致密，能防止硅表面继续被氧化，且具有极稳定的化学性质和绝缘性质。正因为二氧化硅膜的这些特性，才引起人们的广泛关注，并在半导体工艺中得到越来越广泛的应用。

6.1.1 二氧化硅的结构

二氧化硅由硅-氧四面体组合而成，有结晶型和无定型两种，两者都是由硅-氧四面体组成的，不同的是，结晶型是由硅-氧四面体在空间按照一定规则排列所组成，而无定型则是随机排列。氧化工艺生长成的是无定型的二氧化硅。

二氧化硅的结构平面图如图6-1a所示。每个硅原子的周围有4个氧原子，构成所谓的硅-氧四面体，如图6-1b所示。图6-1b中两个相连的SiO_2四面体之间依靠共用一个顶角氧而联系起来，这种把两个SiO_2四面体联系起来的氧原子称为桥键氧。整个SiO_2就是由这种SiO_2四面体依靠桥键氧相连所构成的，是三维的环状网络结构。石英晶体是结晶态二氧化硅，氧原子都是桥联氧原子，图6-1c所示是石英晶体结构；非晶态二氧化硅薄膜的氧原子多数是非桥联氧原子，是长程无序结构，图6-1d所示是非晶态二氧化硅结构。显然，对SiO_2网络，从较大的范围来看，其原子的排列是混乱的、不规则的，即所谓“长程有序”；但从较小的范围来看，其原子的排列并非完全混乱，而是有一定的规则，即所谓“短程有序”（对SiO_2网络这种有序的范围一般为10～100Å。像SiO_2玻璃这样在结构上具备“长程无序、短程有序”的一类固态物质，有别于“长程有序”的晶体，特称为无定型体或玻璃体。半导体工艺中形成和利用的都是这种无定型的玻璃态SiO_2。

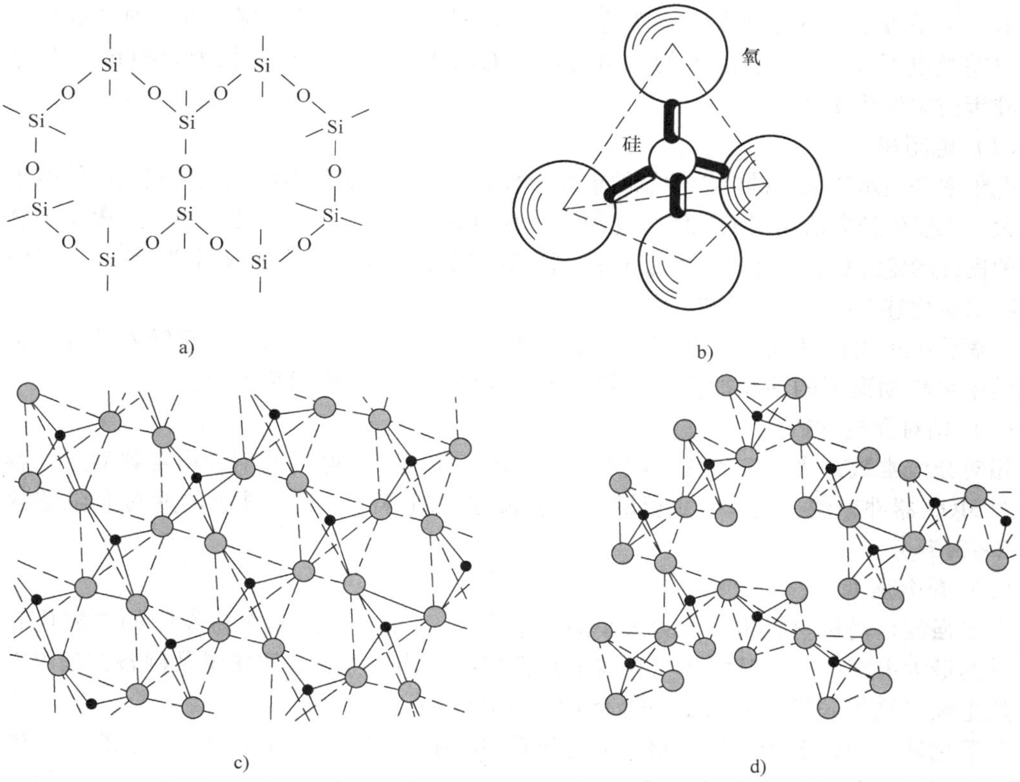

图 6-1　二氧化硅的结构平面图

a）二氧化硅结构平面图　b）硅－氧四面体结构示意图

c）石英晶格结构　d）非晶态二氧化硅结构

6.1.2　二氧化硅的物理性质与化学性质

1. 二氧化硅的物理性质

二氧化硅的物理性质用各种物理参量来表征，如密度、折射率、电阻率、介电强度、介电常数以及热膨胀系数等。表 6-1 所示为不同氧化工艺制备的二氧化硅的主要物理性质。

（1）密度

密度是表示二氧化硅致密程度的标志。密度大，致密程度高。用不同制备方法所制得的膜层，其密度一般是不同的，但都很接近，无定型二氧化硅的密度一般为 2.20g/cm^3。

表 6-1　不同氧化工艺制备的二氧化硅的主要物理性质

氧化方法	密度/(g/cm^3)	电阻率/(Ω·cm)	介电常数	介电强度/(V/cm)
干氧	2.24～2.27	3×10^{15}～2×10^{16}	3.4（10kHz）	9×10^{6}
湿氧	2.17～2.21		3.72（1MHz）	
水氧	2.00～2.20	10^{15}～10^{17}	3.2（10kHz）	6.7×10^{6}～9×10^{6}
热分解淀积	2.09～2.15	10^{7}～10^{7}		
外延淀积	2.3	7×10^{14}～7×10^{14}	3.54（1MHz）	5×10^{6}～6×10^{6}

（2）折射率

折射率是表示二氧化硅光学特性的参数。用不同方法所得的膜层，其折射率也是不相同的，但差距也不大。一般密度大的二氧化硅具有较大的折射率，波长为550nm左右时，二氧化硅折射率约为1.46。

（3）电阻率

电阻率是表示二氧化硅电学性能的重要参数。用不同方法所得的二氧化硅膜层的电阻率相差较大。用热生长方法制得的二氧化硅薄膜，其电阻率为$10^{15} \sim 10^{16}\Omega \cdot cm$，这表明二氧化硅是一种良好的绝缘材料；用热分解淀积法制得的二氧化硅薄膜，其电阻率为$10^{7} \sim 10^{8}\Omega \cdot cm$，这表明二氧化硅层中含有较多的杂质。

二氧化硅的电阻率还与温度有关。温度升高，电阻率减小。这是由于随着温度升高，二氧化硅中可移动离子的活动加剧了，载流子浓度增大，引起电阻率减小。

（4）相对介电常数

相对介电常数是表示二氧化硅膜电容性能的一个重要参数。相对介电常数对于电容介质材料及MOS器件来说，是非常重要的。热生长方法制得的二氧化硅膜的相对介电常数一般为3.2～3.7。

（5）介电强度

介电强度是衡量材料耐压能力大小的，单位为V/cm。它表示单位厚度的二氧化硅层所能承受的最大击穿电压，其大小与自身的致密程度、均匀性、杂质含量及制备方法等因素有关。热生长二氧化硅膜介电强度一般为$10^{6} \sim 10^{7}V/cm$。

二氧化硅膜的许多物理量与制备工艺和膜中的杂质有关。例如：在二氧化硅中掺磷，那么含有14.5%～16.5%的P_2O_5的磷硅玻璃中，其密度可增大到$2.73g/cm^3$左右。但实际上由于磷的加入，引入了非桥键氧，网络结构变得疏松，其密度下降为$2.35 \sim 2.40g/cm^3$。

2. 二氧化硅的化学性质

二氧化硅的化学性质不活泼，是硅最稳定的化合物，是酸性氧化物，不溶于水。它不与除氟、氟化氢和氢氟酸以外的卤素、卤化氢和氢卤素以及硫酸、硝酸和高氯酸作用。二氧化硅和氢氟酸发生反应，生成易溶于水的氟硅酸。二氧化硅与氢氟酸作用发生如下化学反应：

$$SiO_2 + 6HF \longrightarrow H_2[SiF_6] + 2H_2O \tag{6-1}$$

生产中光刻扩散窗口和引线窗口等，就是利用了二氧化硅这一化学性质。

二氧化硅与强碱也能发生作用，其化学反应式为：

$$SiO_2 + 2NaOH = Na_2SiO_3 + H_2O \tag{6-2}$$

上述工艺可用于制备水玻璃。

6.1.3 二氧化硅的用途

由于氧化物制备容易并且与硅衬底有着优良的界面，使得二氧化硅成为应用最普遍的膜材料。二氧化硅在半导体集成电路制造中的主要用途在以下几个方面。

（1）作为杂质注入掩膜

半导体器件在制作各个区时最常采用的方法是先在晶圆表面生长一层氧化膜，刻蚀去除掺杂区域的氧化膜形成掺杂窗口，杂质通过窗口进入晶圆。离子注入时，也可用作阻挡层，以降低注入对晶圆表面的损伤。用于掩蔽的SiO_2层，通常采用热生长SiO_2法。

二氧化硅的掩蔽作用如图 6-2 所示。

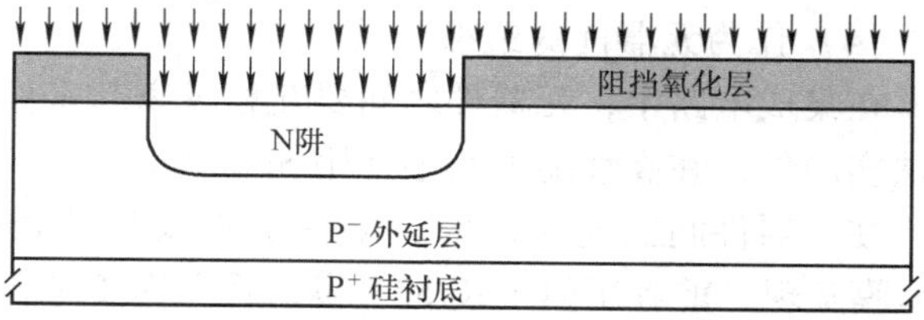

图 6-2　二氧化硅的掩蔽作用

（2）栅氧层

在 MOS 技术中，常用氧化膜作 MOS 管的绝缘栅介质，这是由于 SiO_2 具有高的电阻率和高的介电强度，几乎不存在漏电流。

用作绝缘栅介质的栅氧化膜及其形成的 Si－SiO_2 界面性质是器件特性和稳定性的决定因素，栅氧化膜中界面处有效氧化物电荷 Q（包括固定电荷、可动电荷、界面陷阱电荷及氧化物的陷阱电荷）在硅表面层内感生镜像电荷使阈值电压 U_t 的改变量 ΔU_t 为：

$$\Delta U_t = \frac{Qt_{ox}}{\varepsilon_o \varepsilon_{ox}} \qquad (6\text{-}3)$$

二氧化硅制作栅氧化层如图 6-3 所示。

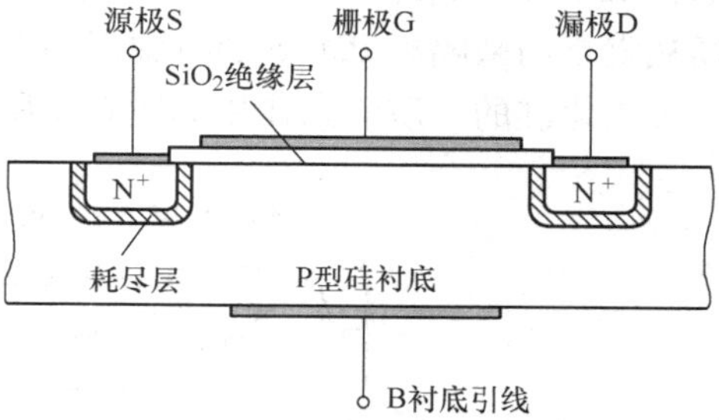

图 6-3　二氧化硅制作栅氧化层

界面陷阱作为陷阱中心对载流子的俘获作用，及带隙中央附近界面陷阱的产生－复合作用，会使 MOS 晶体管的跨导退化，使 CCD 的转移速率下降，暗电流增加。可动离子不仅影响元器件参数，还严重影响元器件的稳定性。从提高元器件性能及其稳定性的角度来考虑，应使有效氧化物电荷密度控制在 10^{10} 数量级的范围内。可动电荷密度控制在 3×10^{10}/cm 以下。禁带中央附近的界面陷阱密度小于 $3\times10^{10}/cm^2 eV$（对于 CCD 元器件则要求 $\leqslant 1\times10^{10}/cm^2 eV$）。要获得这样高质量的硅—二氧化硅结构，宜采用高洁净度的热氧化，并结合适当的退火处理。

（3）作为器件保护层和钝化层

在晶圆表面生长一层二氧化硅可以束缚硅的悬挂键，阻止晶圆表面硅电子的各种活动，提高元器件的稳定性和可靠性，起到钝化保护的作用。它能防止电性能退化，减少由于潮湿、离子或其他外部污染的原因导致漏电流的产生。在制造过程中，还可防止晶圆受到机械擦伤。

表面钝化层用热氧化生长膜，其电阻率在 $10^{15}\Omega\cdot cm$ 以上，介电强度不低于 5×10^6 V/cm，具有良好的绝缘性能。钝化的效果好坏主要看二氧化硅膜实际的表面电荷和界面陷阱（即界面态）数量的多少。由于二氧化硅对碱金属离子阻挡能力差，工艺过程的污染使得一些碱金属离子（如钠离子）进入二氧化硅中。它们在二氧化硅膜中是可动离子并且分布也不均匀，容易在邻近金属电极层或硅界面处堆积。它们距硅表面越近，对硅表面势变化的影响越大，是元器件性能不稳定的祸根。二氧化硅膜中的可动离子、表面固定电荷总是带正电的，这势必在硅表面层感生负的镜像电荷，从而使硅表面 N 型化，特别是可动离子在二氧化硅中的迁移会影响元器件的稳定性。制作优良的二氧化硅表面钝化膜时，特别要注意氧化前、氧化中、氧化后硅片的洁净程度，也要正确地选择氧化生长条件和退火条件。

芯片金属布线完成后，作元器件二次钝化用的 SiO_2 膜，其工艺温度不能超过布线金属与硅的合金温度，故只能用 CVD 工艺淀积的 SiO_2，要在低于 400℃条件下制备。

(4) 作为元器件的绝缘介质

在集成电路中，元器件之间要互相隔离起来然后按需要进行互连。这种隔离，除用 PN 结法实施外，在高性能电路中常用 SiO_2 隔离。

在元器件间互连布线时，第一层布线与硅表面的绝缘以及多层布线的层间绝缘多用 SiO_2 膜实现，前者用热生长 SiO_2 膜，后者因工艺温度的限制，要用溅射、CVD 低温淀积等方法生长 SiO_2 膜。

SiO_2 膜在集成电路中的另一个很重要的应用是作 MOS 及 CCD 器件的绝缘栅介质膜，它对这些电路的影响是举足轻重的。

(5) 介质隔离

芯片制作中的隔离方法有 PN 结隔离和介质隔离，介质隔离通常选择的就是二氧化硅。例如，LOCOS 工艺中，晶体管的隔离就是在晶体管之间生长厚的二氧化硅膜；CMOS 工艺中的场氧就是用来隔离 PMOS 的有源区和 NMOS 的有源区的。

二氧化硅的介质隔离作用如图 6-4 所示。

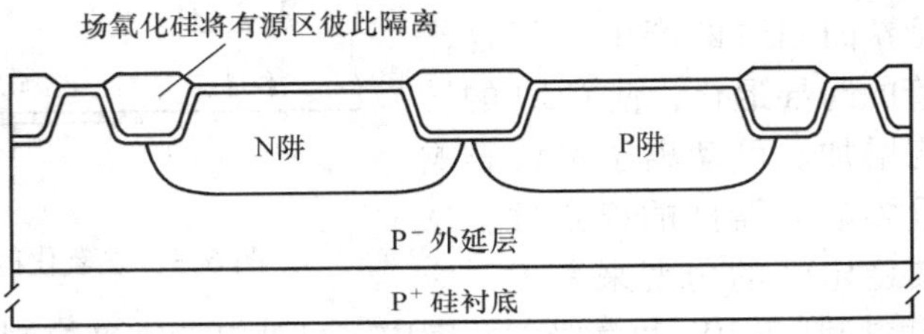

图 6-4　二氧化硅的介质隔离作用

6.2　热氧化生长二氧化硅薄膜

目前，在硅片表面生长二氧化硅膜的方法很多，比如热氧化生长法、热分解淀积法、溅射法、真空蒸发法、外延生长及阳极氧化法。热氧化制备二氧化硅（SiO_2）工艺就是在高温和氧化物质（氧气或者水汽）存在条件下，在清洁的硅片表面上生长出所需厚度的二氧化硅。热氧化制备的二氧化硅质量好，具有较高的化学性及工艺重复性，所以，多采用热氧化法生长二氧化硅膜。

热氧化工艺一般包括干氧氧化、湿氧氧化和水汽氧化 3 种，其中干氧氧化和湿氧氧化是平面工艺最常用的方法。根据干氧氧化和湿氧氧化的特点，实际工艺中通常采用干氧－湿氧－干氧的氧化工艺。

6.2.1　氧化生长机理

由二氧化硅基本结构单元可知，位于四面体中心的 Si 原子与 4 个顶角上的氧原子以共价键方式结合在一起，Si 原子运动要打断 4 个 Si－O 键，而桥联氧原子的运动只需打断两个 Si－O 键，非桥联氧原子只需打断 1 个 Si－O 键。因此，在 SiO_2 网络结构中，O 原子比 Si 原子更容易运动。氧原子离开其四面体位置运动后，生成氧空位。在热氧化过程中，氧离子或水分子能够在已生长的 SiO_2 中扩散进入 Si/SiO_2 界面，与 Si 原子反应生成新的 SiO_2 网络结构，使 SiO_2 膜不断增厚。与此相反，硅体内的 Si 原子则不容易摆脱 Si 共价键的束缚，也不容易在已生长的 SiO_2 网络中移动，所以，在热氧化的过程中，氧化反应将在 Si/SiO_2 界面处进行，而不发生在 SiO_2 层的外表面，这一特性决定了热氧化的机理。

进一步的研究指出，氧在 SiO_2 中的扩散是以离子形式进行的。氧进入 SiO_2 后便离解成氧离子（O^{2-}）。氧离子通过扩散达到 Si/SiO_2 界面，然后再界面处与 Si 发生反应而形成新的 SiO_2，从而使 SiO_2 层越长越厚。同时，随着氧离子通过 SiO_2 层的扩散，也必将有空穴的扩散，而空穴的扩散速率比氧离子的扩散速率快，结果在 SiO_2 层中产生一内建电场，次内建电场的方向正好使该电场起加速 O^{2-} 扩散的作用。不过分析指出，这种加速扩散的作用只存在于 SiO_2 表面一个很薄的范围内（对干氧氧化为 150～200Å，对水汽氧化仅为 5Å）。首先，Si/SiO_2 界面处的一个 Si 原子夺取邻近的 SiO_2 中的两个氧原子，形成一个新的 SiO_2，相应地在界面附近的 SiO_2 层中产生出两个氧离子空位，然后，SiO_2 层上部的氧离子又不断扩散到界面附近来填补氧离子空位，这样氧就以 SiO_2 中的氧离子空位作为媒介而扩散到 Si/SiO_2 界面处不断向 SiO_2 表面扩散的过程。总而言之，干氧氧化含有的氧离子包括通过 SiO_2 的扩散和在 Si/SiO_2 界面上与硅发生化学反应这两个过程。在较高温度（例如 1000℃）下，界面化学反应速率较快，而氧离子扩散通过 SiO_2 的过程较慢，因此氧化速率取决于氧离子扩散通过 SiO_2 层的快慢。显然，随着氧化的进行，SiO_2 层不断增厚，氧化速率也就越来越慢。

热氧化是通过扩散与化学反应来完成的，由于氧化实际上是在 Si/SiO_2 界面进行的，氧化反应是由硅片表面向硅片纵深依次进行的，硅被消耗，所以硅片变薄，氧化层增厚，图 6-5 所示为 SiO_2 生长过程中界面位置随热氧化过程而移动的示意图。

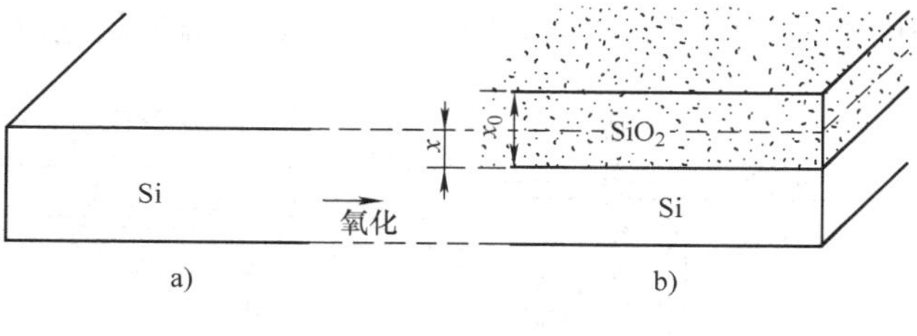

图 6-5　SiO_2 生长过程中界面位置随热氧化过程而移动的示意图

a）氧化前的硅片　b）氧化后的硅片

生长 1μm 厚的 SiO_2 约消耗 0.44μm 厚的硅，由生长的二氧化硅薄膜厚度 d_{SiO_2} 就能知道消耗的硅的厚度 d_{Si}：

$$d_{Si} = 0.44 d_{SiO_2} \tag{6-4}$$

6.2.2　水汽氧化

水汽氧化的生长过程为：在高温下，水汽与硅片表面的硅原子作用，生成二氧化硅起始层，其反应式如下：

$$Si + 2H_2O = SiO_2 + 2H_2 \tag{6-5}$$

其后续氧化一般认为是水分子首先与表面的二氧化硅反应生成硅烷醇（Si－OH）结构。

生成的硅烷醇再扩散穿透氧化层抵达 Si/SiO_2 界面处，与硅原子反应生成 SiO_2。

开关水汽氧化示意图如图 6-6 所示。水汽氧化水汽压强一般为一个大气压左右，炉温为900～1200℃。

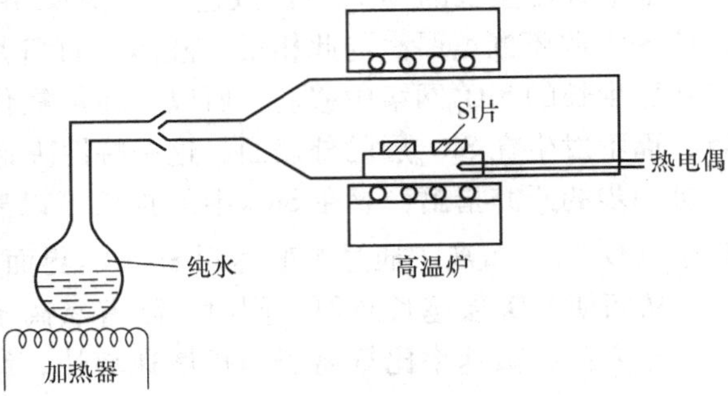

图 6-6　开关水汽氧化示意图

实验表明，氧化温度高于 1100℃ 时，水汽氧化生长的氧化层厚度和氧化时间 t 有如下关系：

$$X^2 = Ct \tag{6-6}$$

式中，C 为氧化速率常数，与氧化温度有关。

当温度低于 1100℃时，X 与 t 的关系接近于下列关系：

$$X^2 + C_1 X = C_2 t \tag{6-7}$$

式中，C_1 和 C_2 是与氧化温度有关的常数。

水汽氧化所需要的水汽可由高纯去离子水汽化或者是氢气与氧气直接燃烧化合而成。水汽氧化速度快，但由于水汽的进入，使大量氧原子裂变为非桥键的烃基，所以氧化层结构疏松，质量不如干氧氧化好，特别是氧化层表面有极性的硅烷醇存在，极易吸附水，而有极性的水又不易黏附非极性的光刻胶，所以氧化层表面与光刻胶黏附性差。水汽氧化对磷扩散的掩蔽能力较差，因此该方法很少使用。

6.2.3　干氧氧化

由于干氧氧化和湿氧氧化设备简单、操作方便，易于掌握，生长的氧化膜性能比较稳定，因而在实际生产中得到了广泛的应用。图 6-7 为干氧与湿氧氧化设备示意图。

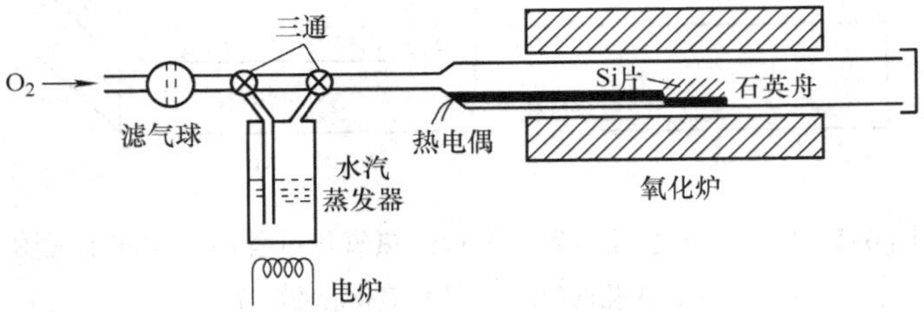

图 6-7　干氧与湿氧氧化设备示意图

干氧氧化的生长机理是：在高温下，当氧气与硅片接触时，氧分子与表面的硅原子反应，生成二氧化硅起始层，其反应式为：

$$Si(固) + O_2(气) = SiO_2(固) \tag{6-8}$$

由于起始氧化层阻碍了氧分子与硅表面直接接触，其后继续氧化时氧扩散穿过已生成的二氧化硅向里运动，到达 Si/SiO_2 界面发生反应。工艺中常用的氧化温度为 900～1200℃，氧气流量为 1ml/s 左右。为了防止氧化炉外部气体对氧化的影响，一般设计氧化炉气体压力稍高于炉外气压。

硅干氧氧化层厚度与氧化时间的关系如图 6-8 所示。

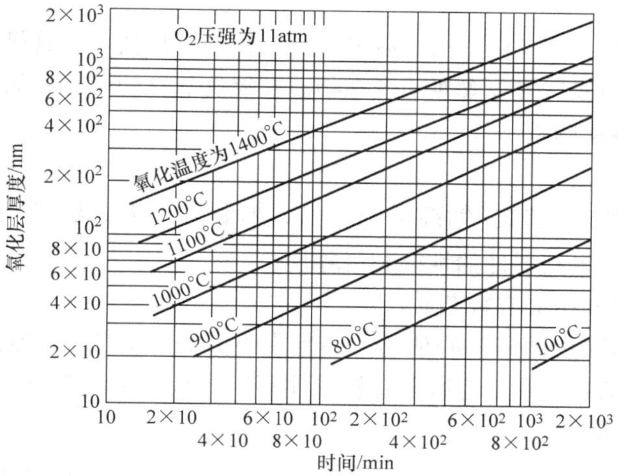

图 6-8　硅干氧氧化层厚度与氧化时间的关系

从图中可以看出，在同一温度下，二氧化硅层厚度随时间增加而增加。在同一时间下，温度越高，二氧化硅层越厚。

可见，氧化速率主要受氧原子在二氧化硅中扩散系数的影响。温度越高，氧原子在二氧化硅中扩散也越快，氧化速率常数也就越大，二氧化硅层就越厚。

总之，干氧生长的氧化膜表面干燥、结构致密，光刻时与光刻胶接触良好、不易产生浮胶，但氧化速率极慢。

6.2.4　湿氧氧化

湿氧氧化中，用携带水蒸气的氧气代替干氧。氧化剂是氧气和水的混合物，反应过程如下：氧气通过95℃的高纯水，氧气携带水汽一起进入氧化炉在高温下与硅反应，湿氧的化学反应方程式为：

$$Si(固)+2H_2O(水汽)\longrightarrow SiO_2(固)+2H_2(气) \tag{6-9}$$

湿氧氧化相当于干氧氧化和水汽氧化的综合，其速率也介于两者之间。具体的氧化速率取决于氧气的流量、水汽的含量。氧气流量越大，水温越高，则水汽含量越大，氧化膜的生长速率和质量越接近于水汽氧化的情况。反之，就越接近于干氧氧化。

在生产中常常采用干氧－湿氧－干氧的工艺方案生长二氧化硅膜，是因为干氧氧化生成的二氧化硅膜干燥、致密，并和光致抗蚀剂接触良好，光刻时不易产生浮胶现象。但这种工艺氧化速度慢，而湿氧氧化恰恰与此相反，其氧化速度快，生成的二氧化硅膜疏松，光刻时容易产生浮胶现象。并且能引起杂质的再分布（在硼扩散中，氧化再扩散时特别要注意这一点）。因此把湿氧和干氧配合使用，吸取其各自优点，互相弥补各自缺点，使氧化膜更好满足生产的要求，是十分必要的。因此，采用干氧－湿氧－干氧的工艺，既能满足氧化速率的需要，又能得到干燥致密的氧化膜，使光刻时不易产生浮胶现象。

6.2.5 掺氯氧化

掺氯氧化是继上述3种氧化方法之后出现的一种热氧化技术，其机理是在干氧中添加少量的氯化氢、三氯乙烯或氯气等含氯的气态物。在氧气氧化的同时，氯结合到氧化层中，并集中分布在 SiO_2/Si 界面附近。

1. 掺氯氧化作用

掺氯氧化的主要作用是减少钠离子的玷污，抑制氧化堆垛层错，提高 SiO_2/Si 界面质量，提高少子寿命，即提高器件的性能和可靠性。

1）可吸收、提取硅中的有害杂质。

2）掺氯不仅可以减少钠离子的玷污，并且集中分布在 SiO_2/Si 界面附近的氯还能使迁移到这里来的钠离子的正电荷效应减弱并被掐住不动，从而使其丧失电活性和不稳定性。

2. 掺氯氧化的氯源选择

掺氯试剂往往用氯化氢（HCl）、三氯乙烯（C_2HCl_3）、四氯化碳（CCl_4）及氯化铵（NH_4Cl）等。HCl 较易获得，但吸水后有很强的腐蚀性，对氧化管道和仪器设备都有破坏性，而且 HCl 易挥发，容易影响环境，损害人体健康，所以使用较少。三氯乙烯既有盐酸的作用，又没有它的缺点，因此，应用较广泛，但它有毒性，使用时要当心。

三氯乙烯氧化是在干氧中加入适量的三氯乙烯，在高温下和氧发生氧化时，生成氯气参与二氧化硅膜的生长，其反应为：

$$C_2HCl_3 + O_2 \longrightarrow Cl_2 + HCl + CO + H_2O \tag{6-10}$$

6.2.6 影响氧化速率的因素

1. 氧化时间

由上述各种热氧化膜制备过程可知，硅的热氧化过程是氧化剂通过氧化层向 SiO_2/Si 界面运动，再与界面的硅发生反应，而不是硅穿透氧化层向外运动的。

① 氧化剂（O_2 和 H_2O）从气相内部输运到气体－氧化层界面（又称为膜层表面）。

② 氧化剂扩散穿透已生成的二氧化硅起始层，抵达 SiO_2/Si 界面。

③ 在界面处与硅发生氧化反应。

④ 生成的副产物扩散出氧化层，并随主气流转移。

氧化层厚度与氧化时间的关系主要有以下两种典型情况。

1）氧化层厚度与氧化时间成正比，氧化层的生长速率主要取决于在硅表面上的氧化反应的快慢，称为表面反应控制，此时的氧化速率主要取决于化学反应速率常数 k_s 的大小。

2）氧化层厚度与氧化时间的平方根成正比，氧化层的生长速率主要取决于氧化剂在氧化层中扩散的快慢，称为扩散控制，此时的氧化速率主要取决于扩散系数 D_{ox} 的大小。

2. 氧化温度

影响氧化速率的因素主要是质量转移速率和化学反应速率，而决定质量转移快慢和化学反应快慢的因素分别是扩散系数 D_{ox} 和化学反应速度常数 K。而 D_{ox} 和 K 则都与热力学温度的倒数呈负指数关系。由此可见，随着温度的升高，扩散系数和反应速率常数均增大，因此，氧化速率也增加。

3. 氧化剂分压的影响

压力效应，氧化的速率与氧化剂运动到硅表面的速率有关，而压力可以强迫氧分子更快的通过正在生长的氧化层，所以压力越高，氧化速率越快。高压氧化的优点是：缩短氧化时间或者降低氧化温度。在氧化速率不变的前提下，每增加一个大气压的压力，氧化炉内的温度可降低30℃。高压氧化比较适合生长厚的场氧层。

4. 杂质浓度的影响

Ⅲ－Ⅴ族杂质可以提高氧化剂在二氧化硅中的扩散速率，所以重掺杂硅的氧化速率高于轻掺杂硅。通常在氧化炉中，都会先通入含氯气体来清洗石英管以及晶圆表面，加入氯气也会提高氧化速率。

5. 晶面方向的影响

（111）晶面的原子密度比（100）晶面的大，因此，硅—二氧化硅界面处的反应速率也较快，由于较低的生长成本，经常用于双极元器件。但从氧化质量的角度来看，（100）晶面的缺陷密度较低，制造MOS元器件最常用的是（100）面的硅片。（100）晶面的表面状态更有利于控制MOS元器件开态和关态所要求的阈值电压。

6.3 二氧化硅膜的质量检测

6.3.1 氧化膜厚度的测量

在生产实践中，测量SiO_2厚度的方法有很多，如果精度要求不高，可采用比色法、腐蚀法等。如果有一定精度要求，则可以采用双光干涉法和电容电压法。在某些研究分析领域，已经采用了精度极高的椭圆偏振光法。下面分别介绍一下几种常用的氧化膜厚度测量方法。

1. 双光干涉法

光干涉法需要将氧化膜腐蚀出一个斜面，用短波长的单色光垂直入射至斜面处，用显微镜观察斜面处的干涉条纹。根据条纹的个数即可计算出膜的厚度：

$$D = N \times \lambda / 2n \tag{6-11}$$

式中，D为二氧化硅膜的厚度，N为干涉条纹数，λ为入射光波长，n为二氧化硅的折射率，约为1.5。光干涉法比较适合测量厚度在200nm以上的氧化膜。双光干涉法示意图如图6-9所示。

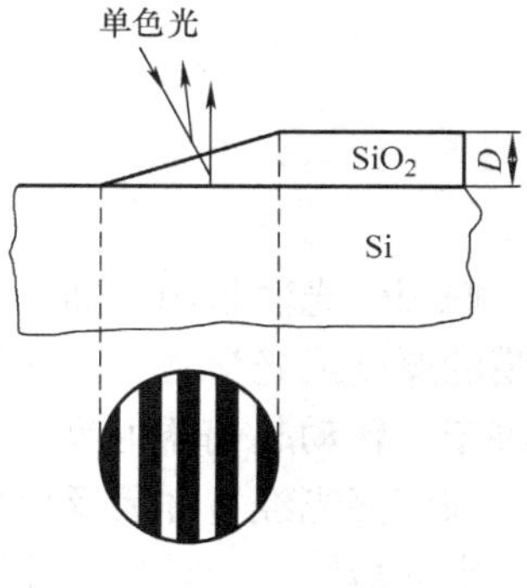

图6-9　双光干涉法示意图

2. 比色法

比色法是将硅样片在不同条件下进行氧化，从而得到不同厚度的二氧化硅膜（它们颜色各不相同），再利用双光干涉法或腐蚀法确定不同颜色的二氧化硅的厚度，颜色与厚度之间的变化情况如表6-2所示。生产中，可根据氧化层表面颜色和表中所列颜色进行比较，来确定氧化层大约厚度。但是由于氧化层的颜色随其厚度不同而呈现周期性的变化，所以这种方法常常带来较大的误差，且当膜厚超过7500Å时，色彩变化不明显，因此仅限于测量1000～7000Å之间的氧化膜厚度。但是，这种方法在缺乏测量仪器的情况下，可以用于测量在多长氧化时间下，氧化层厚度大致在什么范围比较合适。

表 6-2　二氧化硅厚度与干涉色的比较表

氧化膜颜色	氧化膜厚度/Å			
	1次干涉	2 次干涉	3 次干涉	4 次干涉
灰色	100			
黄褐色	300			
棕色	500			
蓝色	700			
紫色	1000	2750	4650	6500
深蓝色	1500	3000	4900	6750
绿色	1750	3300	5200	7200
黄色	2100	3700	5600	7500
橙色	2250	4000	6000	
红色	2500	4300	6250	

3. 椭圆偏光法

椭圆偏光法的测量精度高达 10Å，且可同时测出薄膜的折射率，它还是一种非破坏性测量方法。其示意图如图 6-10 所示。

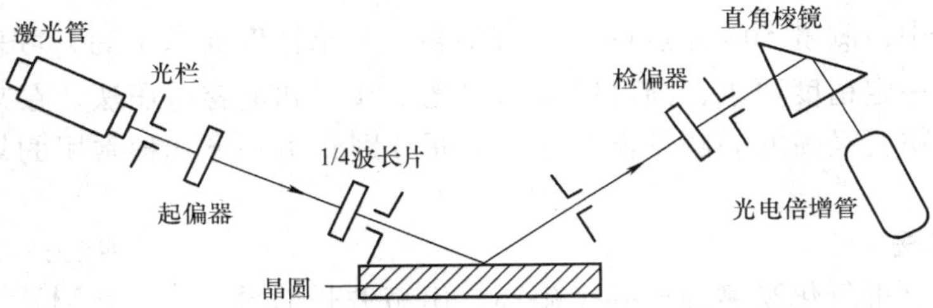

图 6-10　椭圆偏振光测氧化层厚度示意图

椭圆偏光法是用椭圆偏振光照射被测样品，观察反射光偏振状态的改变，从而测出样品上膜的厚度或光学常数。光源发出自然光，经过起偏器后成为线偏振光，其偏振方向由起偏器决定，转动起偏器可改变偏振光的偏振方向。此线偏振光经过 1/4 波长片后变为椭圆偏振光，该偏振光经过样品反射后通常仍为椭圆偏振光，但椭圆率和长短轴的方位变了。对于厚度一定的薄膜，转动起偏器可使发射后的光变为线偏振光。这时，转动检偏器，可找到消光状态。在消光状态下，一定的膜厚对应一定的起偏器方位角 P 和检偏器方位角 A。测量时，只要读出 P 和 A 的值，就可以计算出膜厚和折射率，椭圆偏光仪还可以用来检验膜厚均匀性、鉴别膜层的成分，测量材料的消光系数等。

6.3.2　氧化膜的缺陷

氧化工艺中常常出现一些问题，如：二氧化硅膜厚度不均匀，氧化膜上有斑点、针孔，低温氧化层龟裂或出现白雾等。这些问题直接影响元器件性能。

1. 氧化层厚度不均匀

引起氧化层厚度不均匀的主要原因是氧化反应室中氧气或水汽的蒸汽压不均匀。此外，氧化炉温度不稳定，恒温区太短、水温变化及硅片表面状态不均匀等，也可能引起氧化层的不均匀。这种不均匀不仅影响二氧化硅膜对扩散杂质的掩蔽和绝缘性能，而且光刻腐蚀时容易造成局部钻蚀。如果在生长 MOS 场效应晶体管的栅时，氧化膜的不均匀则直接影响元器件的性能。为了得到厚度均匀的氧化层，除要求氧化炉恒温生长外，操作中放置硅片的石英舟一定要放置于恒温区内，并严格控制炉温和水温，特别是氧气的流量要选择适当。

2. 氧化膜上的斑点

氧化炉表面产生各种斑点的主要原因有下列几种。

1）氧化前硅片表面处理不净，残留了一些杂质微粒，经高温处理后黏附在硅片氧化层表面，形成了小黑点。这个问题只要认真注意硅片的清洁处理是可以解决的。

2）氧化过程中，由于长时间处于高温下，使剥蚀下来的微粒落在硅片表面上，产生一些突起。所以加强对氧化石英管的处理是十分必要的。另外，必须注意防止空气中的灰尘进入石英管道内。

3）石英管口凝聚的小水滴飞溅在硅片上，或在清洗时硅片上有残留水迹，就使氧化层表面出现小花斑。操作中，要避免含有水滴的氧气直接冲到硅片上，从去离子水中捞取硅片是要尽量避免表面残留的水迹。

上述斑点的存在，将使氧化层在这些地方对杂质失去掩蔽作用，从而破坏元器件的性能。一些凸起的大斑点还会影响光刻的操作，使接触曝光的光刻压板不紧，从而使光刻后图形变形，尺寸不准。所以必须在氧化中防止斑点产生。

3. 氧化层针孔

由于硅片质量不好，有严重的位错，而位错又积聚了快扩散杂质（如铜、铁等），这些地方不能很好生长二氧化硅，于是形成氧化层的针孔。这些针孔用肉眼一般不易发现，但它却使扩散中产生杂质局部穿透、掩蔽实效，从而引起元器件漏电流增大、耐压降低、甚至穿透，蒸发电极时引起短路。为了消除针孔，要求硅片表面平整、光亮，并对硅片进行严格清洁处理，防止对有害杂质的吸附。

4. 低温氧化层的龟裂、白雾和其他问题

氧化层表面龟裂和出现白雾，一般是低温淀积二氧化硅膜时容易产生。龟裂的主要原因是淀积氧化膜太厚、淀积速率太快造成的。由于低温氧化前，硅片表面有一层高温氧化生成的二氧化硅膜，这层氧化层结构紧密，而低温氧化层结构松弛。这两层结构不同的氧化层和硅自身的膨胀系数都不一样，冷却时相互之间有一较大应力，因此容易龟裂。在低温氧化淀积速度过快、淀积层过厚时，就容易产生龟裂。在实际工作中，必须特别注意，一般控制好系统的真空度（不能过高或过低），加强致密过程，取出硅片前缓慢降温等，可以减少龟裂现象。

6.3.3 氧化膜的缺陷检测

二氧化硅缺陷检测方法很多，常用的有表面观察法和氯气腐蚀法，现分别加以简要介绍。

1. 表面观察法

二氧化硅表面存在的斑点、裂纹、白雾和针孔等缺陷，以及膜厚的不均匀性，可以用肉眼或显微镜进行目检或镜检来鉴别。表面颜色一致，就说明表面均匀性好。白雾或龟裂直接可以观察到。斑点和针孔必须在显微镜下进行识别，它们表现为亮点或黑点。

2. 氯气腐蚀法

二氧化硅表面存在的针孔、裂纹等不连续缺陷，可用氯气腐蚀法检测。其检测装置如图6-11所示。检测过程如下：将氧化过的硅片加热至600～700℃，通过氯气（流量约为0.1L/min），反应时间10min左右用惰性气体冲淡，取出硅片，放入氢氟酸中，将二氧化硅膜溶解，然后在显微镜下观察。氯气的作用是腐蚀硅，二者反应生成四氯化硅。氯气对二氧化硅无腐蚀作用，所以氧化膜表面若有不连续缺陷，就可以在硅片上遗留下可见的腐蚀花斑。

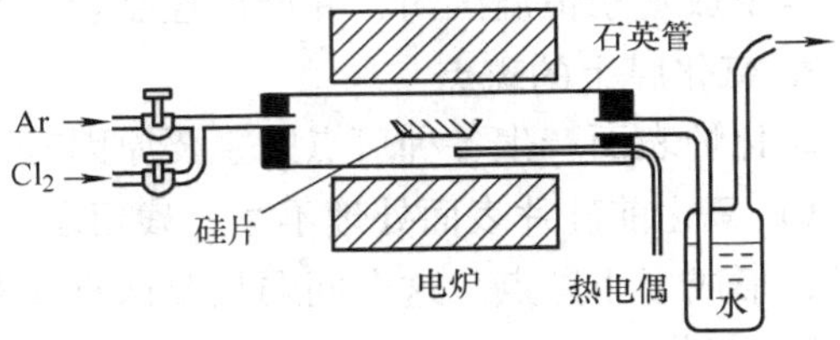

图6-11　氯气腐蚀法检测装置示意图

6.4　氧化设备

6.4.1　卧式炉

常规氧化设备就是用于前面所讲的干氧氧化、湿氧氧化和水汽氧化等工艺设备，其设备大致相同。氧化炉有卧式和立式炉之分，卧式氧化炉示意图如图6-12所示。氧化炉为高纯度的石英管、内装200片左右硅片同时氧化。随着集成电路制造工艺水平不断提高，对氧化设备的要求也越来越高了。

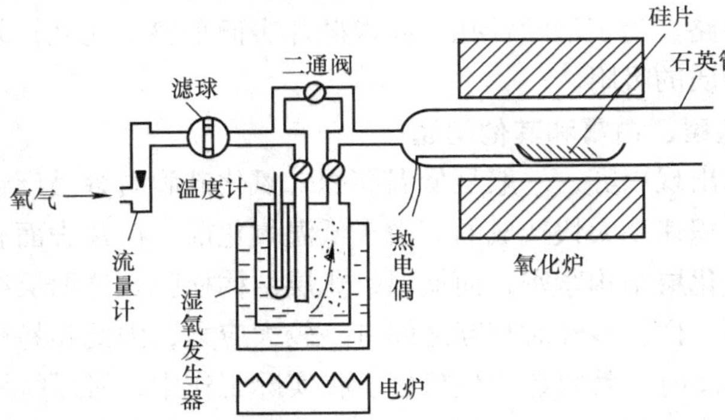

图6-12　卧式氧化炉示意图

6.4.2　掺氯氧化炉

目前的掺氯氧化设备示意图如图6-13所示。其设备与一般的湿氧氧化设备有些相似。

只是多了一个盛氯装置。三氯乙烯装入恒温气泡器系统，用于氮鼓泡携带进入反应室。

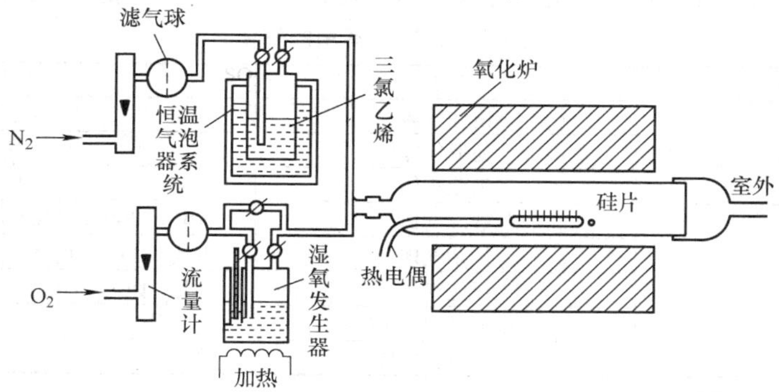

图 6-13　掺氯氧化设备示意图

6.4.3　立式炉

立式炉最早出现在 20 世纪 90 年代初期。它出现的主要原因是利用立式炉减少净化室的占地面积并提高自动化处理程度，立式炉的主要控制系统分为 5 个部分：工艺腔、硅片传输系统、气体分配系统、尾气系统和温控系统。

图 6-14 给出了立式炉的 5 个主要系统示意图。

工艺腔是对硅片加热的场所。它由垂直的石英钟罩、多区加热电阻丝和加热套管组成。在卧式炉里也用炉管来描述加热腔体。炉管必须移动方便，使之在必要时方便清洗。先进的立式炉的一个重要特征是炉管内围绕硅片的气流控制，这种气流称为气氛（ambient）。

立式炉中硅片传输系统的主要功能是在工艺腔中装卸硅片。所有的装卸硅片都由机械自动完成。机械在片架台、炉台、装片台、冷却台等 4 个位置之间自动运行。

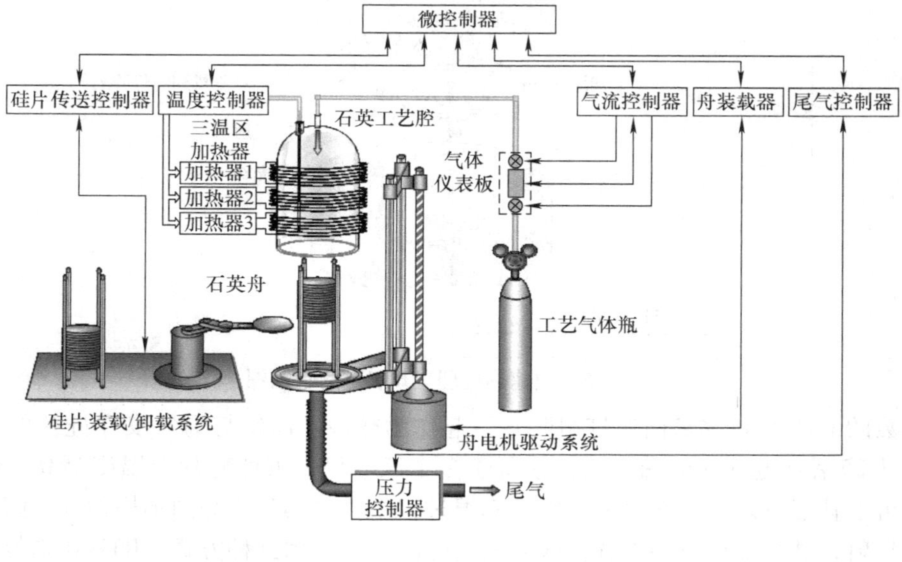

图 6-14　立式炉的 5 个主要系统示意图

气体分配系统是通过将正确的气流传送到炉管来维持炉内的气氛。对于不同工艺，通过分配系统输送给炉管的气体有不同的通用和特种气体。表 6-3 列出了用于氧化和其他工艺的气体。

表 6-3　工艺中常用的气体

气体	分类	实例
通用	惰性气体	Ar、N_2
	还原气体	H_2
	氧化气体	O_2
特种	硅源气体	SiH_4、DCS（二氯硅烷）、H_2SiCl_2
	掺杂气体	AsH_3、PH_3、B_2H_6
	反应气体	NH_3、HCl
	大气/净化气体	N_2、He
	其他特种气体	WF_6

6.4.4　快速升温立式炉

在立式炉性能（和硅片产量）中，关键的问题是立式炉需要的加热和冷却时间。一种新的立式炉——快速升温炉能迅速将一批硅片温度升到加工温度，减少工艺稳定需要的时间，工艺结束后能快速冷却。快速升温炉的发展使得硅片以 100℃/min 的升温速率和 60℃/min 的冷却速率，同时处理 100 片成为可能，比常规立式炉的升温速率大。

这种快速升温炉的性能随着大尺寸硅片的应用变得更重要，因为对于升温和降温需要处理更大的硅片质量。图 6-15 为快速热处理（RTP）的示意图。在常压或低压下，单个硅片在腔体内被快速加热，通常称这种腔体为反应腔。RTP 为具有气体处理系统和控制系统操作的计算机。

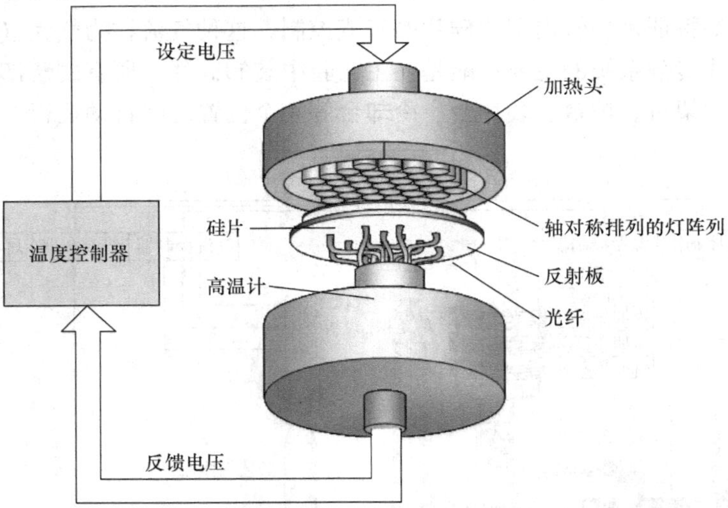

图 6-15　快速热处理（RTP）的示意图

大多数的 RTP 采用多盏卤钨灯组装在一起作为热源。卤钨灯通常安在硅片的顶部和底部，数目从 25 盏到超过 150 盏。它们被置于多个区域里，可使硅片上温度等高。这种等高温度分布可以补偿可能发生在冷壁系统升降温过程中的加热和冷却的不均匀性，卤钨灯将产生短波长辐射，硅片加热依靠选择性吸收卤钨灯的辐射。用这种方式，RTP 在辐射热源和硅片间传输能量，同时也不会对反应腔壁加热。这也是使用“冷壁”一词的原因。冷腔通常是光滑的金属（如不锈钢，以提高反射率），其上有一石英窗口，可使来自卤钨灯热源的辐射通过。

6.5 氧化工艺生产实训

在硅片表面通过热氧化生长一层厚度为0.6~0.7μm的二氧化硅薄膜作为扩散和掺杂掩膜。热氧化法生长的二氧化硅比淀积法淀积的薄膜更致密，针孔少。在热氧化方法中，干氧生长的氧化膜又比湿氧氧化膜致密，针孔少，而且表面干燥适合光刻。湿氧生长的氧化膜疏松，针孔密度大，但氧化速率远远快于干氧。因此，氧化工艺采用干氧-湿氧-干氧的交替方法来生长扩散掩膜。

图6-16　氧化炉设备

1. 实训目的

1）掌握氧化工艺操作的流程。

2）学会设置氧化温度曲线，操作氧化炉。

3）掌握干-湿-干的氧化工作过程。

2. 设备与工艺条件

工艺设备：4in高温卧式氧化炉、氧气瓶、氮气瓶、气体催化干燥系统、气体流量计、温控控制仪、源瓶。氧化炉设备如图6-16所示。

工艺条件：炉温为1120℃，时间为10min干氧—60min湿氧—10min干氧；干氧过程氧气流量为3L/min；湿氧用氧气通入装有超纯水的源瓶，加热源瓶中的超纯水，温度控制在98℃，由氧气携带水蒸气进入反应腔。

3. 操作步骤

1）设定高温氧化炉炉温温度曲线。氧化炉温度曲线如图6-17所示。

① 炉子加热，从室温升至800℃，时间为60min，通入氮气，氮气流量为3L/min。

② 清洗硅片，待炉温达到800℃时，维持800℃，时间为60min，可手动进入下一阶段。

③ 炉子继续加热，从800℃升至850℃，时间为10min。

④ 炉温维持850℃，硅片清洗完干燥以后，通入氮气，流量为3L/min，将清洗好的硅片和陪片放入石英舟上，先让硅片在氧化炉路口干燥，然后将石英舟缓慢送至氧化炉的恒温区，完成后可手动进入下一阶段。在通入氧气过程中，可以加入氯源，进行掺氯氧化。常用的氯源有：HCl、TCE（三氯乙烯）等。

⑤ 炉温从900℃升至1150℃，时间为20min。

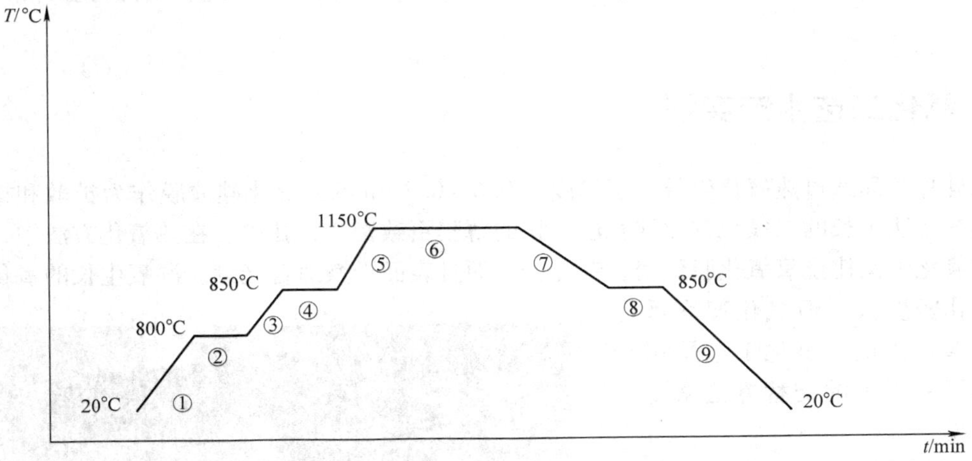

图6-17　氧化炉温度曲线图

⑥ 维持1150℃，进行氧化工艺。其中，关闭氮气，首先进行干氧工艺，氧气流量为3L/min，维持时间为10min。干氧完成后进行湿氧工艺，加热纯水，通入氧气，流量为1L/min，时间为60min。湿氧结束后，再换成干氧为10min，氧化工艺过程结束。

⑦ 氧化炉停止加热，进入降温工作区域。

⑧ 当温度降到850℃以下，缓慢地将载有硅片的石英舟从炉内移至炉口，取出。

⑨ 待到温度在750℃下后，将硅片从炉口取出，关氮气。让炉子自动降温到室温。

2）氧化膜质量检测。

观察硅片外观、颜色及颜色的均匀性，用陪片测量氧化层厚度。

3）测试氧化膜厚度。

① 取一片氧化后的硅片，垂直观察并记录硅片表面氧化膜的颜色。

② 将待测硅片放入培养皿，并在硅片中心滴一滴氢氟酸。

③ 当氢氟酸液面停止扩展后，若硅片中心仍未露出硅本色，则再滴一滴氢氟酸。

④ 重复2)、3）的操作，直至硅片中心露出硅本色。

⑤ 用水对培养皿中的待测硅片冲洗5min，然后甩干。

⑥ 垂直观察硅片表面被腐蚀后的氧化膜，并记录腐蚀区域色环数（即周期数）。

⑦ 根据观察到的氧化膜颜色与周期数，在比色表中查找对应的氧化膜厚度值。

6.6　习题

1. 热氧化工艺的作用是什么？二氧化硅有什么用途？
2. 常用的热氧化工艺有哪些？试简单描述。
3. 影响氧化速率的因素有哪些？
4. 氧化工艺中掺入氯有什么作用？
5. 简单叙述实际热氧化工艺步骤。
6. 进行热氧化工艺操作时怎么防止钠离子玷污？

第 7 章　化学气相淀积

集成电路芯片制造过程是一个平面加工过程，这一过程需要在硅片表面生长不同膜层。淀积工艺可以在硅片淀积薄膜。导电薄膜和绝缘薄膜对于能否在硅衬底上制作出半导体元器件是至关重要的。对于不同的薄膜材料需要采用不同的淀积方法，本章主要讨论化学气相淀积工艺。

本章的学习目标：

1）了解薄膜的特性。

2）掌握化学气相淀积的原理及反应过程。

3）了解几种常用的化学气相淀积系统。

4）掌握二氧化硅淀积方法。

5）掌握氮化硅淀积方法。

6）掌握多晶硅淀积方法。

7）了解几种金属的化学气相淀积方法。

7.1　薄膜

集成电路芯片制造工艺采用平面加工工艺，其基本原理就是在硅片表面生成薄膜层，然后在薄膜上通过光刻工艺和刻蚀工艺形成各种所需电路图形。氧化工艺和淀积工艺是完成在硅表面生长薄膜的主要方法。氧化工艺主要是通过消耗硅原子而生长出一层二氧化硅薄膜层。而淀积工艺不消耗硅原子，直接在硅片表面淀积一层薄膜。

所谓薄膜是指一种在硅衬底上生长的薄固体物质。薄膜与硅片表面紧密结合，在硅片加工中，通常描述薄膜厚度的单位是纳米（nm）。半导体制造中的薄膜淀积是指在硅片衬底上增加一层均匀薄膜的工艺。在硅片衬底上淀积薄膜有多种技术，主要的淀积技术有化学气相淀积（CVD）和物理气相淀积（PVD），其他的淀积技术有电镀法、旋涂法和分子束外延法。化学气相淀积（CVD）是通过混合气体的化学反应生成固体反应物并使其淀积在硅片表面形成薄膜的工艺。而物理气相淀积（PVD）是不需通过化学反应，直接把现有的固体材料转移至硅片表面形成薄膜的工艺。电镀法是制备铜薄膜时主要采用的淀积技术。旋涂法采用的设备是标准的旋转涂胶机，比 CVD 工艺更经济，通常用于制备低 k（k 指介电常数）绝缘介质膜。

7.1.1　常用的薄膜材料

在半导体制造中所包含的薄膜材料种类很多，早期的芯片中大约含有数十种，而随着集成电路结构和性能的发展，芯片中薄膜材料种类也越来越多，这些薄膜材料在器件中都起到了非常重要的作用。总的来说，薄膜材料的种类可分为金属薄膜层、绝缘薄膜层和半导体薄膜层 3 种。

1）金属薄膜层在半导体制造中的应用主要是制备金属互连线。通常是铝、铝铜合金、铜以及在互连接触中作为某些特殊用途的难溶金属钛、钨和难溶金属硅化物等。从半导体产生开始，铝或铝合金已经被用作互连线。然而现代工业界正在向铜金属化过渡，以增加芯片速度并减少工艺步骤。

2）常见的绝缘薄膜材料有二氧化硅（SiO_2）、掺杂二氧化硅（如 PSG、BPSG）、氮化硅（Si_3N_4）等。SiO_2作为金属层之间的介质层，充当两层导电金属或者相邻金属线条之间的隔离膜，通常使用化学气相淀积的方法制备。而则 Si_3N_4因其有良好的致密性常被用做硅片最终钝化保护层和掩膜材料。

3）半导体薄膜材料主要有多晶硅、外延硅层等。掺杂的多晶硅常用于制备 MOS 管中的栅极，称为多晶硅栅。

7.1.2 半导体制造中对薄膜的要求

由于特征高度的变化，硅片上的各层薄膜并不平坦，质量不高。这成为超大规模集成电路时代所需的多层金属、高密度芯片制造的限制因素。随着硅片加工向更高的芯片密度发展，特征尺寸缩小到 0.18μm 甚至更小，而且需要用到 6 层甚至更多层金属来做连接。这使得在硅片上可靠地沉积符合要求的薄膜材料至关重要。

在硅片加工过程中可以接收的膜必须具备需要的膜特性。为了满足元器件性能的要求，在硅片加工中的薄膜必须具备以下特性。

1. 良好的台阶覆盖能力

理想的薄膜我们期望在硅片表面上厚度一致，如图 7-1a 所示。然而在实际的工艺过程中，如果不能够很好地控制，则很容易在尖处以及沿着垂直侧壁到底部的方向出现厚度不均的情况，如图 7-1b 所示，这又会使因掩蔽效应而使台阶底部薄膜断裂。如果淀积的膜在台阶上过度变薄，就容易导致高的膜应力、电短路或者在元器件中产生不希望的诱生电荷。膜的应力要尽可能小，这点很重要，因为应力会导致衬底产生凸起或凹陷的变形。所有的淀积技术都会在膜中产生应力。

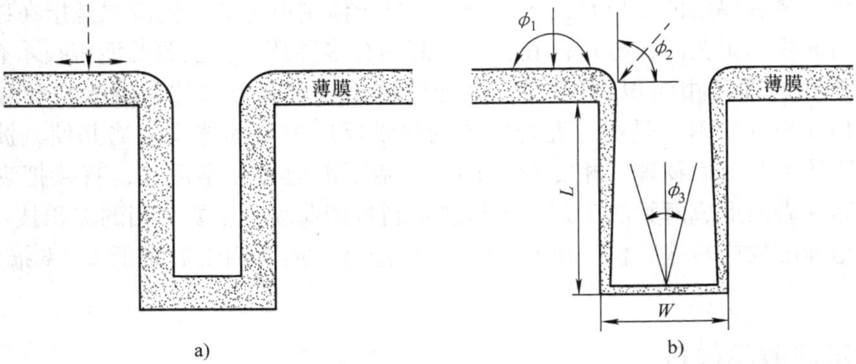

图 7-1 薄膜的台阶覆盖

a）理想的台阶覆盖 b）差的台阶覆盖

2. 高的深宽比间隙填充能力

通常用深宽比来描述一个小间隙（如槽或孔），深宽比定义为间隙的深度和宽度的比值（如图 7-2 所示），比如 2∶1，这表示间隙的深度是宽度的两倍。一个间隙也可以用其开口部分的宽度来描述，如 2.25μm。

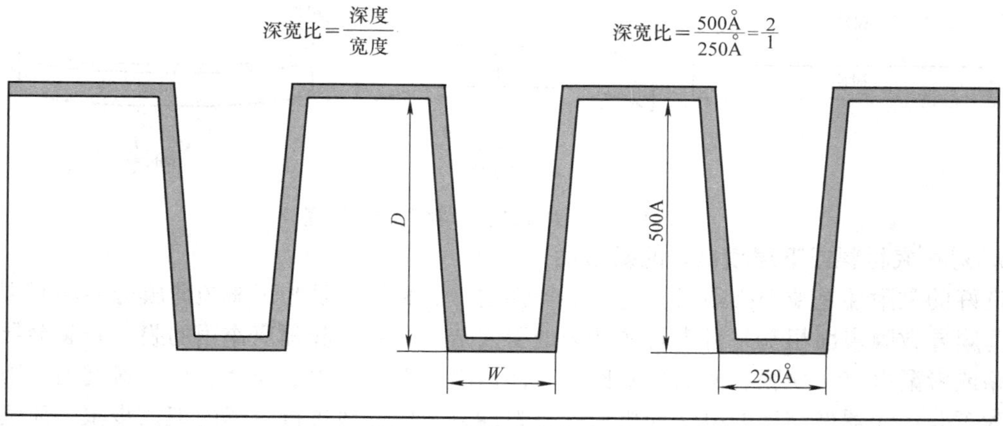

图 7-2　膜淀积的深宽比

典型的高深宽比结构是金属层之间介质中的通孔，通常高深宽比通孔的薄膜淀积是使用填充能力较好的 CVD 法和使用金属钨作为填充材料。深宽比的典型值大于 3∶1，在某些应用中会达到 5∶1 甚至更大。高深宽比的结构难于淀积形成厚度均匀的膜，并且容易产生夹断和孔洞。随着高密度集成电路尺寸地不断减小，对于高的深宽比的间隙可以进行均匀、无空洞填充，淀积工艺显得至关重要。在亚 0.25μm 尺寸器件的制作中，填充硅片表面上很小的间隙和孔的能力成为最重要的薄膜特性。对于那些穿过层间介质（ILD）的通孔，以及用来进行浅槽隔离（STI）的槽等，都需要进行有效间隙填充。

3. 良好的厚度均匀性

良好的厚度均匀性要求硅片表面各处薄膜厚度一致，厚度均匀性可分为片内均匀性、片见均匀性和批间均匀性。材料的电阻会随薄膜厚度的变化而变化。并且膜层越薄，就会有更多的缺陷，如针孔等，这些会导致膜本身的机械强度降低。

4. 高纯度和高密度

薄膜淀积需要避免玷污物（如可移动离子玷污）和颗粒，这需要洁净的薄膜淀积和高纯度的材料。膜密度也是膜质量的重要指标，它表示膜层中针孔和空洞的密度。对于某些关键的膜层要求其有较高的致密性。与无孔的膜相比，一个多孔的膜致密性低且在一些情况下折射率也更小。

5. 高度的结构完整性和低的膜应力

膜层中晶粒的尺寸具有同样的重要性。在淀积过程中，淀积物趋向聚集并声称晶粒，如图 7-3 所示。晶粒尺寸上的变化也会产生电性能和机械特性上的差异。同时晶粒尺寸与铝膜的电迁徙现象有直接关系。无应力是对淀积的薄膜的另外一种特性上的要求。淀积时附加额外应力的薄膜将通过裂隙的形成而释放此应力。膜应力会使硅片和硅片衬底发生形变，如图 7-4所示。

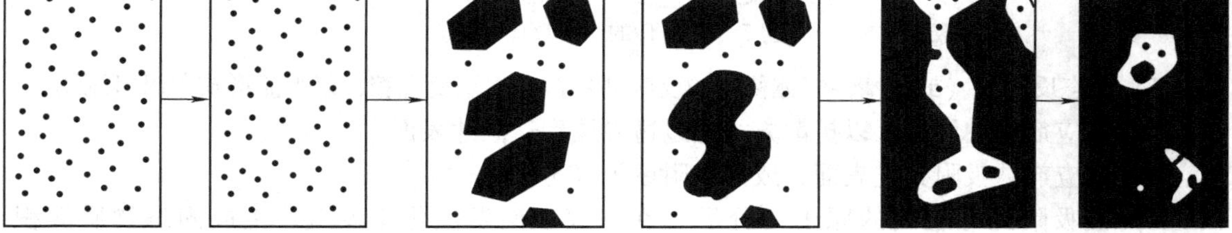

图 7-3　薄膜中晶粒的成核与生长过程

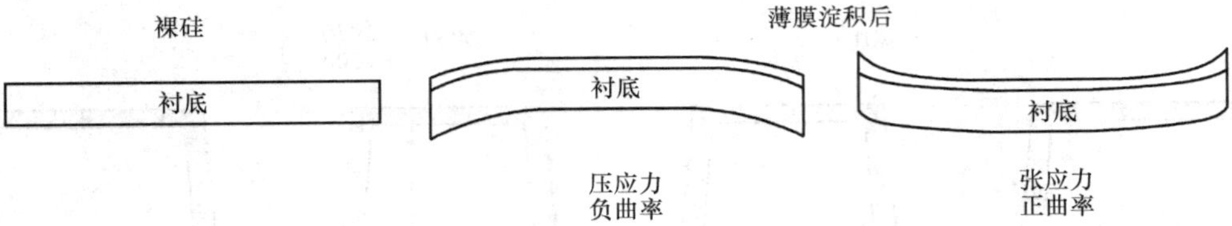

图 7-4　膜应力导致硅片衬底发生形变

6. 对衬底材料或下层膜良好的黏附性

良好的黏附性是薄膜必须具备的重要特性之一。黏附性是为了避免薄膜分层和开裂，开裂的薄膜导致膜表面粗糙并且容易在开裂处引入杂质。对于起隔离作用的膜，开裂会导致电路短路或者漏电流。薄膜表面的黏附性由表面洁净程度、薄膜能与之合金材料类型等因素决定。为了获得元器件结构的电学和机械学完整性以及较好地进行后续的工艺步骤，薄膜良好的黏附性是非常重要的。

7.2　化学气相淀积的原理

化学气相淀积（Chemical Vapor Deposition，CVD）是将构成薄膜的反应剂以蒸气的形式进入反应腔，在反应腔发生化学反应生成固体反应物并使其淀积在硅片表面形成薄膜的工艺。反应产生的其他副产物为挥发性气体，离开硅片表面并被抽出反应腔。硅片表面及其邻近的区域被加热以向反应系统提供附加的能量。在 ULSI 制造工艺中，许多材料的薄膜都是通过 CVD 工艺制备的。CVD 淀积的薄膜具有高纯度、高密度、薄膜厚度均匀、薄膜结构高度完整、组分可控及组分比例可控，并且具有良好的电学特性、良好的附着性和良好的台阶覆盖能力。

化学气相淀积工艺的反应在炉管反应腔内进行，同时必须使化学反应发生在硅片表面或者非常接近表面的区域（表面催化），这样可以生成高质量的薄膜。而如果反应发生在距离硅片表面较远的地方，会导致反应物黏附性差、密度低和缺陷多，这是必须避免的。例如：利用硅烷和氧气经过化学反应淀积 SiO_2 膜，其反应的生成物 SiO_2 淀积在硅片表面，同时生成了气态的副产物氢气，氢气经排气系统排出炉管外。反应式如下：

$$SiH_4 + O_2 \longrightarrow SiO_2 + 2H_2 \uparrow \tag{7-1}$$

化学气相淀积主要的反应过程如图 7-5 所示，主要包括以下 5 个步骤：

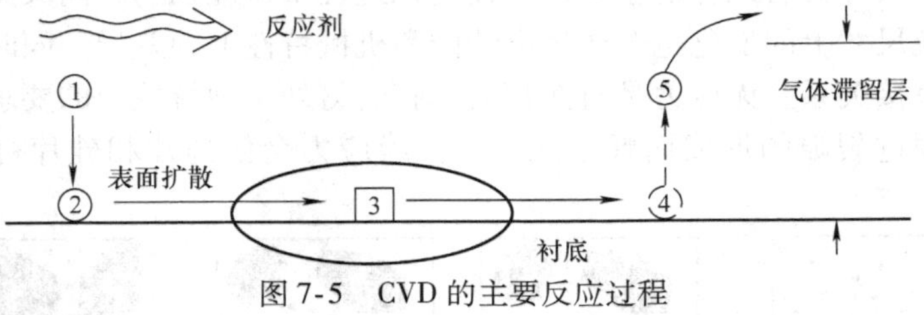

图 7-5　CVD 的主要反应过程

1）气态反应剂（或被惰性气体稀释的反应剂）被输送至反应腔，以平流形式向出口流动。

2）反应剂从主气流区以扩散方式通过边界层到达硅片表面。

3）反应剂被吸附到硅表面，成为吸附原子（分子）。

4）被吸附到硅表面的原子（分子）在衬底表面发生化学反应，生成固态物质淀积成膜。

5）反应产生的气态副产物和未反应的反应剂离开衬底，排出系统。

完成薄膜的淀积，CVD 的化学反应还必须满足：

1）在淀积温度下，反应剂具备足够高的蒸气压。

2）除淀积物外，反应的其他产物是挥发性的。

3）淀积物本身具有足够低的蒸气压，保证在整个淀积过程中，薄膜能够始终存留在衬底表面。

4）薄膜淀积所用的时间应尽量短，以满足高效率和低成本的要求。

5）淀积温度必须足够低，以避免对以往工艺产生影响。

6）尽量避免化学反应的气态副产物进入薄膜之中。

7）化学反应发生在加热的衬底表面，如果在气相发生化学反应，将导致过早核化，降低薄膜的附着性和密度，增加薄膜的缺陷，降低淀积速率，浪费反应气体。

化学气相淀积涉及的化学反应主要有热解反应、氢还原反应、复合还原反应、金属还原反应、氧化反应和水解反应以及生成氮化物和碳化物的反应等。

1. 热解反应

热解反应是化学气相淀积中最简单的反应方式。在热解反应过程中，利用热能使输入气体分子分解成为原子或分子。典型的例子为氢化物分解、金属有机化合物分解和卤化物分解：

$$SiH_4(\text{气}) \longrightarrow Si(\text{固}) + 2H_2\uparrow \tag{7-2}$$

$$CH_3SiCl_3(\text{气}) \longrightarrow SiC + 3HCl\ (\text{气}) \tag{7-3}$$

$$WF_6 \longrightarrow W + 3F_2\uparrow \tag{7-4}$$

2. 氢还原反应

氢还原反应的优点在于反应温度明显低于热解反应，其典型应用是半导体技术中的硅外延生长。

$$SiCl_4(\text{气}) + 2H_2(\text{气}) \longrightarrow Si(\text{固}) + 4HCl \tag{7-5}$$

氢还原反应主要是从相应的卤化物中，制备出硅、锗、钼和钨等半导体或金属薄膜，另外还原反应还可以作为辅助反应用于其他形式的反应中，抑制氧化物和碳化物的出现。

3. 复合还原

复合还原反应主要用于二元化合物薄膜的淀积，如氧化物、氮化物、硼化物及硅化物薄膜的淀积。典型例子为 TiB_2 薄膜的制备，反应方程式为：

$$TiCl_4(\text{气}) + 2BCl_3(\text{气}) + 5H_2(\text{气}) \longrightarrow TiB_2(\text{固}) + 10HCl(\text{气}) \tag{7-6}$$

4. 金属还原反应

许多金属，如锌、镉、镁、钠和钾等有很强的还原性。这些金属可用来还原钛、锆和铪的卤化物。在化学气相淀积中使用金属还原剂，其副产的卤化物必须在淀积温度下容易挥发，这样所淀积的薄膜才有较好的纯度。最常用的金属还原剂是锌，锌的卤化物易于挥发，其典型的反应式为：

$$TiI_4(\text{气}) + 2Zn \longrightarrow Ti(\text{固}) + 2ZnI_2(\text{气}) \tag{7-7}$$

5. 氧化反应和水解反应

氧化反应和水解反应主要用来淀积氧化物薄膜，所用的氧化剂主要有 O_2、H_2O 和 CO_2。

近年来，还有研究用 O_3 作为氧化剂来制备 SiO_2。典型的氧化反应和水解反应式有：

$$SiH_4(气) + O_2(气) \longrightarrow SiO_2(固) + 2H_2(气) \tag{7-8}$$

$$SiCl_4(气) + 2CO_2(气) + 2H_2(气) \longrightarrow Si_2(固) + 4HCl(气) + 2CO(气) \tag{7-9}$$

$$2AlCl_3(气) + 3H_2O(气) \longrightarrow Al_2O_3 + 6HCl(气) \tag{7-10}$$

6. 生成氮化物和碳化物的反应

碳化物的淀积通常通过卤化物和碳氢化物相互反应获得，其典型的反应式为：

$$TiCl_4(气) + CH_4(气) \longrightarrow TiC(固) + 4HCl(气) \tag{7-11}$$

在氮化物的淀积过程中，氮的来源主要是通过氨气的分解来提供的，最典型的应用是氮化硅的淀积。

$$3SiH_4(气) + 4NH_3(气) \longrightarrow Si_3N_4(固) + 12H_2(气) \tag{7-12}$$

化学气相反应所需要的激活能通常来源于热能、光能、等离子体和激光灯，经常使用的是热能和等离子体。

7.3 化学气相淀积系统

所有类型的化学气相淀积设备都由反应腔、气体传输系统、排气系统和工艺控制系统组成。不同的 CVD 设备有着不同的反应腔设计，其结果是能生成轻微质量差异的膜以及在淀积速度上略有差异。根据反应腔中的压力和提供的反应能量的不同，CVD 可分为常压化学气相淀积（APCVD）、低压化学气相淀积（LPVCVD）、等离子体辅助 CVD。其中等离子辅助 CVD 包括等离子增强 CVD 和高密度等离子体 CVD（HDCVD）两种。APCVD 和 LPVCVD 可以用一炉管同时淀积大量硅片，进行批量加工。但是目前在硅片生产中采用的最先进的淀积系统是单一硅片工艺。

根据 CVD 反应腔加热模式的不同，反应腔可分为热壁反应腔和冷壁反应腔。热壁反应腔使用的加热方法是热电阻环绕反应腔形成一个热壁反应器，不仅加热硅片，还加热硅片的支持物以及反应腔的侧壁。这种模式会在反应腔的侧壁形成膜，因此要求经常清洗或者原位清除来减小颗粒玷污。冷壁反应腔只加热硅片和硅片的支持物，反应腔的侧壁温度较低没有足够的能量发生淀积反应，例如在反应腔中采用 RF 感应加热或者红外线加热方式。

7.3.1 APCVD

常压化学气相淀积（APCVD）是指在一个大气压下进行的一种化学气相淀积的方法，这是最初采用的 CVD 方法。这种方法工艺系统简单，工艺温度是 400 ~ 600℃，反应速度和淀积速度快（淀积速度可达 1000nm/min），但其淀积的薄膜均匀性较差，气体消耗量大，且台阶覆盖能力差，因此 APCVD 常被用于淀积相对较厚的介质层（如 PSG 和 BPSG 等）。

APCVD 系统如图 7-6 所示，该设备采用传输装置来传送硅片，使其表面通过流动在反应器中部的反应气体。

通常在高温环境下，硅片表面的反应速度比较快，此时反应对气流量要求比较高，淀积速度受气体流量限制，因此气流供给何硅片放置的设计显得比较重要，图 7-6 所示的系统能提供足够的气流以满足快速反应的要求。这导致 APCVD 有高的气体消耗量问题，并且需要经常清洁反应腔。

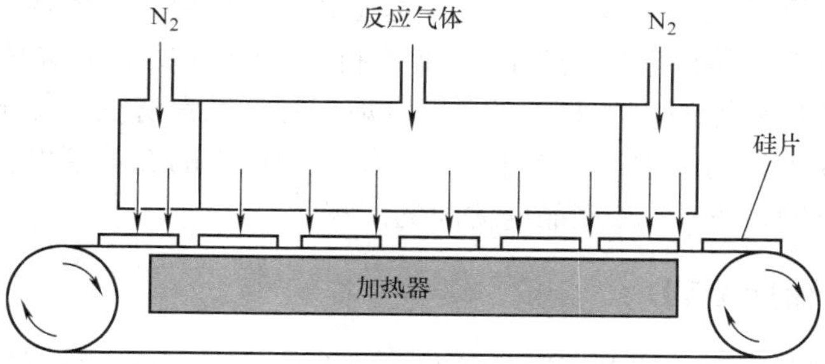

图 7-6　APCVD 系统

APCVD 最经常的应用是淀积 SiO_2 和掺杂的氧化硅（如 PSG、BPSG 和 FSG 等）。这些薄膜通常作为层间介质（ILD），保护性覆盖物或者表面平坦化等。

7.3.2　LPCVD

与 APCVD 相比，LPCVD 加入了真空系统，其真空度约为 0.1 ~ 5Torr，反应温度一般为 300 ~ 800℃。反应腔内真空度被降低，其效果明显增大了反应气体分子的平均自由程 λ（大量气体分子在两次碰撞之间路程的平均值，如图 7-7 所示），使气体分子更加容易扩散到硅片表面，硅片表面的反应气体非常充分。基于这种气体传输状态，反应腔内的气流条件并不重要，允许反应腔设计优化以得到更高的产量。因此与 APCVD 不同的是，LPCVD 的淀积速度受到化学反应速度的限制。LPCVD 系统有更低的成本、更高的产量、更好的膜性能及具有优良的台阶覆盖能力和均匀性，从而得到更加广泛的应用。

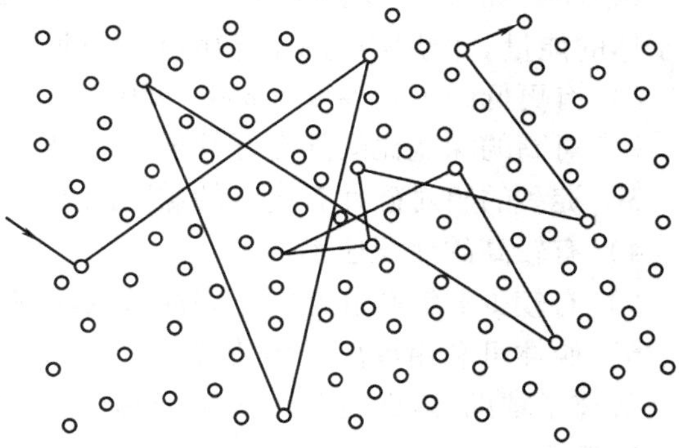

图 7-7　气体分子的运动轨迹

LPCVD 系统如图 7-8 所示，反应在标准的立式或卧式的反应炉中进行，大量规片（150 ~ 200 片）垂直放置。装片后，反应腔被抽至高真空度，通入反应气体后，反应腔大气压强增至 0.5Torr 左右。当淀积结束后，关闭所

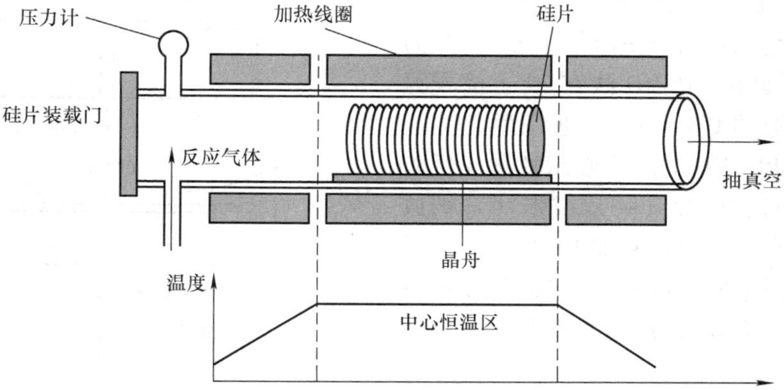

图 7-8　LPCVD 系统

有气体入口，再抽至高真空度，最后用氮气快速充满反应腔至大气压强以保持炉管洁净。

为了在很长的反应腔体内获得均匀的温度控制，LPCVD 反应通常是热壁型的，这导致反应颗粒容易淀积在反应器的内壁上，以至反应炉管必须经常清洗。传统的管道清洁方法是取出脏的石英管，换上以前清洗过的管子，然后清洗刚取出的石英管以备后用。

LPCVD 常用于 SiO_2、Si_3N_4和多晶硅薄膜的淀积。

7.3.3 等离子体辅助 CVD

等离子体又叫做电浆，是被电离后的气体，即以离子态形式存在的气体（正离子和电子组成的混合物）。它广泛存在于宇宙中，常被视为是除固、液、气之外，物质存在的第四态。在自然界里，火焰、闪电和太阳等都是等离子体。等离子体有以下两个特点：①等离子体呈现出高度不稳定态，有很强的化学活性。等离子体辅助 CVD 就是利用了这个特点。②等离子体是一种很好地导电体，利用经过设计的磁场可以捕捉、移动和加速等离子体。这两个特点在后面的等离子体刻蚀工艺中得到了很好地利用。等离子体产生方法有辉光放电、射频放电和电晕放电等。

APCVD 和 LPCVD 都是通过热能来维持化学反应。而等离子体辅助 CVD 主要依赖于等离子体的能量。使用等离子体辅助 CVD 的优点是：

1）有更低的工艺温度（250～450℃）。

2）对高的深宽比间隙有好的填充能力（用高密度等离子体 CVD）。

3）淀积的膜对硅片有优良的黏附能力。

4）有较高的淀积速率。

5）有较少的针孔和空洞，因而有较高的膜密度。

6）腔体可利用等离子体清洗。

等离子辅助 CVD 可分为等离子体增强 CVD（PECVD）和高密度等离子体 CVD（HDCVD）两类。

1. 等离子体增强 CVD

等离子增强 CVD 是以离子体能量为主来产生并维持 CVD 反应，这使得 PECVD 允许在较低的反应温度（约为 400℃）下进行。反应温度的降低可使很多工艺获得方便。例如：LPCVD 法淀积最终钝化层氮化硅时反应温度为 800℃ 以上。而铝（Al）的熔点约为600℃，因此不能用 LPCVD 法在 Al 上淀积氮化硅，此时低温的 PECVD 工艺被采用。

图 7-9 为 PECVD 的反应腔示意图。反应在真空腔中进行，硅片（一片或多片）被放置在下面的托盘上，电极施加 RF 功率。当反应气体流入到反应腔中部时会在 RF 的作用下形成等离子体。反应生成的气体副产物被抽出腔体。

PECVD 是典型的冷壁等离子体反应，硅片被加热到较高温度而其他部分未被加热。

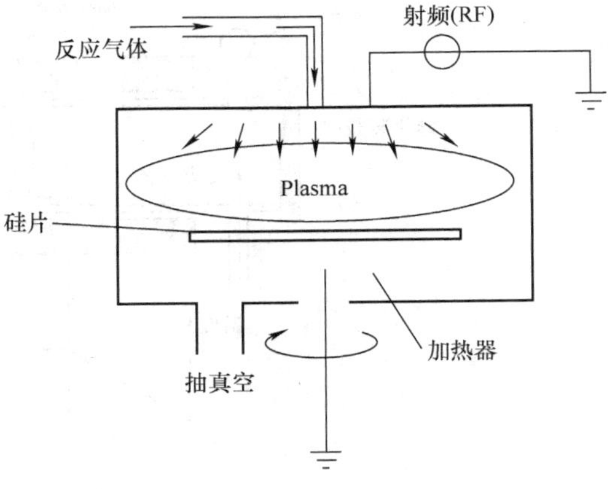

图 7-9　PECVD 的反应腔示意图

冷壁反应可使产生的颗粒更少，可减少清洗的时间和次数。此外 PECVD 反应腔还具有在淀积前利用等离子体对硅片进行刻蚀清洗的功能。这种原位的清洗可清除在硅片装载过程中产生的污染。

PECVD 法制备薄膜通常是使通入的气体在等离子体状态下反应，工艺温度低于 400℃。以下是 PECVD 法制备 SiO_2、Si_3N_4、PSG 和 BPSG 等薄膜的反应方程式：

$$SiH_4 + N_2O \longrightarrow SiO_2 + \text{byproduct} \tag{7-13}$$

$$SiH_4 + N_2 + NH_3 \longrightarrow Si_3N_4 + \text{byproduct} \tag{7-14}$$

$$SiH_4 + 2H_2O + N_2 + P_2O_5 \longrightarrow SiO_2 - P_2O_5(\text{PSG}) + 3N_2 + 2H_2 \tag{7-15}$$

$$SiH_4 + 2H_2O + N_2 + P_2O_5 + B_2O_3 \longrightarrow B_2O_3 - SiO_2 - P_2O_5(\text{BPSG}) + 3N_2 + 2H_2 \tag{7-16}$$

PECVD 制备的薄膜有很多的均匀性、良好的台阶覆盖能力和较少的针孔。然而 PECVD 对于小尺寸的高深宽比间隙的填充能力不是很理想，此时通常采用高密度等离子体 CVD（HDCVD）。

2. 高密度化学气相淀积

HDCVD 是利用激发混合气体的 RF 源在低压状态下制造出高密度的等离子体，等离子体在低压下以高密度混合气体的形式直接接触反应腔中硅片的表面。在淀积过程中，RF 偏压被施加于硅片上，从而给反应腔中高能离子定方向，推动高能离子体而直接接触到硅片表面，同时偏压也用来控制离子轰击硅片的能量。由于高密度的等离子体加上硅片偏压产生的方向性，使 HDCVD 可以填充深宽比为 4∶1 甚至更高的间隙。

7.4 二氧化硅薄膜淀积

二氧化硅薄膜的化学气相淀积在 ULSI 工艺中有着广泛地应用。主要用于制备多晶硅与金属层之间的绝缘层、多层布线中金属层之间的绝缘层、MOS 晶体管的栅极介质层、吸杂剂、扩散源、扩散和离子注入工艺中的掩蔽膜、防止杂质外扩散的覆盖层以及钝化层等。

CVD 的二氧化硅是由 Si－O 四面体组成的无定形网络结构。一般而言，化学气相淀积的二氧化硅同热生长的二氧化硅相比密度较低，硅与氧数量之比与热生长二氧化硅也存在轻微的差别，因而，薄膜的力学和电学特性也有所不同。高温淀积或者淀积后进行高温退火，可以使 CVD 二氧化硅薄膜的特性接近于热生长的二氧化硅薄膜的特性。

CVD 二氧化硅可以通过各种不同的反应来完成 CVD 二氧化硅的重要操作参数包括温度、压力、反应剂浓度、掺杂剂分压、系统配置、总的气体流量以及硅片间距等。CVD 二氧化硅的方法和系统配置可按温度分类，可以分为低温（300～450℃）CVD 二氧化硅和中温（650～750℃）CVD 二氧化硅。

7.4.1 低温 CVD 二氧化硅薄膜

1. 以硅烷为源的低温 CVD 二氧化硅

利用硅烷和氧气反应，在低温下通过 CVD 方法可以完成不掺杂 SiO_2 薄膜的淀积。这种低温淀积方法可以在 APCVD 系统、反应剂分布式输入型的 LPCVD 系统或者 PECVD 系统中实现。具体化学反应式为：

$$SiH_4\ (气) + O_2\ (气) \longrightarrow SiO_2\ (固) + 2H_2 \uparrow \qquad (7\text{-}17)$$

纯硅烷气体在空气中极其易燃且不稳定。因此，为了更安全地使用硅烷，在 SiH_4 入气路管道之前必须先通入氮气将气路里的空气排出，否则容易发生爆炸；并使用氩气或氮气将 SiH_4 稀释到很低含量（体积百分比一般是 2% ~10%）。反应可以在低温（约 400℃）下进行，主要用于铝连线上作为 ILD 的 SiO_2 淀积。这种方法的台阶覆盖能力和间隙填充能力都很差。因此，对于关键 ULSI 应用来说，APCVD 方法并不适用。

利用硅烷和 N_2O 反应，在 PECVD 系统中可以实现低温二氧化硅薄膜的淀积，反应气体为氩气稀释的 SiH_4 与 N_2O（或者 NO），反应温度在 300 ~400℃之间，反应式为：

$$SiH_4\ (气) + 2N_2O \longrightarrow SiO_2\ (固) + 2N_2\ (气) + 2H_2\ (气) \qquad (7\text{-}18)$$

$$SiH_4\ (气) + 2NO \longrightarrow SiO_2\ (固) + N_2\ (气) + 2H_2\ (气) \qquad (7\text{-}19)$$

在 PECVD 的二氧化硅薄膜中，针孔数量较少，同时对金属的黏附性也好。利用传统的电容耦合和射频二极管等离子体源，以硅烷为反应剂的 PECVD 二氧化硅薄膜的台阶覆盖性较差，因此很少使用。高密度等离子体化学气相淀积（HDP - CVD）体系的出现，使得以硅烷为反应剂的 CVD，能够在 120℃的低温下淀积出高质量的薄膜。

2. 以 TEOS 为源的低温 PECVD 二氧化硅

采用硅烷为反应剂淀积二氧化硅时，存在一些内在的安全隐患，硅烷一接触空气就会燃烧。因此，工业界尽量避免使用硅烷淀积二氧化硅。在 CVD 二氧化硅中，一个更安全的硅烷替代品就是四乙氧基硅 $Si(OC_2H_5)_4$，也称为 TEOS。TEOS 在室温下是液体，而且化学性质不活泼。氮气以鼓泡形式通过液体的 TEOS 源，携带 TEOS 的蒸气进入反应室，在一定的温度下，TEOS 分解形成二氧化硅。

与低温下以硅烷为源进行 APCVD 的二氧化硅薄膜相比，以 TEOS 为源，低温下（<450℃）PECVD 的二氧化硅薄膜，具有更好的台阶覆盖能力和间隙填充特性。由于等离子体的增强作用，在相同的淀积速率条件下淀积温度可以有所降低。因为这个优点，PECVD 技术用来淀积多层布线中金属层之间的绝缘层。以 TEOS 为源，PECVD 二氧化硅薄膜，其淀积温度在 250 ~425℃之间，气体压力为 266.6 ~1333Pa，淀积速率在 250 ~800nm/min 之间，二氧化硅中氢的浓度大约为 2% ~8%。在 PECVD 中，TEOS 和 O_2 的反应式为：

$$Si(OC_2H_5)_4 + 12O_2 \longrightarrow SiO_2 + 8CO_2 + 12H_2O \qquad (7\text{-}20)$$

如果要对二氧化硅薄膜进行掺杂，可以在二氧化硅源中加入掺杂源。例如，在二氧化硅源中加入硼酸三甲酯（TMB），可以实现硼的掺杂；在二氧化硅淀积源中加入磷酸三甲酯（TMP）可以实现磷的掺杂。主要的化学反应式为：

$$2(CH_3O)_3PO\ (气) + 9O_2\ (气) \longrightarrow P_2O_5\ (固) + 6CO_2\ (气) + 9H_2O\ (气) \qquad (7\text{-}21)$$

$$2(CH_3O)_3B\ (气) + 9O_2\ (气) \longrightarrow B_2O_3\ (固) + 6CO_2\ (气) + 9H_2O\ (气) \qquad (7\text{-}22)$$

在 TEOS 中加入臭氧（O_3）做反应剂，通过 APCVD 淀积二氧化硅薄膜，可以得到很高的淀积速率。例如，在 300℃时加入 3% 的臭氧，淀积速率可以达到 100 ~200nm/min；在 400℃，只需要加入 1% ~2% 的臭氧就可以得到同样的淀积速率。用 TEOS/O_3 方法可以淀积非掺杂二氧化硅薄膜，用于金属层之间的绝缘层；或者以 TMB 和 TMP 为杂质源淀积 BPSG，用于金属淀积之前的绝缘层。由于 TEOS/O_3 淀积的二氧化硅薄膜有非常好的保形性，可以很好地填充沟槽以及金属线之间的间隙。

7.4.2 中温 CVD 二氧化硅薄膜

在中等温度下，使用 TEOS 淀积的二氧化硅薄膜具有更好的保形性。淀积温度控制在 680 ~ 730℃范围时，利用 TEOS 在 LPCVD 管热壁反应室中，淀积未掺杂的二氧化硅薄膜，其淀积速率（约 25nm/min）足以满足集成电路生产的要求。化学反应式为：

$$Si(OC_2H_5)_4 \longrightarrow SiO_2 + 4C_2H_4 + 2H_2O \tag{7-23}$$

TEOS 中有 4 个氧原子。在一定温度下，即使没有其他氧气供给，通过分解液能淀积形成 SiO_2。但是由于 TEOS 中含有 C 和 H，氧可以与它们发生氧化反应生成 CO 和 H_2O，降低了氧的数量。因此，用 TEOS 为反应剂淀积二氧化硅薄膜时，应该加入足够量的氧，以保证较好的薄膜质量。同时，氧气也能改变淀积的二氧化硅薄膜的内部应力，使其从较大的张应力转变为一个较低的压应力状态。

7.4.3 CVD 掺杂二氧化硅薄膜

通常采用掺杂的 SiO_2 作为第一层金属前电介质。掺杂 SiO_2 是指 SiO_2 中掺入磷、硼等化学物质。SiO_2 中掺入磷介质（P_2O_5）称为磷硅玻璃（PSG），而掺入硼（B）和磷（P_2O_5）则称为磷硅玻璃（BPSG）以及不掺杂的称为硅玻璃（USG）。

掺杂 SiO_2 的原因有以下两点：①PSG 和 BPSG 可吸收钠离子，以减少钠离子对元器件的玷污。②PSG 和 BPSG 在高温条件下某种程度上具有像液体一样的流动能力，因此淀积 PSG 和 BPSG 薄膜后再进行回流工艺可使薄膜具有很好的填充能力，并且能够使整个硅片表面平坦化，从而有利于光刻及后道工艺。

在淀积二氧化硅的气体中同时掺入 PH_3，就可以形成磷硅玻璃。由于 PSG 中含有 P_2O_5 和 SiO_2 两种成分，所以它是一种二元玻璃网络体，其性质与非掺杂的二氧化硅有很大的不同。APCVD - PSG 与未掺杂 CVD - SiO_2 相比，有较小的应力，阶梯覆盖能力有所改善。PSG 在高温下可以流动，可以形成更为平坦的表面，使随后淀积的薄膜有更好的台阶覆盖。

把 P_2O_5 加入到 SiO_2 中相对比较容易，可以通过调整 SiH_4 和 PH_3 的比率来控制薄膜中 P_2O_5 和 SiO_2 的比例。PSG 在高磷情况下，有很强的吸潮性，所以氧化层中磷的质量分数最好控制在 6% ~ 8%，以减少磷酸的形成，从而减少对其下方的铝层的腐蚀。

在 PECVD 系统中，以 Ar 作为载气通过 SiH_4、O_2、N_2 和 PH_3 之间的反应来完成 PSG 的淀积。一般认为，这种情况下淀积的薄膜比 APCVD 淀积的薄膜有更好的台阶覆盖、不易破碎而且没有间隙。

在淀积磷硅玻璃的反应气体中掺入硼源（B_2H_6），从而形成三元氧化薄膜系统（B_2O_3 - P_2O_5 - SiO_2），也就是磷硅玻璃。磷硅玻璃可以在 850℃下实现玻璃回流平坦化，这个温度比 PSG 回流所需要的温度（1000 ~ 1100℃）要低。刚淀积的 BPSG 薄膜需在 800℃下致密化，或者在 800 ~ 875℃下进行快速热退火 30s，使 BPSG 薄膜完全稳定。BPSG 薄膜大多用在金属淀积之前，使金属层与其下方的多晶硅之间绝缘。BPSG 薄膜还可以用在 DRAM 中作电容的介质以及金属之间的绝缘层。淀积磷硅玻璃的主要反应式有：

$$SiH_4\text{（气）} + O_2\text{（气）} \longrightarrow SiO_2\text{（固）} + 2H_2\uparrow \tag{7-24}$$

$$SiH_4\text{（气）} + 2N_2O \longrightarrow SiO_2\text{（固）} + 2N_2\text{（气）} + 2H_2\text{（气）} \tag{7-25}$$

$$4PH_3\text{（气）} + 5O_2\text{（气）} \longrightarrow 2P_2O_5\text{（固）} + 6H_2\text{（气）} \tag{7-26}$$

$$B_2H_6\ (气) + 3O_2\ (气) \longrightarrow B_2O_3\ (固) + 3H_2O\ (气) \tag{7-27}$$

在低温下通过硅烷分解法很容易淀积未掺杂和掺杂的二氧化硅薄膜，对以 TEOS 为源淀积的二氧化硅薄膜进行掺杂则有些困难。

PSG 和 BPSG 薄膜的制备方法有两种：等离子增强化学气相淀积（PECVD）和次大气压化学气相淀积（SACVD）（压强在 200～600Torr 之间）（1torr 等于 133. 322Pa）。SACVD 制备 PSG 和 BPSG 薄膜的原料主要有硅源（TEOS）、硼源（TEB）和 O_3 等。反应气体随载气进入反应腔后有在约 480℃的温度下反正热分解并反应生成 PSG 和 BPSG 薄膜。在反应腔内新生成的 BPSG 薄膜十分疏松，器件孔洞通常并没有完全闭合，需要立刻经过回流工序（退火），在高温下（750～1100℃）及氮气或蒸汽的环境中 BPSG 薄膜像液体一样流动，使孔洞完全闭合，同时使薄膜结构更加致密，如图 7-10 所示。SACVD 制备 PSG 和 BPSG 薄膜工艺在 0. 18μm 以上技术中仍然普遍使用。用 PECVD 制备掺杂 SiO_2 也是重要的方法之一，PECVD 由于存在等离子体会对硅片造成一定的损伤。目前 65μm 及以下技术中，制备 PMD 电介质的主要方法是采用高密度等离子体工艺（HPCVD）。

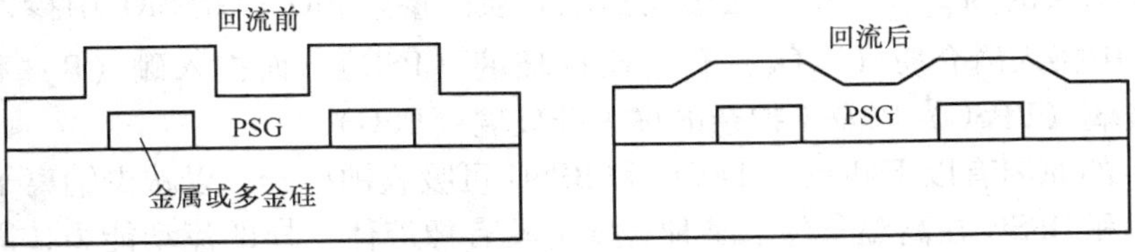

图 7-10　PSG 回流后表面平坦化

7.5　氮化硅薄膜淀积

Si_3N_4 是类似于 SiO_2 的另一种常用的绝缘介质材料，通常被用于硅片最终的钝化保护层和机械保护层，因为它能很好地抑制杂质和潮气地扩散，也被用做刻蚀掩膜材料。Si_3N_4 有高的介电常数（约为 6～8，而 CVD 二氧化硅只有 4. 2 左右），因此不能作为 ILD 绝缘介质，它会导致导体之间产生大的寄生电容，降低电路的速度。

Si_3N_4 的制备方法通常是采用 LPCVD 系统在约 800℃的条件下，通入二氯二氢硅（$SiCl_2H_2$）和氨气（NH_3）进行 Si_3N_4 淀积。反应方程式如下：

$$3SiCl_2H_2 + 4NH_3 \longrightarrow Si_3N_4 + 6HCl\uparrow + 6H_2\uparrow \tag{7-28}$$

氮化硅作为钝化层有如下优点。

1）对于扩散具有非常强的掩蔽能力，尤其是钠和水汽在氮化硅中的扩散速度非常慢。

2）通过 PECVD，可以制备出具有较低压应力的氮化硅薄膜。

3）可以对底层金属实现保形覆盖。

4）薄膜中的针孔很少。

LPCVD 氮化硅薄膜，最常用的反应剂是 $SiCl_2H_2$ 和 NH_3，淀积温度在 700～800℃的范围内，化学反应式为：

$$SiH_2Cl_2\ (气) + 4NH_3\ (气) \longrightarrow Si_3N_4\ (固) + 6H_2\ (气) \tag{7-29}$$

影响 LPCVD 氮化硅质量的因素主要包括温度、总气压、反应剂比例和反应室内温度梯度。淀积速率随总气压或者 $SiCl_2H_2$ 分压地增大而加快，但是随着 NH_3∶$SiCl_2H_2$ 比例的增大而降低。在温度上升到700℃之前，淀积速率是受表面反应速率控制的。在700℃时，可以得到10nm/min 的淀积速率。一般来说，LPCVD 氮化硅的薄膜密度很高（2.8~3.1g/cm³），介电常数为6，并且比 PECVD 氮化硅薄膜有更好的化学配比，在稀释的 HF 溶液中的腐蚀速度很低，而且氢的含量也比 PECVD 氮化硅薄膜的要低。此外，LPCVD 氮化硅薄膜有比较好的台阶覆盖性。在工艺过程中，必须输入足够的 NH_3 以保证所有的 $SiCl_2H_2$ 被消耗；如果不够多，薄膜会变成富硅型。

另一种制备 Si_3N_4 的方法是等离子体化学气相淀积（PECVD），通入的气体通常是 SiH_4 和 NH_3 或者 SiH_4 和 N_2，其原理是将反应气体等离子化并反应生成 Si_3N_4，之后使其淀积在硅片上。反应温度在200~400℃之间。如果采用 SiH_4 和 N_2 作为反应剂，N_2 和 SiH_4 之比要高（100~1000∶1），以防止形成富硅薄膜。由于 NH_3 比 N_2 更容易分解，采用和作为反应剂，NH_3 和 SiH_4 之比可以比较低（5~20∶1）。PECVD 氮化硅的淀积反应式为：

$$SiH_4\text{（气）} + NH_3\ (N_2)\text{（气）} \longrightarrow Si_xN_yH_z\text{（固）} + H_2\text{（气）} \tag{7-30}$$

7.6 多晶硅薄膜淀积

在集成电路工艺中，多晶硅薄膜的用途非常广泛。多晶硅薄膜一般采用 CVD 工艺制备，其中，LPCVD 是最常采用的方法。

7.6.1 多晶硅薄膜的性质与用途

多晶硅是由大量单晶硅颗粒（晶粒）和晶粒间界（晶界）构成的。集成电路工艺中的多晶硅薄膜，晶粒尺寸通常在100nm 左右，晶界宽度在0.5~1nm 之间。不同的制备工艺，不同的薄膜厚度，多晶硅的晶粒和晶界尺寸略有不同。尽管在多晶硅薄膜中的晶粒可能是各种取向的都有，但通常在优先方向。优先方向也是与制备工艺和薄膜厚度有关的。多晶硅薄膜的特性与单晶硅相似，但晶界的存在使得它又具有一些特有性质。

常用的多晶硅薄膜既有未掺杂的本征多晶硅，也有不同掺杂类型、不同掺杂浓度的 N 型和 P 型多晶硅。多晶硅的掺杂特性与单晶有所不同。晶界是具有高密度缺陷和未饱和悬挂键的区域，对杂质扩散和杂质分布都产生重要影响。在晶界上，掺杂原子的扩散系数明显高于晶粒内部的扩散系数，边界沿着晶界的快速扩散使得整个多晶硅的杂质扩散速率明显增加。同样，杂质的分布也受到晶界的影响。相同温度下，晶界上杂质的固溶度通常高于晶粒内部，在晶粒、晶界之间出现杂质的分凝现象，分凝系数通常小于1。

多晶硅的导电性能与单晶硅也有所不同。在晶粒内部的掺杂原子和在单晶硅中一样是占据替位位置，有电活性；在晶界上的硅原子是无序状态，掺杂原子多数是无电活性的，在晶粒、晶界之间的杂质分凝导致晶界上杂质浓度高于晶粒内部，因此，在相同掺杂浓度下，多晶硅中有电活性的杂质浓度低于单晶硅，导电能力也低于单晶硅。另外，晶界上大量的缺陷和悬挂键是载流子陷阱，晶粒中的载流子若陷入晶界中，对电导就不再起作用。同时晶界上的电荷积累还会造成晶粒边界周围形成载流子耗尽区域，使其能带发生畸变，产生势垒，降低了多晶硅中载流子的有效迁移率，这也引起导电能力下降。

多晶硅薄膜耐高温，与高温热处理工艺有很好的兼容性，而且可以通过热氧化工艺在其表面生长氧化层。多晶硅与热生长氧化层的接触性能良好，界面态密度很低，并且与硅衬底兼容性好，在陡峭的台阶上淀积的二氧化硅薄膜有很好的保形覆盖特性，且薄膜应力小。

高掺杂的多晶硅薄膜在 MOS 集成电路中普遍作为栅电极和互连引线。在多层互连工艺中，可以使用多层多晶硅技术，并且可以在多晶硅上热生长或者淀积一层二氧化硅，以保证层与层之间的电学隔离。低掺杂的多晶硅薄膜在 SRAM 中用于制作高值负载电阻；也可以用于介质隔离技术，作为深槽（或浅槽）隔离中的填充物。

在 MOS 元器件中，栅电极的制备可以是金属，也可以是掺杂的多晶硅。掺杂的多晶硅栅电极与金属栅相比有很多优点。比如多晶硅熔点高，可进行后续的高温工艺；比金属栅有更高的可靠性；一个很重要的优点是可以实现自对准工艺，从而使 MOS 元器件的制作工艺步骤大大减少，多晶硅栅自对准工艺示意图如图 7-11 所示。

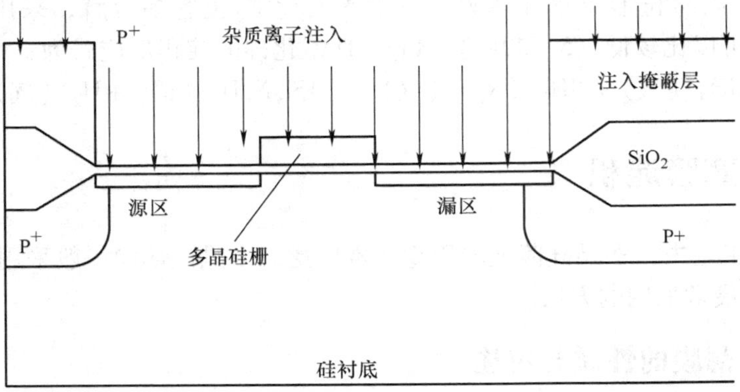

图 7-11　多晶硅栅自对准工艺示意图

7.6.2　多晶硅薄膜的制备

多晶硅膜通常用 LPCVD 方法淀积，温度在 575～650℃，该反应是将含量为 20%～30% 的硅烷和氮气的混合气体通入反应系统，在压强为 0.2～1.0Torr 的条件下通过热分解硅烷淀积多晶硅。淀积速率大约为 10～20nm/min。化学反应式为：

$$SiH_4\ (吸附) \longrightarrow SiH_2 + 2H_2 \tag{7-31}$$

$$SiH_2\ (气) \longrightarrow Si\ (固) + H_2\ (气) \tag{7-32}$$

总的反应式为：

$$SiH_4\ (气) \longrightarrow Si\ (固) + 2H_2\ (气) \tag{7-33}$$

SiH_4 如果在气相中发生分解反应，将会在气相中凝聚成核，当这些颗粒达到表面时，容易生成粗糙的多孔硅层，这种薄膜不符合集成电路的要求。为了避免这种情况的出现，需要使用稀释气体。如果用氮或氩等气体作为稀释气体，硅烷的气相分解更容易发生，而氩气是反应生成物中的一种，氩气作为稀释气体可以抑制分解反应的进行。

7.6.3　多晶硅薄膜的掺杂

在集成电路制造中实际应用的主要是掺杂多晶硅薄膜，特别是重掺杂多晶硅薄膜。多晶硅薄膜的掺杂可以在 CVD 淀积过程中直接进行气相掺杂，也可以在薄膜淀积完成之后通过离子注入或扩散进行掺杂。

（1）直接掺杂

在 LPCVD 多晶硅薄膜生长过程中，直接在硅烷和稀释气体中加入所需要的杂质元素作为掺杂剂。如磷烷（PH_3）、砷烷（AsH_3）和乙硼烷（B_2H_6）等，进行薄膜淀积中的原位掺杂。为了准确地控制掺入的杂质剂量，一般将掺杂剂浓度稀释到 0.02%～0.03%。这种掺杂方式和硅的气相外延工艺掺杂相似。

直接掺杂方法对多晶硅的生长动力学特性和薄膜的结构、形貌都有显著的影响。而且 P 型和 N 型杂质的直接掺入对多晶硅薄膜淀积速率的影响并不相同。

（2）两步工艺

制备掺杂多晶硅薄膜通常是采用两步工艺：先 LPCVD 本征多晶硅薄膜，然后再进行离子注入或扩散掺杂。

离子注入掺杂的优点是可以精确地控制掺入杂质的剂量，适合不同掺杂浓度的多晶硅薄膜。选择合适的离子注入能力可以使杂质浓度的峰值处于多晶硅薄膜的中部，在随后的退火过程中，掺入杂质被激活，并发生杂质再分布。退火工艺有高温退火和快速退火。高温退火工艺条件：约为 800℃，30min。目前多采用快速退火方法，在约为 1150℃，不到 30s 的时候，注入杂质被激活，杂质在多晶硅薄膜中再分布。快速退火持续时间很短，避免了衬底硅中的杂质再分布。

在本征多晶硅薄膜的扩散掺杂，工艺温度在 800～1000℃范围，制备 N 型多晶硅薄膜的掺杂剂主要是 $POCl_3$、PH_3。扩散掺杂方法的优点是薄膜中掺入的杂质浓度很高，可以超过单晶硅的固溶度，这是因为在晶粒、晶界之间存在杂质分凝，由此可以获得较低电阻率的多晶硅薄膜。

7.7 金属薄膜的淀积

7.7.1 金属钨的薄膜淀积

在 ULSI 互连结构中，许多金属薄膜采用化学气相淀积方法制备，例如钨、铝、钛和铜等。难熔金属（如 W、Ti、Mo 和 Ta）在硅集成电路的互连系统中已经广泛研究与应用。它们的电阻率比铝及其合金要大，但是，又比相应的难熔金属硅化物及氮化物的电阻率要低。在这些金属中，钨尽管不能单独作为栅材料和全部的互连材料，但却在互连结构中得到广泛应用。在集成电路互连系统中，钨的主要用途有两个方面。其一，是作为填充材料，如用钨填满两个铝层之间的通孔或填满接触孔，CVD 铝比 PVD 铝有更好的通孔填充能力，当接触孔和通孔的最小尺寸大于 1μm 时，用铝膜就可以很好实现填充。然而，对于特征尺寸小于 1μm 的工艺，由于接触孔和通孔的深宽比变得更大，PVD 铝无法完全填充接触孔和通孔，CVD 钨则能够完全填充。CVD 钨的这一应用延续了几代工艺，直到 0.18μm。其二，CVD 钨也用作局部互连材料。由于钨的电导率较低，因此只能用于短程互连线。

CVD 钨是广泛用于互连的难熔金属。第一，它比 Ti 和 Ta 的体电阻率小，和 Mo 的电阻率差不多；第二，在所有金属当中，钨的熔点最高（3410℃），表现比较高的热稳定性；第三，它具有较低的应力、很好的保形性和台阶覆盖能力；第四，它具有很强的抗电迁移能力和抗腐蚀的性能。但是，钨的电阻率虽然只有重掺杂多晶硅的1/200，但仍然比铝合金薄膜的电阻率高一倍；第五，钨薄膜在氧化物和氮化物上面的附着性比较差。此外，当温度超过400℃时钨会氧化，在温度高于600℃时，如果钨与硅接触，会形成钨的硅化物。

钨的化学气相淀积通常在冷壁、低压系统中进行。钨的化学气相淀积源在主要有 WF_6、WCl_6和 W（CO）$_6$。WF_6的熔点为275℃，在室温下 WCl_6和 W（CO）$_6$一样，都是高蒸气压的固体。WF_6的沸点为17℃，较低的汽化温度使得 WF_6能以气态形式向反应室中输送，输送方便而且可以精确控制流量。WF_6是通过钨和氟气之间的反应制得的，在几步提存之后可以很纯（88.888%）。WF_6是理想的钨源。WF_6的主要缺点是费用高，它占了覆盖式 CVD 钨整个过程费用的50%。从容器到反应室的所有管道都需要加热，以防止 WF_6的凝聚。

WF_6可以与硅、氢和硅烷发生还原反应，均能淀积所需要的钨。硅与 WF_6的还原反应式为：

$$2WF_6\ (气) + 3Si\ (固) \longrightarrow 2W\ (固) + 3SiF_4\ (气) \quad (7\text{-}34)$$

反应温度大约在300℃。WF_6与表面裸露的硅发生还原反应，而覆盖有二氧化硅的区域则不发生反应。在硅表面要相当洁净，即表面的自然氧化层要小于1nm，反应才可能进行。反应的副产物 SiF_4以气体形式排除。当淀积薄膜的厚度达到10nm ~ 15nm 时，反应自行停止。因为一旦达到这样的厚度，WF_6就很难以扩散的方式通过钨薄膜与硅继续反应。

氢气与 WF_6的还原反应方程式为：

$$WF_6\ (气) + 3H_2\ (气) \longrightarrow W\ (固) + 6HF\ (气) \quad (7\text{-}35)$$

反应通常在温度低于450℃、低气压环境下进行的。薄膜的生长速率由反应速率控制。在反应物中通常通入过量的氢气，氢气还原反应淀积的钨膜电阻率大约为7 ~ 12μΩ · cm。

进行选择性淀积的反应需要很好的成核表面，硅、金属以及硅化物都能提供这样的表面，而二氧化硅和氮化硅不能满足要求。在选择性淀积时，开始由 Ar 气携带的 WF_6和 Si 发生还原反应，一旦钨薄膜达到了自行停止厚度时，停止通入 Ar 气而通入氢气，其后发生的是氢与 WF_6的还原反应，进行钨膜的淀积。

硅烷与 WF_6的还原反应方程式为：

$$2WF_6\ (气) + 3SiH_4\ (气) \longrightarrow 2W + 3SiF_4\ (气) + 6H_2\ (气) \quad (7\text{-}36)$$

反应在 LPCVD 反应室中进行，反应温度大约为300℃。这个反应的主要目的是为氢与 WF_6还原反应淀积钨膜提供成核层。硅烷与 WF_6还原反应能在许多表面上（包括 TiN）生成非常好的钨核层。反应温度大于600℃时，可能有如下反应式：

$$4WF_6\ (气) + 3SiH_4\ (气) \longrightarrow 4W\ (气) + 3SiF_4\ (气) + 12HF\ (气) \quad (7\text{-}37)$$

应当注意的是，在不同的 SiH_4、WF_6摩尔比条件下能够得到钨或者硅化钨的淀积层。如果气相混合物中有过量的 WF_6，会形成钨的薄膜；如果含有过量的硅烷，则会形成 WSi_x 薄膜，高温下则容易形成硅化钨。

7.7.2 金属铝的薄膜淀积

20 世纪 80 年代初期，集成电路工艺开始使用 CVD 铝。CVD 铝具有潜在的优点，它对接触孔有很好的填充性、较低的电阻率，可以一次完成填充和互连，而且 CVD 铝的淀积温度明显比 CVD 钨的淀积温度要低。这些优点尤其对于 0.25μm 及其以下的工艺具有吸引力。

早期的 CVD 铝主要用于制备覆盖式 Al 膜，Al 膜有极好的阶梯覆盖性能、很低的电阻率，与硅和二氧化硅都有良好的附着性。然而，这种覆盖式 Al 膜的表面很粗糙，会给光刻工艺带来困难。通过热分解三异丁基铝 Al（C_4H_9）$_3$（TIBA）淀积的铝膜可以用作选择性淀积，填充 0.4μm 大小的连线孔。实际过程是将三异丁基铝膜加热到 50℃，使其分解为 AlH（C_4H_9）$_2$，然后再加热到 200℃。另外，TIBA 在选择性淀积中不会与硅发生反应，保证硅表面免受损伤。如果 Al 薄膜在比较好的成核层上进行淀积，表面粗糙的缺点也会明显改善。

另外，还有 3 种值得关注的 CVD 铝的有机金属化物源，Al_2（CH_3）$_6$（TMA）、AlH（CH_3）$_2$（DMAH）和（CH_3）C_2H_5N（AlH_3）（DMEAA）。这 3 种源的分子结构是通过 Al - H 键进行区分的。在低于 200℃温度下，可以通过替换分子中的碳氢组分，获得纯的铝膜。

7.8 化学气相淀积生产实训

1. 实训目的

1）了解化学气相淀积的基本原理。

2）掌握化学气相淀积的基本流程及注意事项。

2. 实验仪器

主要实验仪器设备以及材料有：干燥箱、CVD 生长系统、电子天平、超声清洗机和去离子水机等，现将主要设备介绍如下：

（1）CVD 生长系统

CVD 生长系统由生长设备、真空设备、气体流量控制系统和冷却设备 4 部分组成，CVD 设备简图如图 7-12 所示。

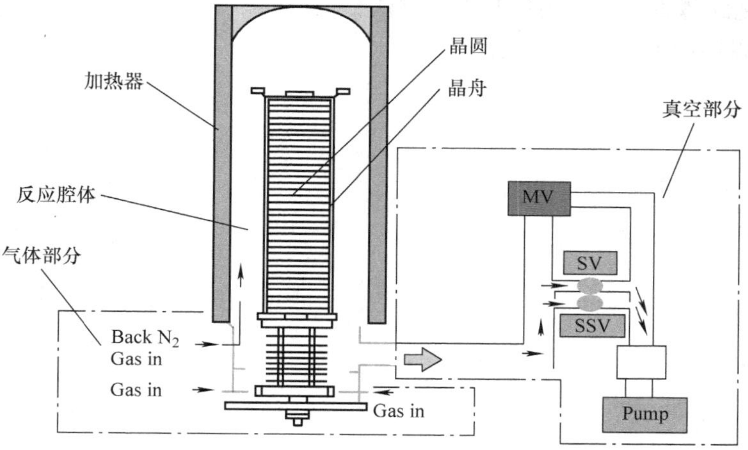

图 7-12　CVD 设备简图

（2）电子天平

电子天平采用电磁力平衡被称物体重力原理进行称量，特点是称量准确可靠、显示快速清晰并且具有自动检测系统、简便的自动校准装置以及超载保护等装置。在本实训中，电子天平主要用于精确称量药品，称量精度可精确到小数点后第 5 位。

3. 操作流程

(1) 实验前准备工作

1) 用玻璃刀切割合适大小的 Si 衬底，用丙酮、乙醇和 HF 等洗净后吹干待用。

2) 用稀 HNO_3清洗石英衬底后用去离子水冲洗，吹干待用。

(2) 前驱体配置

取适量 ZnO 粉体和 C 粉，称量，按比例配置好后在坩埚中研磨 2h 后待用。

(3) 生长过程

1) 将配置好的粉末放入石英舟中，再用细铁丝将石英舟慢慢推入石英管内部，位置应在加热棒处，否则生长温度与设置温度不符。然后在管口处放置好 Si 衬底。

2) 将石英管密封后用分子泵抽真空。打开真空系统后，先用机械泵抽一级真空，在真空度达到 10^{-1}以下后开启分子泵，真空抽至 10^{-4}时对炉子进行升温操作。然后打开气体流量控制系统对 CVD 系统进行通气。

3) 升到所需温度后保持一段时间再进行降温，等炉子完全冷却后再停止抽真空和水冷，打开放气系统进行放气，然后取出样品，放入样品盒中保存。

7.9 习题

1. 什么是薄膜？薄膜有哪些特性？
2. 什么是 CVD？简述 CVD 的主要工艺步骤。
3. 描述不同类型 CVD 和它们的主要优势。
4. 淀积二氧化硅薄膜有哪些工艺方法？
5. 淀积氮化硅薄膜可以采用哪些工艺方法？
6. CVD 可以淀积哪些金属薄膜？

第 8 章　隔 离 工 艺

不论是分立元器件还是复杂的大规模集成电路，其基本单元就是由无源元器件和有源元器件组成，这些元器件按一定的方式互连而具备一定的电学性能，并能完成一定的元器件功能，而这些制造在硅片表面的元器件之间必须是互相隔离的，即相互之间是绝缘的。因此这些元器件就必须制作在一个个相互隔离的小岛上，而在其上再做金属互连线，把具有一定关系的元器件互相连接起来，实现一定的电学功能。因而集成电路的制造分为元器件隔离、元器件的形成和布线这 3 个工序。

本章的学习目标：

1） 了解集成电路中常用的隔离技术。

2） 掌握 PN 结隔离的方法。

3） 掌握两种介质隔离方法：局部氧化隔离和浅槽隔离。

4） 了解 PN 结 - 介质混合隔离方法。

8.1　PN 结隔离

未加正向偏压的 PN 结几乎无电流流动，因而 PN 结可作元器件隔离用，双极性集成电路中的隔离主要采用 PN 结隔离。

PN 结隔离制作流程如图 8-1 所示。图 8-1a 所示为利用 PN 结隔离形成元器件区域的工艺，其工艺过程如图 8-1b、图 8-1c 所示。具体制作过程如下：

1） 首先在 P 型衬底上采用外延淀积工艺形成 N 型外延层。

2） 在外延层上淀积二氧化硅（SiO_2），并进行光刻和刻蚀。

3） 去除光刻胶，露出隔离区上的 N 型外延层硅，然后在 N 型外延层上进行 P 型杂质扩散，扩散深度达到衬底，这是双极型集成电路制造工艺中最费时的一步，使 N 型的元器件区域的底部和侧面均被 PN 结所包围，元器件就制作在被包围的元器件区里。

由于 P 型隔离区的扩散较深，杂质的横向扩散显著，通常横向扩散的距离是纵向距离的 75% ~80%，P 型隔离区的宽度一般是 N 型深度的两倍。

PN 结隔离的工艺简单，但存在两个主要问题：一是隔离区较宽，使集成电路有效面积减小，不利于提高集成电路集成度；二是隔离扩散增大了集电区 - 衬

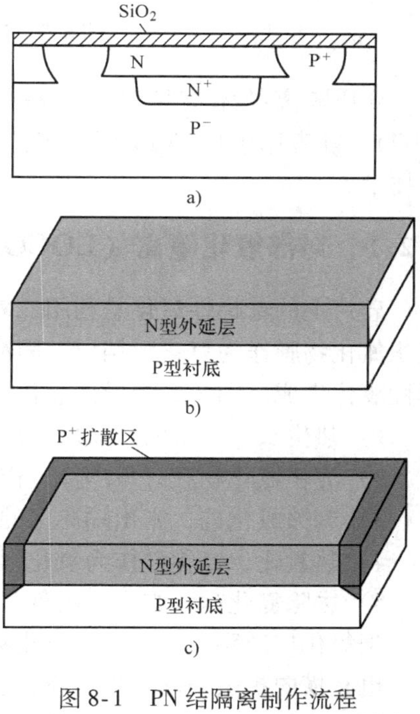

图 8-1　PN 结隔离制作流程
a）PN 结隔离　b）N 型外延层的生长
c）隔离扩散（P 型）

底和集电区－基区电容，不利于集成电路速度的提高。

8.2 介质隔离

绝缘体隔离法通常用于 MOS 集成电路的隔离，用二氧化硅作为绝缘体，该二氧化硅作为隔离墙，一般来说，二氧化硅隔离用于元器件区域的侧面，元器件区域底部的隔离则用 PN 结来实现。图 8-2 所示为集成电路中采用绝缘体隔离的例子。深度达到衬底的 V 形沟槽内侧形成二氧化硅，再用多晶硅填满，达到绝缘隔离的目的。

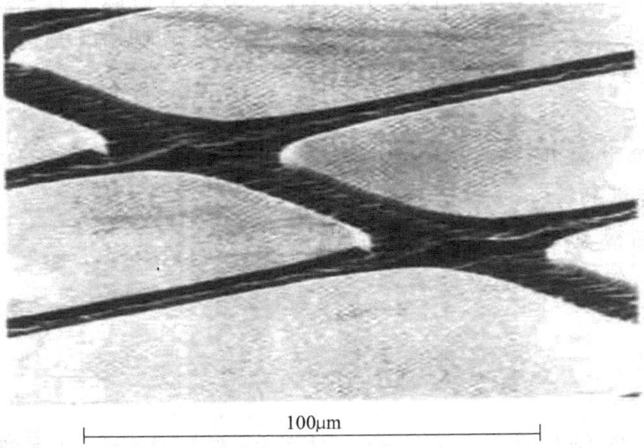

图 8-2 集成电路中采用绝缘体隔离的例子

介质隔离技术有两种，一种是局部氧化隔离（LOCOS）方法；另一种是浅槽隔离（STI）。前者用于 0.25μm 以上工艺元器件之间的隔离，而亚 0.25μm 工艺主要采用浅槽隔离技术。

8.2.1 局部氧化隔离（LOCOS）工艺

硅片上的选择性氧化是利用二氧化硅来实现对硅表面相邻元器件的电隔离。局部氧化用淀积氮化物膜作为氧化阻挡层。因淀积在硅上的氮化物不能被氧化，刻蚀后的区域可以用选择性氧化生成。图 8-3 为局部氧化隔离工艺的示意图。硅的局部选择性氧化过程如下：

1）热生长一层薄的垫氧层，用来降低氮化物与硅之间的应力。

2）淀积氮化物膜（Si_3N_4），作为氧化阻挡层。

3）刻蚀氮化硅，露出隔离区的硅。

4）热氧化，氮化硅作为氧化阻挡层保护下面的硅不被氧化，隔离区的硅被氧化。

5）去除氮化硅，露出元器件区的硅表面，为制作元器件做准备。

当氧化扩散穿越已生长的氧化物时，它在各个方向上都有扩散的，即氧原子既有纵向扩散，也有横向扩散与硅发生反应，这意味着氮化硅掩膜下有轻微的侧氧化生长，由于氧化层比消耗的硅厚，因此在氮化硅掩膜下的氧化物将抬高氮化硅边缘，称为鸟嘴效应。如图 8-4 所示，鸟嘴效应是我们所不希望的，氧化物越厚，鸟嘴效应就越显著。通常会在氮化物和硅之间生长一层薄氧化层，称为垫氧（Pad oxide），这样可以有效地减小氮化物掩膜和硅之间的应力。

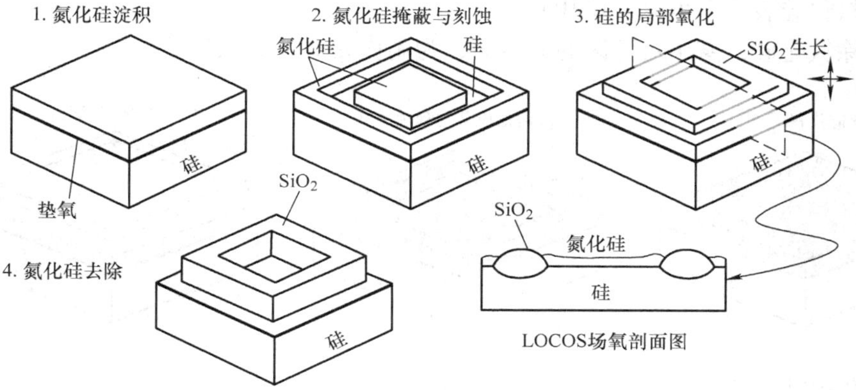

图 8-3　局部氧化隔离工艺的示意图

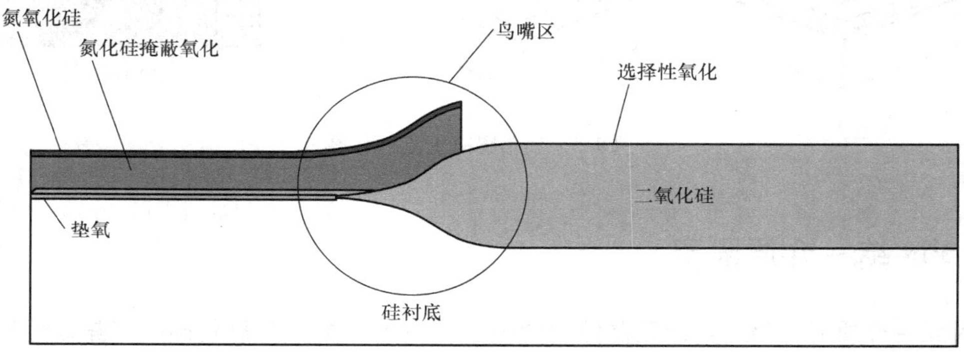

图 8-4　选择性氧化和鸟嘴效应

8.2.2　浅槽隔离工艺

对于在 0.25μm 和以下的隔离技术中，浅槽隔离取代局部氧化的原因主要有：

1）对晶体管隔离，表面积显著减小。

2）具有超强的闩锁保护能力。

3）对沟道没有侵蚀。

4）与 CMP 兼容。

浅槽隔离主要的绝缘材料是淀积氧化物。浅槽隔离工艺示意图如图 8-5 所示。浅槽隔离具体工艺步骤如下：

1）热生长一层薄的垫氧层，用来降低氮化物与硅之间的应力。

2）淀积氮化物膜（Si_3N_4），作为氧化阻挡层。

3）刻蚀氮化硅，露出隔离区的硅。

4）在掩膜图形暴露区域，热氧化 15～20nm 的氧化层，使硅表面钝化，并可以使浅槽填充的淀积氧化物与硅相互隔离，作为有效的阻挡层可以避免器件中的侧墙漏电流产生。

5）刻蚀露出隔离区的硅，形成硅槽。

6）淀积二氧化硅进行硅槽的填充。

7）二氧化硅表面平坦化（CMP）。

8）去除氮化硅，露出器件区的硅表面，为制作元器件做准备。

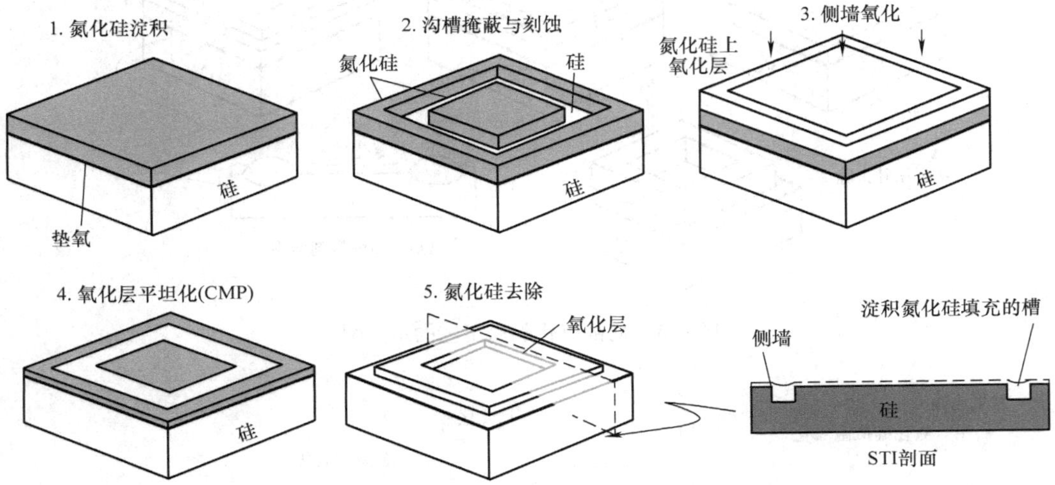

图 8-5　浅槽隔离工艺示意图

8.3　PN 结 - 介质隔离

PN 结 - 介质混合隔离是指元器件间的侧壁用绝缘介质（二氧化硅、多晶硅等）隔离，低部用 PN 结隔离的技术。这种隔离技术制作工艺相对简单，隔离性能优于 PN 结隔离，且大幅度提高电路的集成度和性能。广泛应用于超高速及大规模集成电路中。

PN 结 - 介质混合隔离方法有很多，这里简单介绍其中的多晶硅隔离技术。

多晶硅隔离是通过选择性外延，在元器件区生长单晶硅，在隔离区生长高阻多晶硅来实现元器件间隔离的。

多晶硅电阻率是掺杂浓度的函数。当掺杂浓度较高时，其电阻率和单晶硅接近。当掺杂浓度较低时，其电阻率比单晶硅高很多。

多晶硅隔离除具有寄生电容小、隔离击穿高等特点外，还有以下特点：晶体管面积比 PN 结隔离小（约为 PN 结隔离的 70%）；工艺简单；避免了外延后隔离所需的高温过程；多晶硅具有“吸杂”作用，能改善结特性，提高管芯成品率。

多晶硅外延技术中，多晶硅生长区域的硅表面处理方法有很多，其中，单层二氧化硅法是最简单实用的方法之一。

多晶硅隔离是在外延过程完成的。选择性外延就是它的隔离过程。其结构剖面图如图 8-6所示。其中，图 8-6a 为氧化、光刻、保留隔离区二氧化硅。图 8-6b 为选择性外延，二氧化硅上生长多晶硅，其余区域生长单晶硅。

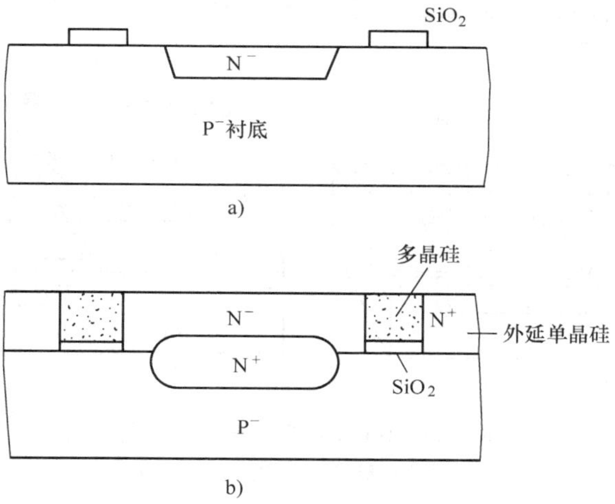

图 8-6　单层二氧化硅法多晶硅隔离结构剖面图

8.4　MOS 与 CMOS 中的隔离技术

MOS 集成电路中采用的是绝缘体隔离，MOS 集成电路中的晶体管之间不需要 PN 结隔离，可大大提高集成度。MOS 集成电路中的隔离主要是为了防止寄生的导电沟道，即防止场区的寄生场效应晶体管开启。防止场区的寄生场效应晶体管开启的方法之一就是提高寄生场效应晶体管的阈值电压，使寄生场效应晶体管的阈值电压高于集成电路的工作电压。通常寄生场效应晶体管的阈值电压比集成电路的工作电压高 3 ~ 4V。提高场效应晶体管阈值电压的方法有两种：一是增加场区氧化硅的厚度；二是增大氧化层下沟道的掺杂浓度。通常采用厚度为栅氧化层的厚度，并利用离子注入方法提高场氧化层下硅表面区域的杂质浓度，从而提高寄生场效应晶体管的阈值电压。相邻两个 MOSFET 之间产生寄生场氧化 MOSFET 的示意图如图 8-7 所示。

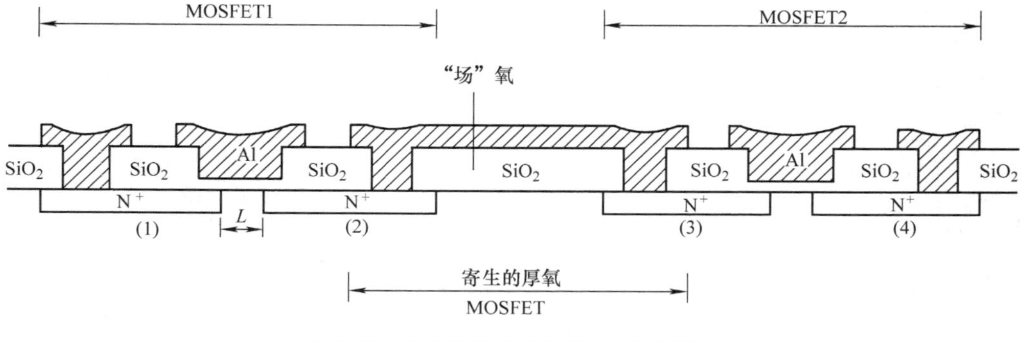

图 8-7　寄生场氧化 MOSFET 的示意图

对于 CMOS 集成电路来说，由于同时存在着 N 沟道和 P 沟道的 MOS 管，就要在 P 型衬底上形成 N 型区（N 阱），或者在 N 型衬底上形成 P 型区（P 阱），在 N 阱中形成 PMOS 管，在 P 阱中形成 NMOS 管，N 阱中 CMOS 器件区域和隔离区域如图 8-8 所示。其中图 8-8a 中为用离子注入和扩散法形成 N 阱后的状态，图 8-8b 为利用二氧化硅隔离墙形成元器件隔离。

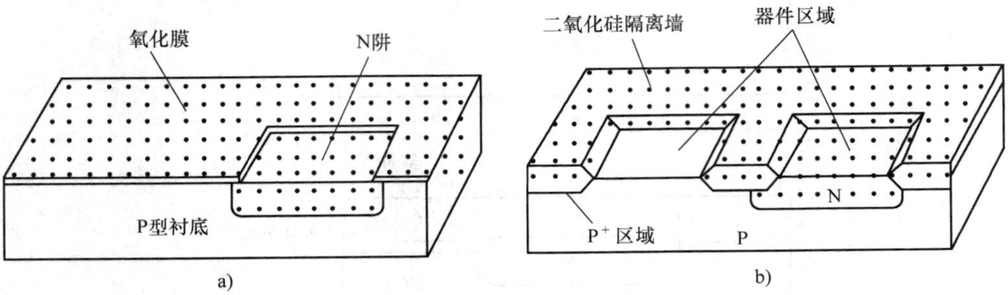

图 8-8　N 阱中 CMOS 器件区域和隔离区域

a）N 阱的形成　b）隔离墙的形成

8.5　习题

1. 在硅平面工艺中，隔离技术具有什么样的作用？
2. 在硅平面工艺中主要有哪些隔离技术？
3. 简单介绍一下局部氧化隔离工艺。
4. 简单介绍一下浅槽隔离工艺。

第 9 章　光 刻 工 艺

在集成电路制造工艺中，电路图形的制作尤为重要，完成图形的制作的工艺过程称为光刻。光刻技术在集成电路制作技术的发展过程中扮演着技术先进的角色。光刻工艺在集成电路整个制造工艺中占据超过 1/3，光刻也是决定集成电路按照摩尔定律发展的一个重要原因。随着集成电路集成度地不断提高，光刻技术也在不断地研究和开发中。

本章的学习目标：

1）了解光刻主要的特征参数。

2）掌握光刻胶的组成，能够区分正性光刻胶和负性光刻胶。

3）了解掩膜板的分类及制备工艺流程。

4）掌握光刻工艺流程。

5）了解常用的光刻机的组成及特点。

9.1　光刻概念

光刻工艺是集成电路制造中最关键的工艺之一。光刻是一种复印图像和化学腐蚀相结合的综合性技术。图 9-1 是半导体制造工艺流程图，从图中可以看出光刻工艺是晶圆加工过程的中心。

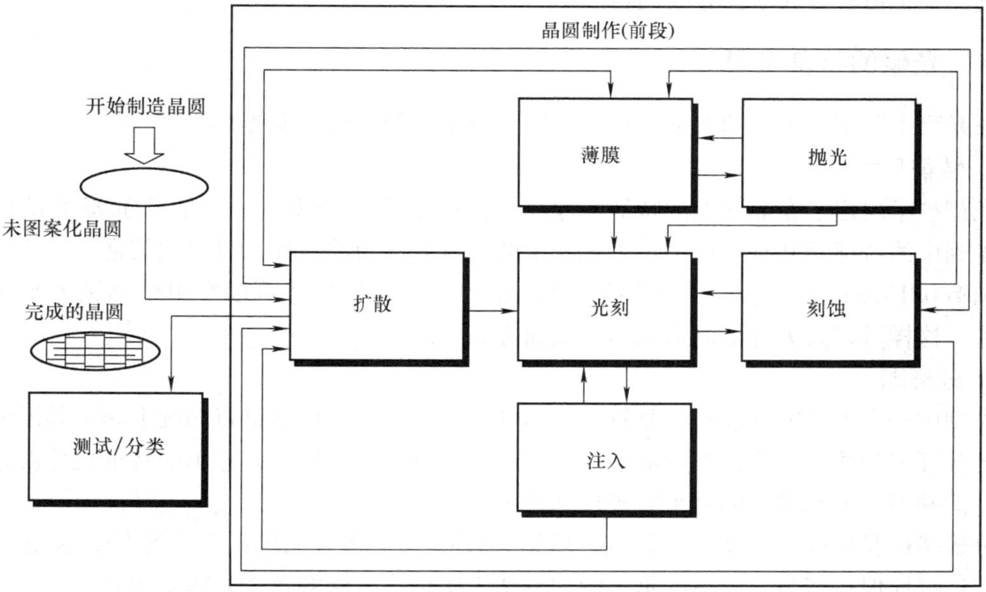

图 9-1　半导体制造工艺流程图

光刻是通过一系列生产步骤将晶圆表面薄膜的特定部分除去并得到所需图形的工艺。光刻的基本原理如图 9-2 所示。从图中可以看出，光刻实际是图形由掩膜版转移到晶圆表面的过程。

转移到晶圆表面的光刻图形的形状完全取决于晶圆层面的构成。这些图形被转移到光敏光刻胶材料上，为进行刻蚀或离子注入做好准备。图形首先制作在投影掩膜版上，投影掩膜版是一个石英板，它包含了要在晶圆上重复形成的图形，投影掩膜版也被称为掩膜版或者光刻掩膜版。

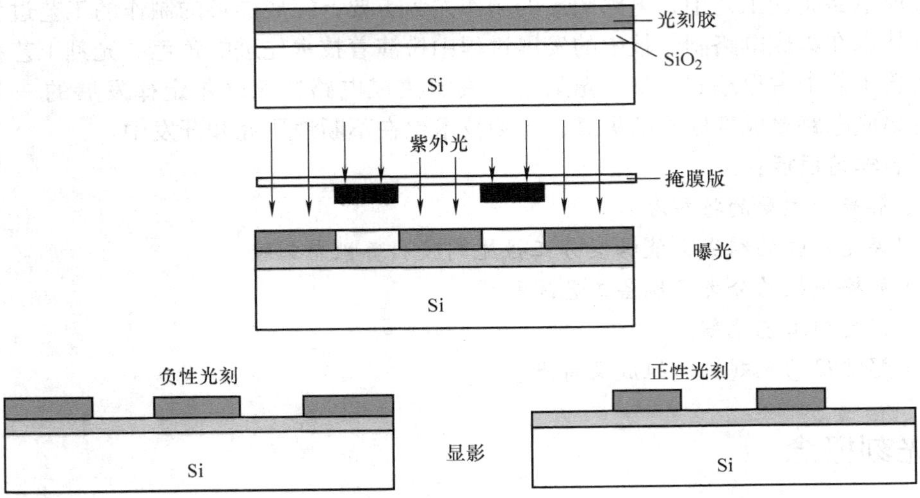

图 9-2　光刻的基本原理图

光刻的目的就是在二氧化硅或金属薄膜上面刻蚀出与掩膜版完全对应的几何图形，从而实现选择性扩散和金属薄膜布线的目的。

9.1.1　光刻的特征参数

在光刻工艺中，主要的参数有特征尺寸、分辨率和套准精度等。

1. 特征尺寸

光刻技术决定了在晶圆上的特征尺寸大小，特征尺寸（CD）一般是指 MOS 管的最小栅长，光刻中的特征尺寸常用做描述工艺技术的节点或称为某一代，目前比较常见的工艺特征尺寸包括 0.18μm、0.09μm 和最新的 0.045μm。减小特征尺寸可以在单个晶圆上布局更多的芯片，这样可以大大降低制造成本，从而提高利润。

2. 分辨率

光刻中一个重要的性能指标是每个图形的分辨率。分辨率是指将晶圆上两个邻近的特征图形区分开来的能力。晶圆上形成图形的实际尺寸就是特征尺寸，最小的特征尺寸就是关键尺寸，但并不是说晶圆上的每个线条尺寸都是特征尺寸。

分辨率还受焦深（*DOF*）的影响。所谓焦深即是光焦点周围的一个范围，在这个范围内图像连续地保持清晰。焦深的示意图如图 9-3 所示。焦深的数学方程式为：

$$DOF = \frac{\lambda}{2(NA)^2} \tag{9-1}$$

式中，λ 为曝光的波长；*NA* 为光学系统的数值孔径。

当数值孔径增加后，透镜可以捕捉更多的光学细节并且增加系统的分辨率，由上式可以看出，如果分辨率增加，那么焦深就会减小。在亚微米特征尺寸的工艺中增加分辨率是必要的，但由此减小的焦深会严重影响光学系统的工艺容限度。

因此在目前的半导体业界，既要获得更好的分辨率来形成特征尺寸图形，又要保持合适的焦深，这也是目前比较大的一个挑战。

3. 套准精度

光刻工艺要求晶圆表面上存在的图案与掩膜版上的图形精确套准，这种特征指标就是套准精度。由于掩膜版上的图形要每一层都层层对准地转移到晶圆上，因此对准工艺十分关键，当图形形成要多次用到掩膜版时，任何套准误差都会影响到晶圆表面上不同图案之间总的布局宽容度。晶圆表面上不同图案之间总的布局宽容度称为套准容差。而大的套准容差会减小电路密度，限制了元器件的特征尺寸，从而降低了集成电路的性能。

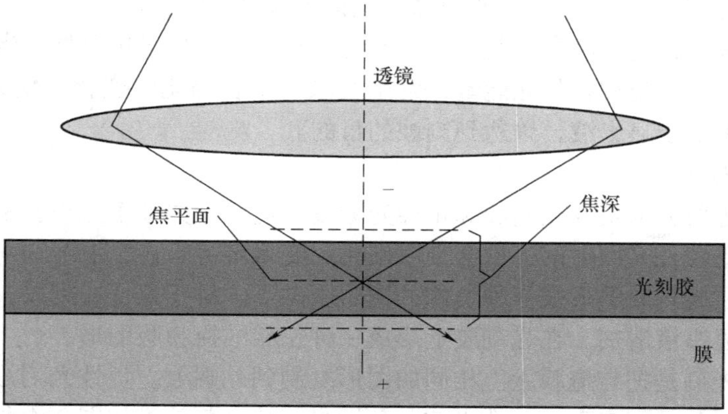

图 9-3　焦深的示意图

对准误差是由掩膜版和晶圆之间不良的对准引起的，不同种类的对准误差会影响套准容差。还有一种是管芯与管芯之间距离上的差异，它可以由温度的变化引起。这些误差可以在现代的对准系统中采用整场对准或者逐场对准的方式来进行改善并控制其变化。

9.1.2　光刻胶

光刻胶也称为光致抗蚀剂，其质量的好坏对光刻有很大的影响，因此在集成电路的制造中必须要选择和配置合适的光刻胶。

1. 光刻胶的组成

光刻胶一般由感光剂、增感剂和溶剂组成。感光剂是一种对光敏感的高分子化合物，当它受到适当波长光照后，就能吸收一定波长的光能量，然后发生交联和聚合等化学反应，使光刻胶性质发生改变，以达到下一步刻蚀的目的。因此光刻胶必须具备如下特点。

1）光刻胶能被方便地涂敷在衬底表面以形成连续的薄膜，并能和衬底表面形成良好的黏附。

2）分辨率要高，以使形成的图形线条清晰。

3）对特定波长的光有较强的光敏性，即感光度要高，感光度用 S 表示。

4）对腐蚀衬底所用的腐蚀液要有足够的抗腐蚀能力。

5）受光照后，显影液对需溶物能全部溶解，不留残渣。

6）光刻胶要性能稳定，不能有暗（光）反应。暗反应即在完全避光的条件下放置数小时也会有交联现象发生，因此一般情况下光刻胶是在使用前配制。

在各种工艺条件下，光刻胶都必须有良好的性能，包括涂胶、旋转、烘焙、显影和刻蚀。在晶圆工艺应用中，需要用到很多类型的光刻胶，每一种光刻胶都具有和光刻工艺要求直接相关的自身物理特性。想要选用一种专用的光刻胶，其必须具有以下物理特性。

1）分辨率是指光刻胶可再现图形的最小尺寸。

2）对比度是指光刻胶对光照区与非光照区间的过渡。

3）灵敏度是光刻胶要形成良好的图形所需入射光的最低能量。

4）黏滞性与时间有关，光刻胶中的溶剂挥发会使黏滞性增加。

5）黏附性是指光刻胶与基片之间的黏着强度。

6）抗蚀性是指化学稳定性一定要很高，能抵抗各种腐蚀。

在曝光的过程中，光刻胶的感光剂是一种对光敏感的高分子化合物，当它受到一定波长的光照后，就能吸收一定波长的光能量，发生交联、聚合等化学变化，使光刻胶改变性质，从而可以溶解或不溶于显影液，以达到刻蚀的目的。

2. 光刻胶的分类

光学光刻胶主要分为负性光刻胶和正性光刻胶。这种分类基于光刻胶是如何响应紫外光的。负性光刻胶受紫外光照射的区域会交联硬化，变得难溶于显影液溶剂中，显影时这部分光刻胶被保留，在光刻胶上形成一种负相的掩膜版图形。对于正性光刻胶，其受紫外光照射的区域更易溶于显影液溶剂，在光刻胶上形成一种正相的掩膜版图形。

因此，正性光刻是把与掩膜版上相同的图形复制到晶圆上。负性光刻是把与掩膜版上图形相反的图形复制到晶圆表面。正性光刻与负性光刻的光刻效果如图 9-4 所示。

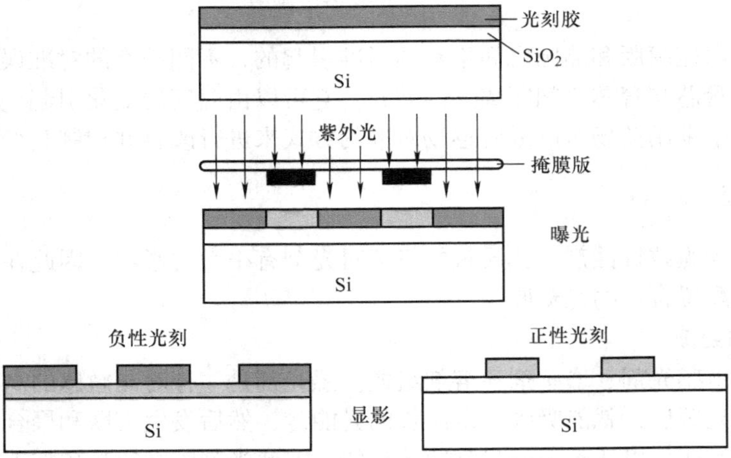

图 9-4　正性光刻和负性光刻的光刻效果

（1）正性光刻

在正性光刻的工艺中，复制到晶圆表面的图形与掩膜版的图形一致。被紫外光曝光后的区域经历了一种光化学反应，在显影液中软化可溶解在溶剂中。通过这种曝光的正性光刻胶区域将在显影时被去掉，而不透明的掩膜版下的没有被曝光的光刻胶仍保留在晶圆上。由于形成的光刻胶的图形与掩膜版上一致，所以这种光刻被称为正性光刻胶。

（2）负性光刻

负性光刻的基本特征是在当曝光后，受到光照的光刻胶会因为交联而变得不可溶解于显影液，并且会硬化。一旦硬化，交联的光刻胶就不能在溶剂中被洗掉。由于光刻胶上的图形与掩膜版上的图形相反，所以这种光刻胶被称为负性光刻胶。

9.1.3 掩膜版

掩膜版是晶圆生产过程中非常重要的一部分。比较常用的是掩膜版和投影掩膜版。掩膜版包含了整个晶圆的芯片阵列并且通过单一的曝光转印图形，一般用于较老的接近式光刻机或扫描对准投影机中。投影掩膜版是一种局部透明的平板，在它上面有将要转印到晶圆上的一部分图形（例如几个芯片的图形），因此需要经过分步重复在整个晶圆表面形成覆盖，一般用于分步重复光刻机和步进扫描光刻机。

1. 投影掩膜版的材料

用于深亚微米光刻的投影掩膜版的衬底材料一般使用熔融石英。这种材料始终用于深紫外光刻中，因为它在深紫外光光谱部分（248nm 和 193nm）有高光学透射。这种熔融石英具有非常低的温度膨胀，意味着在温度改变时尺寸是相对稳定的。

淀积在投影掩膜版上的不透明材料通常是一层铬，铬层在熔融石英表面形成晶圆电路的基层图形。铬的厚度通常小于 100nm，并且是通过溅射淀积的，有时候会在铬层上涂上一层氧化铬抗反射层。

掩膜版质量的优劣直接影响光刻图形的质量。在 IC 制造中需要经过多次光刻，每次光刻都需要一块掩膜版，每块掩膜版都会影响光刻质量，光刻次数越多，成品率就越低。所以，要有高的成品率，就必须制作出品质优良的掩膜版，而且一套掩膜版中的各块掩膜版之间要能够相互精确的套准。

2. 掩膜版的制备流程

掩膜版有铬版（chrome）、超微粒干版和氧化铁版等，主要为基板和不透光材料。以下是基本的制造流程。

1）制备空白版，常见的空白版有铬版、氧化铁版和超微粒干版 3 种。

2）数据转换是将 IC 版图经过分层、运算和格式等步骤转换为制版设备所知的数据形式。

3）刻画是利用电子束或激光等通过原版对空白版进行曝光，将图形转移到光刻胶上。

4）形成图形，对铬膜、氧化铁膜或明胶等进行刻蚀，形成图形，最后除去残胶。

5）检测与修补，测量关键尺寸，检测针孔或残余遮光膜等缺陷并对其进行修补。

6）老化与终检，在 200～300℃的温度下烘烤几个小时，对其进行老化。

3. 掩膜版的质量要求

1）图形尺寸要精确，间距符合要求，而且不能发生畸变。

2）各块掩膜版间要能够精确地套准，对准误差尽可能小。

3）图形边缘清晰，过渡小，无毛刺，透光区与遮光区的反差要大。

4）掩膜版的表面光洁度要达到一定的要求，无划痕、针孔和小岛等缺陷，掩膜版还要坚固耐磨、不易变形。

4. 掩膜版分类

常见的传统掩膜版有乳胶掩膜版、硬面铬膜掩膜版以及抗反射铬膜掩膜版 3 种，如图 9-5所示。乳胶掩膜版是在玻璃衬底上涂覆一层光敏乳胶，再经过图形转移而成；硬面铬膜掩膜版是在石英玻璃上溅射一层厚约 60nm 左右的铬膜，再经过图形转移而成；为了提高掩膜版的分辨率、降低掩膜版对光的反射，在硬面铬膜掩膜版的铬膜上增加了一层厚约 20nm 的氧化铬膜，这种就是抗反射铬膜掩膜版。

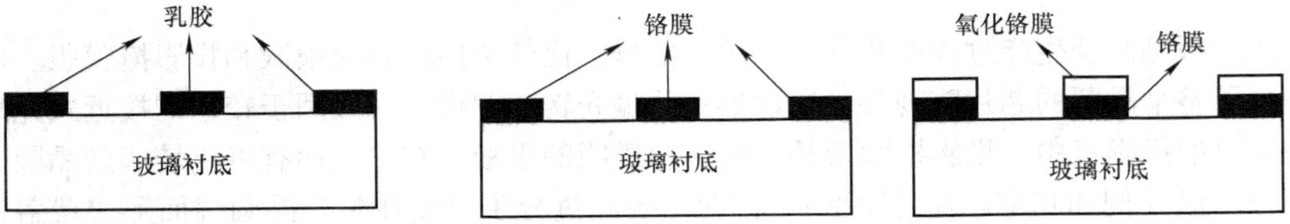

图 9-5　乳胶掩膜版和铬膜掩膜版

此外，还有将掩膜版与晶圆合二为一的复合掩膜版，也称为原位掩膜版；在传统掩膜版的基础上增加了相移层的相移掩膜版、X 射线掩膜版等不同类型的掩膜版。

9.1.4　光刻对准曝光方式

光刻对准曝光的发展经历了 5 个阶段，接触式曝光、接近式曝光、投影式曝光、扫描投影式曝光以及步进扫描投影曝光。

接触式曝光是最早期的光刻机，结构简单，生产效率高，曝光时掩膜版和晶圆上的光刻胶直接接触。接近式曝光是掩膜版与晶圆之间约有 2.5 ~ 25μm 的距离。投影式曝光是接触式和接近式曝光由于污染、衍射和分辨率等问题都已不再使用，投影式曝光仍然广泛使用。投影式曝光又分为扫描投影曝光和步进扫描曝光。

步进投影曝光方式有很多优点，掩模版寿命加长、掩模制造简单、分辨率高，但对环境的要求非常高，微小的振动都会影响曝光精度，而且光路复杂，设备昂贵。

1. 电子束曝光

由于电子束在电磁场的作用下可以聚焦、偏转一定的角度，所以，电子束曝光是很重要的曝光方法。目前，最有应用前途的是限角度投影式电子束光刻。限角度投影式电子束光刻利用散射式掩膜版通过步进扫描光刻机进行缩小投影式曝光。

电子束曝光如图 9-6 所示。

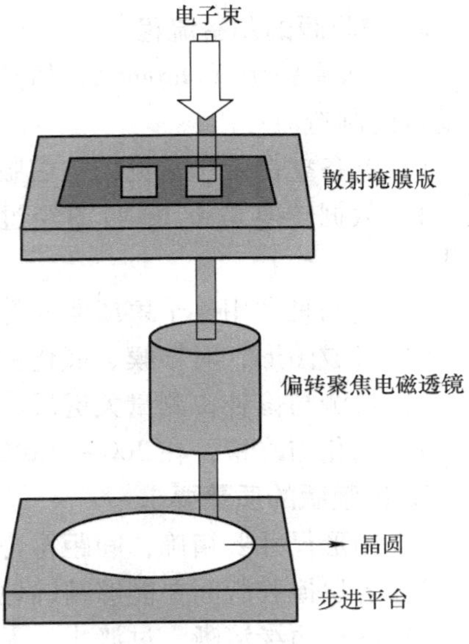

图 9-6　电子束曝光

这种曝光方式分辨率高、掩膜版制作容易、工艺容限大，而且生产效率高，但由于电子束在光刻胶膜内的散射，使得图案的曝光剂量会受到临近图案曝光剂量的影响（即临近效应），造成的结果是显影后线宽有所变化或图形畸变。虽然如此，限角度投影式电子束光刻仍是目前最具前景的非光学光刻。

2. X射线曝光

X射线曝光选用的是特殊材质的X射线掩膜版。X射线经过专用掩膜版投射到晶圆上，与光刻胶作用达到曝光的效果。X射线的衍射、反射、折射以及散射都很小，很适合亚微米尺寸的曝光。其优点有：分辨率高，可实现纳米工艺；对于小尺寸工艺，其衍射现象可以忽略；穿透力强，不会污染晶圆等。缺点是光刻机以及掩膜版制作麻烦；晶圆对准比较困难；X射线能量太高，会使掩膜版热膨胀变形等。X射线曝光的发展空间也很大。

3. 离子束曝光

离子束曝光是将聚焦后的离子束投影到光刻胶上达到曝光的目的。离子束和电子束同样具有很高的分辨率，而且因为离子的质量比电子大，所以在光刻胶中的散射要比电子束弱得多，可达到50nm的高分辨率。

9.2 光刻的工艺流程

光刻工艺的过程非常复杂，整个过程包括底膜处理、涂胶、前烘、曝光、显影、坚膜、刻蚀以及去胶8个步骤。

1. 底膜处理

底膜处理是光刻工艺的第一步，主要目的处理晶圆表面，以增强晶圆与光刻胶之间的黏附性。晶圆制造过程中的许多问题都是由于表面污染和缺陷造成的，晶圆表面的处理对于成品率是相当重要的。

底膜处理包括以下步骤。

1）清洗：洁净、干燥的表面才能与光刻胶良好接触。晶圆表面的杂质会影响光刻胶的黏附，进入曝光区之前，要清洗掉表面的杂质颗粒、表面玷污以及自然氧化层等。

2）烘干：晶圆表面的水汽会影响光刻胶的黏附性，所以需将其表面烘烤干燥。通常是在真空或充满氮气温度高达200℃的烘箱内干燥以除掉水汽。

3）增黏处理：增黏的作用是增强晶圆与光刻胶之间的黏着力，增黏剂有二甲基二氯硅烷和六甲基硅亚胺，增黏剂的涂覆有旋转法和气相法两种方法。

2. 涂胶

涂胶就是将光刻胶均匀的涂覆在晶圆表面。光刻胶的涂覆有滴涂法和自动喷涂法两种，前者在工艺和设备上都比较简单，所以使用也比较广泛。涂胶如图9-7所示。

（1）涂胶步骤

滴胶→旋转铺开→甩胶→溶剂挥发。

（2）胶膜质量要求

涂覆在基片上的光刻胶应符合以下要求：胶膜的厚度应符合要求；膜厚均匀；在胶膜表面看不到干涉花纹；光刻胶膜内应无针孔、回溅斑等缺陷；膜层表面应无颗粒污染。

3. 前烘

涂胶完成后，仍有一定量的溶剂残存在胶膜内，需要进行前烘。前烘的主要目的有：使胶膜内的溶剂挥发，增加光刻胶与衬底间的黏附性、光吸收以及抗腐蚀能力；缓和涂胶过程中胶膜内产生的应力等。

4. 曝光

曝光时，使掩膜版与涂上光刻胶的基片对准，用光源经过掩膜版照射基片，使接受光照的光刻胶的光学特性发生变化，达到曝光的目的。

曝光有光学曝光和非光学曝光两大类，详细的又有接触式曝光、接近式曝光、投影式曝光、X射线曝光、电子束曝光及离子束曝光等。

（1）曝光光源

常用的光学曝光光源是紫外光，根据紫外光的波长有紫外光、深紫外光及极深紫外光3种。其他先进的或有特殊应用的曝光光源有X射线、电子束和离子束等。

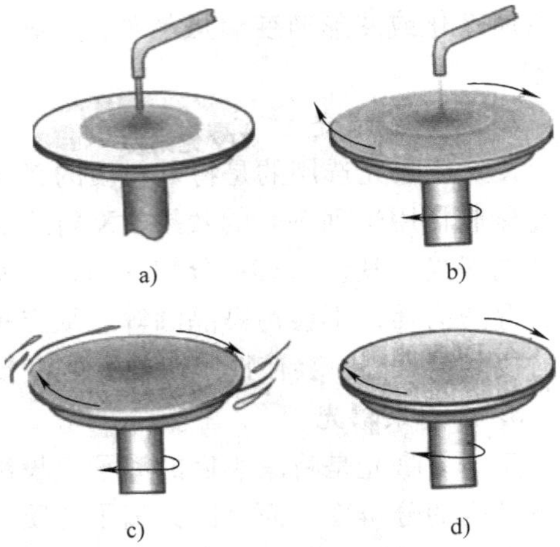

图9-7　涂胶

a）滴胶　b）高速旋转　c）甩掉多余的胶　d）溶剂挥发

（2）对准

对准是掩膜版与光刻机之间的对准，二者均刻有对准标记，使标记对准即可达到掩膜版与光刻机的对准。对准就是确定晶圆上图形的位置、方向和变形的过程，然后利用这些数据与掩膜版建立正确的关系。对准必须快速、重复以及精确。对准的结果用套准精度来衡量。套准容差说明了要形成的图形层与前图形层间的最大相对位移。

对准标记是晶圆和掩膜版上用来确定它们的位置和方向的可见图形，它可能是掩膜版上的一根或多根线，也可能是某种形状。套准与套准偏移如图9-8所示。

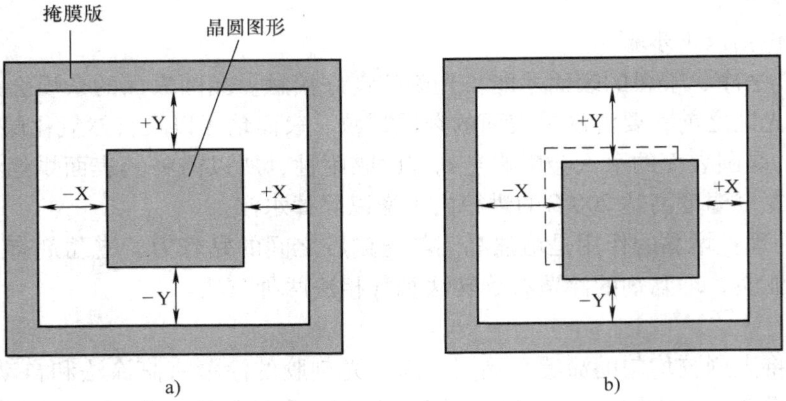

图9-8　套准与套准偏移

a）最佳套准　b）套准偏移

（3）曝光质量

曝光质量是影响光刻胶与晶圆表面黏附性的重要因素之一。曝光量过度的正胶，由于感光剂反应不充分，显影时聚合物会发生膨胀，从而引起图形畸变，严重时部分图形会被溶解；曝光量不足的正胶不能彻底显影，会产生底膜，使待刻蚀的膜层刻蚀不净。而负胶正好相反。生产中影响曝光量的因素有：光刻胶对光的吸收、光反射和临近效应。

（4）曝光后烘烤

曝光后的晶圆需要进行短时间的烘烤（PEB），其目的是提高光刻胶的黏附性和减少驻波。烘烤的温度均匀性和时间是影响光刻胶的重要因素。

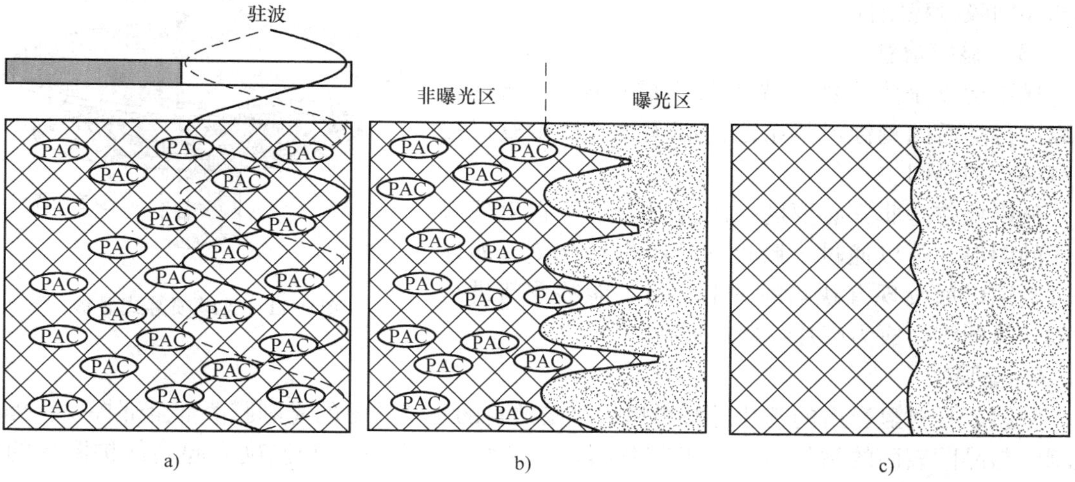

图 9-9　后烘对驻波的影响

a）UV 曝光　b）光刻胶中的条纹　c）烘烤后的结果

烘烤有两个作用，一是减少了光刻胶中溶剂的含量，从曝光前的 7% ~4% 减少到 5% ~2% 。其最大的好处是减少了驻波的影响，由于高温导致感光剂在光刻胶中扩散，使得曝光区与非曝光区的边界变得比较均匀，如图 9-9 所示。

5. 显影

显影就是用显影液溶解掉不需要的光刻胶，将掩膜版上的图形转移到光刻胶上。常见的显影问题有显影不足、不完全显影以及过显影 3 种，如图 9-10 所示。

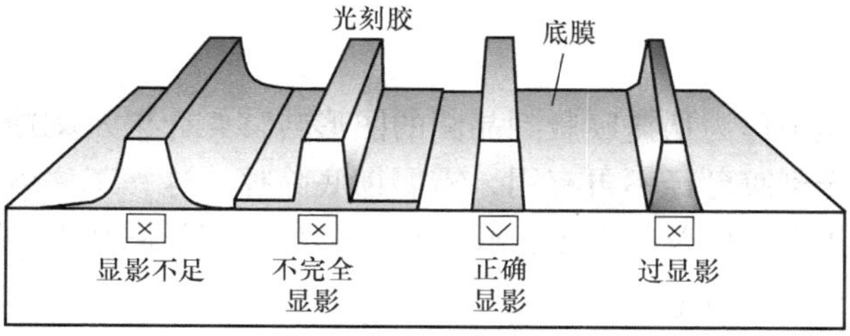

图 9-10　常见的显影问题

（1）显影方法

显影主要有连续喷雾式显影和旋涂浸没式显影两种方法。连续喷雾式显影如图 9-11 所示。

连续喷雾式显影类似光刻胶的喷涂法，其优点是无污染，但均匀度较差，而且显影液的用量比较大。近年来，已逐渐被旋涂浸没式显影法所代替。旋涂与喷雾式使用的基本设备相同。不同的是喷涂到晶圆上的显影液会停留足够的时间。旋涂浸没式显影使用很少的显影液，而且由于每片晶圆都使用新的显影液，所以，晶圆间的均匀性很高。

（2）工艺参数

在显影工艺中，下列几个关键工艺参数必须严加控制：显影温度、显影时间、显影液剂量、清洗、排风和晶圆吸盘稳定性。

（3）显影检查

显影检查是为了找出光刻胶中成形图形的缺陷。继续进行随后的刻蚀或掺杂之前必须要进行检查以去除有缺陷的晶圆。

显影检查是非常必要的，因为显影后检查发现有缺陷的图形，可以通过去胶重新涂胶进行光刻。如果经过刻蚀以后发现有缺陷的图形，将不能够重新进行光刻，晶圆将会成为废片，造成浪费。

图 9-11　连续喷雾式显影

6. 坚膜

坚膜就是对显影后的基片进行烘烤，坚膜的目的是使残留的光刻胶溶剂全部挥发，提高光刻胶与晶圆表面的黏附性以及光刻胶的抗腐蚀能力。使光刻胶能确实起到保护图形的作用，坚膜同时也除去了剩余的显影液和水。

坚膜的温度由光刻胶的生产商提供，操作时根据对黏附性和尺寸控制的要求进行相应调整。坚膜时间可以由几分钟到十几分钟不等，温度的时间控制要合适。

7. 刻蚀

为了获得真正的集成电路结构，必须将光刻胶上的图形转移到光刻胶下层的材料上，刻蚀就是来完成这一任务的。刻蚀就是将涂胶前所淀积的薄膜中没有被光刻胶覆盖和保护的部分除去。

光刻胶的下层薄膜可能是二氧化硅、氮化硅、多晶硅以及各种金属材料中的一种，材料不同，刻蚀要求不同；图形不同，也有不同的刻蚀要求。但刻蚀的正确性始终非常重要，否则芯片无法工作。

8. 去胶

光刻胶在光刻过程中作为从掩膜版到晶圆的图形转移媒介以及刻蚀时不需刻蚀区域的保护膜。刻蚀完成后，光刻胶已经不再有用，需要彻底除掉，这一工序就是去胶，常用的去胶方法有溶剂去胶、氧化去胶以及等离子去胶 3 种。去胶工艺如图 9-12 所示。

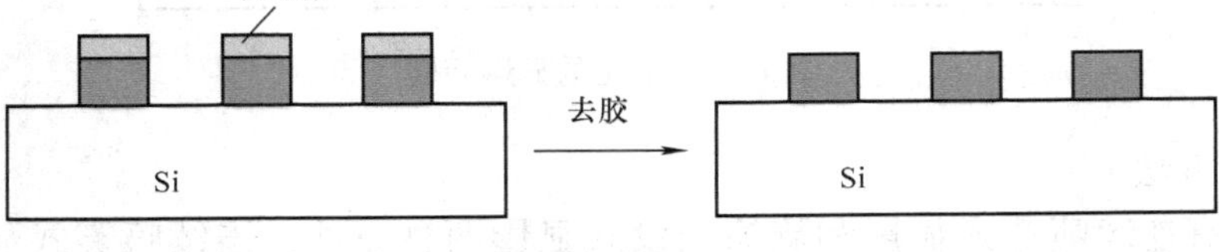

图 9-12　去胶工艺

（1）溶剂去胶

把带有光刻胶的硅片浸在适当的溶剂中，使聚合物膨胀，然后把胶去除，称为溶剂去胶。去胶溶剂一般是含有氯的烃化物，如三氯乙烯等。这些化合物含有较多的无机杂质，因此会在衬底表面留下微量杂质，在制备 MOS 器件时，会造成不良后果。另外，其洗涤周期长，操作较麻烦，故很少采用。

（2）氧化去胶

氧化去胶是指利用氧化剂把光刻胶去掉。这种方法使用十分普遍，也称为湿法去胶。常用的氧化剂为硫酸。它使光刻胶中的碳被氧化而析出来。但是，碳的析出会影响硅片的表面质量，因此，通过硫酸中加入过氧化氢（H_2O_2），使碳氧化成析出。典型的氧化去胶的去胶液的配方为 H_2SO_4∶H_2O_2 =3∶1。

氧化去胶的优点是洗涤过程十分简单，即用去离子水冲洗就可以。但要注意的是，氧化剂对衬底表面也有腐蚀作用。所以后来也有改用1号液（H_2O_2∶NH_4OH∶H_2O =5∶2∶1）来去胶。

反刻铝的湿法去胶是用发烟硝酸，将硅片在里面浸泡2～3min，然后用去离子水冲洗，接着用丙酮棉花擦洗，也可以放到二甲苯或丙酮中浸泡，使之软化，然后用丙酮棉花擦洗。

目前常常把去胶和合金放在一起做，也就是将要去胶的硅片放入450～530℃氧化炉中，通入大量氧气，使光刻胶生成挥发性物质并被随之排出。这种方法十分简单，不需要硫酸等化学试剂，并能与合金结合在一起，简化了工艺。但要注意的是，操作时炉温不能过高，否则会引起结的特性变化或使铝层被氧化。

（3）等离子去胶

等离子去胶是近几年发展起来的一种新的去胶工艺。它不需要化学试剂，也不需要加温，因此，器件的结特性和铝层都不会受到影响，这对提高产品质量和元器件可靠性有好处。等离子去胶设备示意图如图9-13所示。

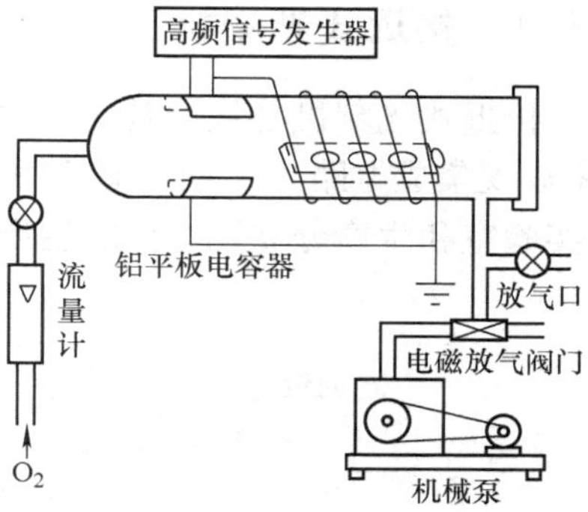

图9-13　等离子去胶设备示意图

等离子去胶的一些典型工艺流程及参数如下：

1）系统真空度要达到 3×12^{-2} Torr（1Torr = 133.322Pa），然后通入氧气，并用针型阀门调节流量。

2）高频信号源的频率是11～12MHz，输出功率为150～200W。

3）通入氧气的流量为8～30ml/min。

9.3　光刻设备

9.3.1　接触式光刻机

接触式光刻机是从SSI（小规模集成电路）时代（20世纪70年代）的主要光刻手段。它被用于线宽尺寸约为5μm及以上的生产中。现在接触式光刻机已经基本不再被广泛使用。接触式光刻的示意图如图9-14所示。

接触式光刻机的掩膜版包括了要复制到晶圆表面的所有芯片图形。晶圆表面被涂上光刻胶，并被装到一个由手动按钮控制并可以左右上下移动和旋转的台子上。掩膜版和晶圆通过分立视场显微镜同时观察，操作者用手动控制台子进行定位就可以把掩膜版图形和晶圆上的图形对准了。

接触式光刻系统依赖人操作，因为掩膜版和光刻胶是直接接触的，所以容易被污染。颗

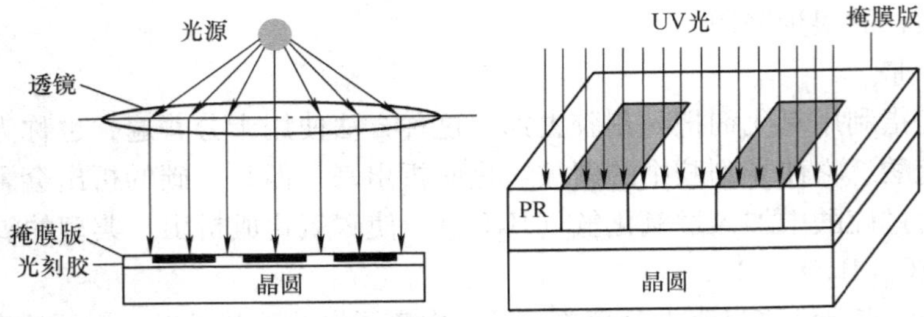

图 9-14　接触式光刻的示意图

粒污染损坏了光刻胶层、掩膜版。因此每做一定次数的光刻操作就要更换掩膜版。颗粒周围的区域都存在分辨率问题。由于接触式光刻中一块掩膜版在整个晶圆上形成图形，对准时整个晶圆的偏差又必须在所需容差之内，因此当晶圆尺寸增加时就有套准精度的问题。

接触式光刻能在晶圆表面形成高分辨率的图形，因为掩膜版和晶圆直接接触得非常近，这种接近减少了图形失真。但接触式光刻非常依赖于操作者，因此在重复操作上存在一定的问题。

9.3.2　接近式光刻机

接近式光刻机是从接触式光刻机发展过来的，并且在 20 世纪 70 年代的 SSI 时代和 MSI（中规模集成电路）早期普遍使用。这种光刻机如今仍然在生产量小的老生产线中使用，一些实验室和生产分立元器件的生产线中也有使用。接近式光刻的示意图如图 9-15 所示。

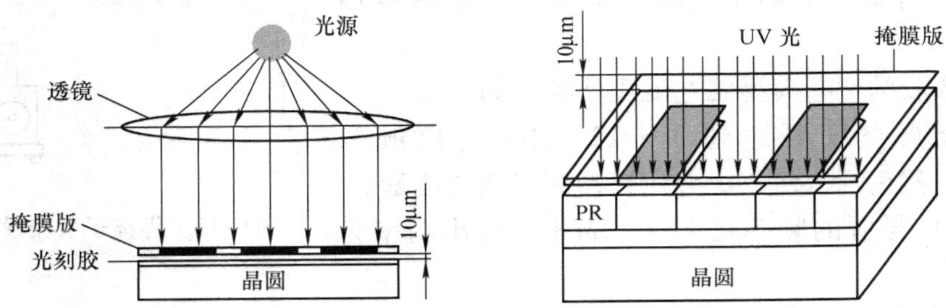

图 9-15　接近式光刻的示意图

在接近式光刻中，连续复制整个晶圆图形，掩膜版与光刻胶不直接接触，与光刻胶表面接近，在掩膜版和晶圆表面光刻胶之间大致有 2.5～25μm 的间距，光源产生的光是被准直的，这意味着光束是彼此平行的。

接近式光刻缓解了接触式光刻的玷污问题，它是通过在光刻胶表面和掩膜版之间形成可以避免颗粒的间隙实现的。尽管间距大小被控制，但接近式光刻机的工作能力还是被减小了，因为当紫外线通过掩膜版透明区域和空气时就会发散。这种情况减小了系统的分辨能力，减小线宽特征尺寸就成了主要的问题。

9.3.3　扫描投影光刻机

不管是接触式还是接近式光刻，都存在玷污、边缘衍射、分辨率限制并且依赖操作者等问题。20 世纪 70 年代出现的扫描投影光刻机试图解决这些问题，直到 20 世纪 80 年代初扫描投影光刻机开始占据主导地位。现在这种光刻机仍在较老的晶圆生产线中使用。它们适用于线宽大于 1μm 的非关键层。

扫描投影光刻机是利用反射镜系统把有1:1图形的整个掩膜版图形投影到晶圆表面。由于掩膜版是1倍的，图像就没有放大或缩小，并且掩膜版图形和晶圆上的图形尺寸相同。

紫外光线通过一个狭缝聚焦在晶圆上，能够获得均匀的光源，掩膜版和涂胶的晶圆被放置在扫描架上。并且一致地通过窄紫外光束对晶圆上的光刻胶曝光。由于发生扫描运动，掩膜版图像最终光刻在晶圆表面。

扫描投影光刻机的一个主要挑战是制造良好的包括晶圆上所有芯片尺寸的1倍掩膜版。如果芯片中有亚微米特征尺寸，那么掩膜版上也有亚微米尺寸，因此这种光刻方法很困难。

9.3.4 分步重复光刻机

分步重复光刻机是20世纪90年代用于晶圆制造的主要精细光刻设备，主要用于图形的特征尺寸为0.35μm和0.25μm。这种设备投影一个曝光场，然后步进到晶圆上另一个位置重复曝光。分布重复光刻的示意图如9-16所示。

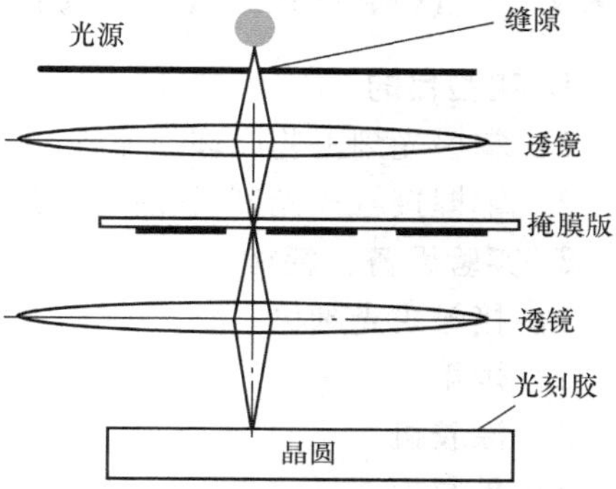

图9-16 分步重复光刻的示意图

分步重复光刻机使用投影掩膜版，一个曝光场内对应有一个或多个芯片的图形。其光学投影曝光系统使用折射光学系统把版图投影到晶圆上。

分步重复光刻机的一大优势是它具有使用缩小透镜的能力。I线分步重复光刻机的投影掩膜版图形的尺寸是实际像的4倍或10倍。

在曝光过程中的每一步，都会把投影掩膜版通过投影透镜聚焦到晶圆表面，使晶圆和掩膜版对准。穿过投影掩膜版上透明区域的紫外光对光刻胶曝光，然后步进到晶圆下一个位置重复全部过程。最终把所有的芯片阵列复制到晶圆表面。由于一次曝光晶圆的一小部分，所以对晶圆的平整度和几何形状变化的补偿比较容易。

9.3.5 步进扫描光刻机

步进扫描光学光刻系统是一种混合设备，融合了扫描投影光刻机和分步重复光刻机的技术，是通过使用缩小透镜扫描一个大曝光场图像到晶圆上的一部分实现光刻。使用步进扫描光刻机的优点是增大了曝光场，可以获得较大的芯片尺寸。透镜视场只要是一个细长条就可以了，在步进到下一个位置前，它通过一个小的、校正好的$26 \times 33mm^2$像场扫描一个缩小的掩膜版（通常是4倍）。大视场的另一个优点是有机会在投影掩膜版上多放几个图形，因而一次曝光可以多曝光些芯片。步进光刻的示意图如图9-17所示。

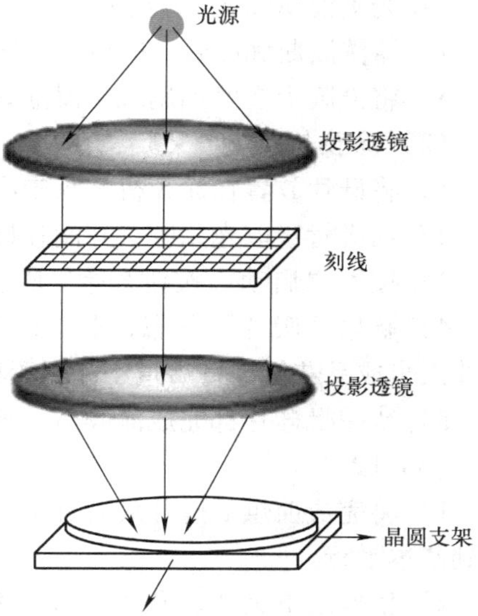

图9-17 步进光刻的示意图

步进光刻机的另一个重要优点是具有整个扫描过程中调节焦距的能力，使透镜缺陷和晶圆平整度变化能够得到补偿。这种扫描过程中改进的聚焦控制产生了整个曝光场内改善特征尺寸均匀性控制。

最重要的挑战是增加了机械容许偏差控制要求，因为要对晶圆和投影掩膜版台子的运动进行控制。步进扫描光刻机必须把晶圆和投影掩膜版同时沿相反的方向精确移动。在扫描和步进执行过程中，定位容差不能超过几十纳米。

9.4 光刻工艺生产实训

9.4.1 一次曝光光刻生产实训

1. 实验目的

1）掌握光刻工艺原理与流程。

2）掌握接触式光刻机操作方法。

2. 实验设备、耗材

1）接触式光刻机。

2）烘箱。

3）涂胶机。

4）显影柜。

5）显微镜。

6）光刻胶、显影液、漂洗液、掩膜板、发烟硝酸和去离子水。

3. 操作流程

（1）实验准备

1）开前烘、坚膜烘箱，前烘温度设定为110℃，坚膜温度为145℃。

2）涂胶前15min开启图胶净化台，调整转速。

3）光刻前30min，开启光刻机汞灯，并根据需要设定曝光时间。

4）清洗胶瓶和吸管，并倒入光刻胶。

5）将掩膜板在发烟硝酸中浸泡5min，然后冲水10min，并甩干。

（2）涂胶与前烘

1）将硅片放置在涂胶机托盘中心，并按下“吸片”按钮。

2）用吸管吸取光刻胶，并滴在硅片中心。

3）按下“启动”按钮开始匀胶。

4）解除“吸片”状态，取下硅片检查涂胶效果，若胶面均匀、无缺陷、无未涂区域，则放入半成品花篮准备后道工序，否则放入回收花篮准备去胶后返工。

5）待一批硅片都完成涂胶后，将装有硅片的花篮放入前烘烘箱，烘干15min。

（3）曝光

1）将完成前烘的硅片放置在光刻机的吸片托盘上，使晶向缺口与掩膜板的横边对齐，达到基本平行。

2）依次按下吸片、升降按钮，使硅片接近掩膜板。

3）依次按下接触、密着按钮，使硅片与掩膜板顶紧。

4）按下曝光按钮，完成曝光。

（4）显影并检查光刻质量

1）将完成曝光的硅片放入显影液中，显影4min。

2）将完成显影的硅片依次放入1号、2号漂洗液中，各漂洗4min。

3）检查光刻质量，若图形完整、边界清晰、无浮胶、针孔等缺陷，则放入半成品花篮准备后道工序，否则放入回收花篮准备去胶后返工。

（5）坚膜

将光刻质量合格的硅片放入坚膜烘箱，烘干15min。

9.4.2 二次及后续对准曝光光刻生产实训

每一颗芯片都需要经过多次光刻才能形成所需结构，为保证其结构的完整性，在相邻两次光刻之间必须进行对准操作。例如，第二次光刻时，必须将掩膜板图形与第一次光刻生成的图形对准。

1. 实验目的

1）掌握对准曝光的目的与原理。

2）掌握光刻机图形对准操作方法。

2. 实验设备、耗材

1）接触式光刻机。

2）烘箱。

3）涂胶机。

4）显影柜。

5）显微镜。

6）光刻胶、显影液、漂洗液、掩膜板、发烟硝酸、去离子水。

3. 操作流程

（1）实验准备

1）开前烘、坚膜烘箱，前烘温度设定为110℃，坚膜温度为145℃。

2）涂胶前15min开启图胶净化台，调整转速。

3）光刻前30min，开启光刻机汞灯，并根据需要设定曝光时间。

4）清洗胶瓶和吸管，并倒入光刻胶。

5）将掩膜板在发烟硝酸中浸泡5min，然后冲水10min，并甩干。

（2）涂胶与前烘

1）将硅片放置在涂胶机托盘中心，并按下“吸片”按钮。

2）用吸管吸取光刻胶，并滴在硅片中心。

3）按下“启动”按钮开始匀胶。

4）解除“吸片”状态，取下硅片检查涂胶效果，若胶面均匀、无缺陷和无未涂区域，则放入半成品花篮准备后道工序，否则放入回收花篮准备去胶后返工。

5）待一批硅片都完成涂胶后，将装有硅片的花篮放入前烘烘箱，烘干15min。

（3）对准曝光

1）将完成前烘的硅片放置在光刻机的吸片托盘上，使晶向缺口与掩膜板的横边对齐达到基本平行。

2）依次按下吸片、升降按钮，使硅片接近掩膜板。

3）通过显微镜观察硅片及掩膜板上的对准标记图形，并选取掩膜板上的一行对准标记图形为参考基线。

4）选取硅片上的一行对准标记图形为目标线，观察并估计目标线与参考基线之间的夹角大小。

5）转动吸片托盘角度旋钮，调整硅片水平角度，使目标线与参考基线趋于平行，平行后，目标线与参考基线上的各个对准标记图形通常不会重叠，但间距相同。

6）平移吸片图盘，调整硅片水平位置，使目标线与参考基线上对应位置的各个对准标记图形相互重叠，即实现图形对准。

7）移动显微镜物镜，观察至少另外两个位置的对准情况，若所有位置全部对准，则证明硅片与掩膜板图形完全对准，可以曝光，否则继续上述对准操作。

8）依次按下接触、密着按钮，使硅片与掩膜板顶紧，再次检查确认图形对准无误后，按下曝光按钮，完成曝光。

（4）显影并检查光刻质量

1）将完成曝光的硅片放入显影液中，显影 4min。

2）将完成显影的硅片依次放入 1 号、2 号漂洗液中，各漂洗 4min。

3）检查光刻质量，若图形完整、边界清晰、无浮胶及针孔等缺陷，则放入半成品花篮准备后道工序，否则放入回收花篮准备去胶后返工。

（5）坚膜

将光刻质量合格的硅片放入坚膜烘箱，烘干 15min。

9.5 习题

1. 光刻的作用是什么?
2. 光刻有哪些特征参数?
3. 光刻胶由哪些物质组成?
4. 解释正性光刻胶和负性光刻胶的区别。
5. 简述光刻的工艺步骤。
6. 前烘的作用是什么?
7. 后烘的作用是什么?
8. 为什么要进行显影后检查?
9. 列出几种常用的光刻设备。

第 10 章　刻 蚀 工 艺

互连材料淀积在硅片表面，需要选择性地去除它，有选择性地去除材料的过程，就是刻蚀工艺。刻蚀工艺对于图形质量的好坏是至关重要的。刻蚀工艺在显影后进行，一旦材料被刻蚀掉，如果硅片图形质量有问题，所制作的硅片将成为废片。

本章的学习目标：

1）掌握刻蚀参数及刻蚀原理。

2）掌握湿法刻蚀原理。

3）掌握硅、氮化硅、二氧化硅和铝的湿法刻蚀工艺。

4）掌握二氧化硅、氮化硅、多晶硅以及金属铝、铝合金、钨和铜的干法刻蚀工艺。

10.1　刻蚀

刻蚀是把进行光刻前所淀积的薄膜（厚度约在数百到数十纳米）中没有被光刻胶覆盖和保护的部分，用化学或物理的方式去除，以完成转移掩膜图形到薄膜上的目的，如图 10-1 所示。光刻和刻蚀是图形转换中非常重要的两个环节。

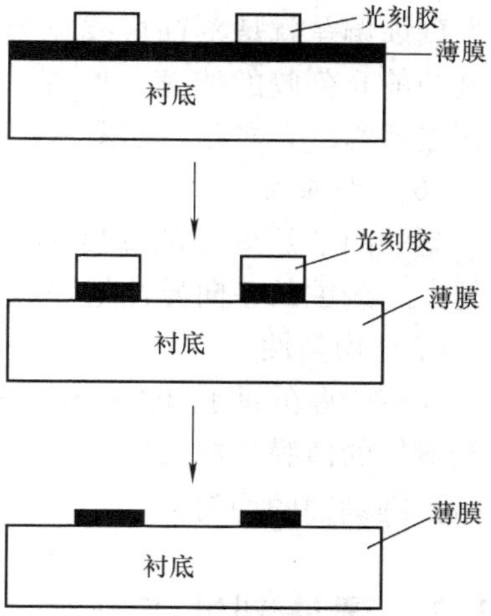

图 10-1　刻蚀图形转移示意图

从工艺技术上分类，刻蚀分为湿法刻蚀和干法刻蚀。

1）湿法刻蚀：利用合适的化学试剂将未被光刻胶保护的晶圆部分分解，然后形成可溶性的化合物以达到去除材料的目的。

2）干法刻蚀：利用辉光的方法产生带电离子以及具有高浓度化学活性的中性原子和自由基，这些粒子和晶圆进行反应，从而将光刻图形转移到晶圆上。

刻蚀参数如下所述。

（1）图形转换的保真度高

在刻蚀时，通常在纵向刻蚀的同时，也会有横向刻蚀，但这种横向刻蚀在工艺中是不希望出现的。因此，在工艺中，要严格控制这种横向刻蚀，使之越小越好。

所谓图形保真度高，就是横向刻蚀速率较小，即掩膜板上的图形可以不失真地转移到硅片表面上。

（2）选择比

选择比是两种不同材料的刻蚀速率比值，选择比要高，即刻蚀时待刻材料的刻蚀速率远远大于不需刻蚀材料的刻蚀速率。

（3）刻蚀速率

刻蚀速率是指刻蚀过程中对待刻材料的腐蚀速率，单位为 Å/min，刻蚀速率越高越好。

刻蚀速率与待刻材料、刻蚀图形、刻蚀机、刻蚀剂以及刻蚀温度等有关。刻蚀速率为刻蚀厚度与刻蚀时间的比值。

（4）刻蚀剖面

刻蚀剖面是指刻蚀图形的侧墙形状。各向同性刻蚀会发生钻蚀，这对分辨率有很大的影响，湿法刻蚀是各向同性刻蚀。各向异性刻蚀只在垂直与基片表面的方向进行，可得到非常垂直的侧墙，高技术的集成电路需要接近90°的垂直侧墙，所以大多采用干法等离子体实现各向异性刻蚀。各向同性刻蚀和各向异性刻蚀如图 10-2 所示。

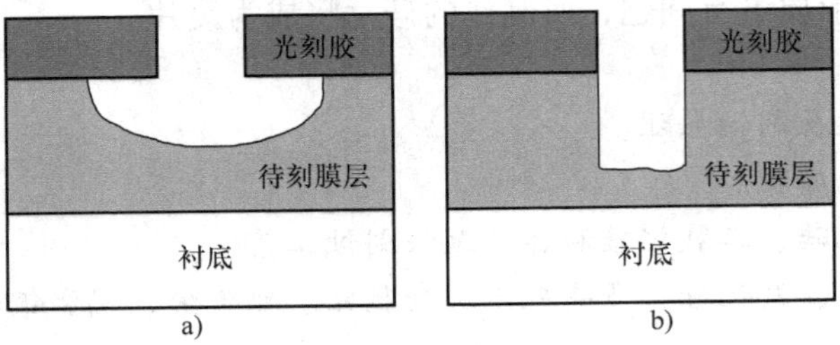

图 10-2　各向同性刻蚀和各向异性刻蚀

a）各向同性刻蚀　b）各向异性刻蚀

（5）刻蚀偏差

刻蚀偏差就是刻蚀后线宽与关键尺寸间距的变化，W_b 是刻蚀前光刻胶的线宽，W_a 是去胶后被刻材料的线宽，刻蚀偏差即为二者之差，如图 10-3 所示。

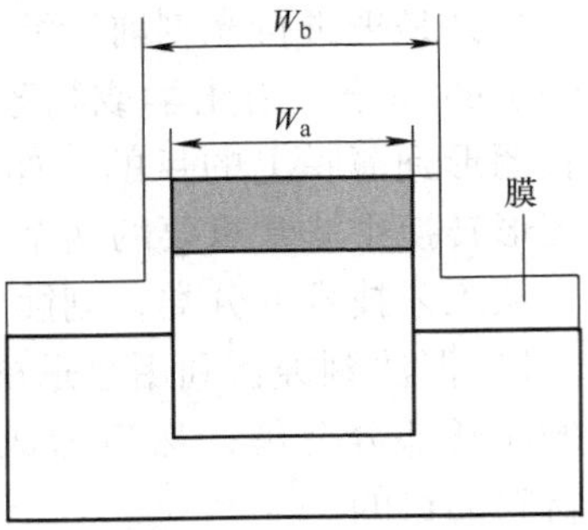

图 10-3　刻蚀偏差

（6）刻蚀因子

刻蚀因子是刻蚀的深度和横向刻蚀量的比值。刻蚀因子越大，刻蚀的各向异性越好。

（7）均匀性

要将较厚的薄膜刻蚀干净需要较长的时间，这样就会使较薄处的薄膜刻蚀过度；反之，则无法将较厚的薄膜刻蚀干净。为了获得完美的图形，要严格控制刻蚀的均匀性。

10.2　湿法刻蚀工艺

最早的刻蚀技术是利用溶液与薄膜间所进行的化学反应来去除薄膜未被光刻胶覆盖的部分，从而达到刻蚀的目的。这种刻蚀方式就是湿法刻蚀技术。湿法刻蚀又称为湿法化学腐蚀，其腐蚀过程与一般化学反应相似。由于是腐蚀样品上没有光刻胶覆盖部分，因此，理想的腐蚀应当是对光刻胶不发生腐蚀或腐蚀速率很慢。刻蚀不同材料所选取的腐蚀液是不同的。

湿法刻蚀具有以下 3 个特点。

1）湿法刻蚀的反应生成物必须是气体或能溶于刻蚀剂的物质，否则会造成反应生成物沉淀，从而影响刻蚀正常进行。

2）湿法刻蚀是各向异性的，刻蚀中腐蚀液不但浸入到纵向方向，而且也在横向进行腐蚀。

3）湿法刻蚀过程伴有放热和放气过程。

湿法刻蚀可分为3个步骤进行。

1）反应物扩散到被刻蚀材料的表面。

2）反应物与被刻蚀材料反应。

3）反应后的产物离开刻蚀表面扩散到溶液中，随溶液被排除。

1. 硅的湿法刻蚀

单晶硅与多晶硅的刻蚀都是通过与硝酸和氢氟酸的混合溶剂反应来完成的。反应式如下：

$$Si + 4HNO_3 \longrightarrow SiO_2 + 2H_2O + 4NO_2 \uparrow \tag{10-1}$$

$$SiO_2 + 6HF \longrightarrow H_2SiF_6 + 2H_2O \tag{10-2}$$

2. 氮化硅的湿法刻蚀

氮化硅化学性质比较稳定，通常利用180℃下浓度为85%的磷酸来进行氮化硅的刻蚀。湿法刻蚀大多用于整层氮化硅的去除，对于小面积刻蚀，通常选择干法刻蚀。

3. 二氧化硅的湿法刻蚀

典型的二氧化硅刻蚀剂是氟化铵与氢氟酸以6∶1的体积比混合，它对氧化层的刻蚀速率约为1000Å/min，其反应式见式10-2。

4. 铝的湿法刻蚀

铝刻蚀在生产上常用的是经过加热的磷酸、硝酸、醋酸以及水的混合溶液，典型的比例是80∶5∶5∶10。刻蚀反应式如下：

$$2Al + 6H_3PO_4 \longrightarrow 2Al(H_2PO_4)_3 + 3H_2 \tag{10-3}$$

湿法刻蚀设备简单，工艺操作方便，一般的常规生产均能满足要求。但各向同性刻蚀性太强，难以控制线宽，而且刻蚀剂大多为腐蚀性较强的试剂，安全性较差。所以，已逐渐被干法刻蚀代替。

10.3 干法刻蚀工艺

干法刻蚀是以等离子体来进行薄膜刻蚀的一种技术。在干法刻蚀过程中，不涉及溶液，所以称为干法刻蚀。

干法刻蚀可分为物理刻蚀和化学刻蚀。

1）物理刻蚀是利用辉光放电将气体（比如氩气）解离成带正电的离子，再利用偏压将带正电的离子加速，轰击在被刻蚀薄膜的表面，从而将被刻蚀物质的原子轰击出去。但因为离子的溅击面太广，掩蔽层也遭到刻蚀，使得刻蚀选择性降低；另外，被击出的是非挥发性物质，容易再次淀积，使刻蚀速率降低。因此，目前很少单独使用。

2）化学刻蚀又称为等离子刻蚀，它与物理刻蚀完全不同，它是利用等离子体，将反应气体解离，然后借助离子与薄膜之间的化学反应，把裸露在等离子体中的薄膜，反应生成挥发性的物质而被真空系统抽离。

化学反应刻蚀的过程可分为以下几个步骤：反应气体电离产生等离子体；等离子体扩散至待刻膜层表面；等离子体与待刻材料反应；产物脱离表面排除。这种刻蚀具有类似于湿法刻蚀的优缺点：选择比高但却是各向同性刻蚀，线宽控制性差。

最广泛使用的是将物理性刻蚀与化学性刻蚀结合在一起的反应离子刻蚀（RIE），这种刻蚀方法兼具各向异性以及高选择比等优点。刻蚀主要依靠化学反应进行，以获得高选择比，加入离子撞击的作用有：破坏待刻材料表面的原子键，加快刻蚀速率；将再次淀积在待刻膜层表面的反应产物轰击掉，保证反应的持续进行。反应离子刻蚀已成为干法刻蚀的主流方向。

10.3.1 二氧化硅的干法刻蚀

氧化物的等离子体刻蚀工艺大多采用含有氟碳化合物的气体进行刻蚀。二氧化硅的干法刻蚀采用螺旋波等离体刻蚀机（HWP），其结构图如图 10-4 所示。

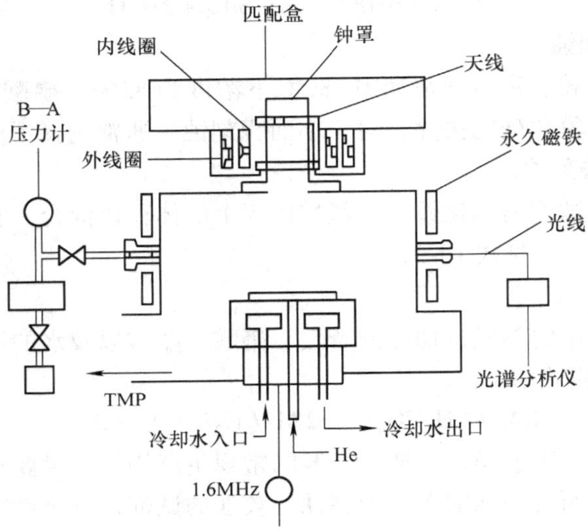

图 10-4 HWP 结构图

HWP 有两个腔。上方的腔是石英制成的等离子体来源腔，外围包着单圈和双圈的天线，用以激发 13.56MHz 的横向电磁波；另外在石英腔绕两组线圈，用来产生纵向磁场，并与之前所产生的电磁波耦合产生共振形成螺旋波。当螺旋波的波长与天线的长度相同时便可产生共振。因此波可以把能量完全传给电子，从而获得高密度的等离子体。然后等离子体扩散到刻蚀腔中，离子外加 RF 偏压加速，从而获得较高的离子轰击能量。另外，等离子体扩散腔外围绕着大小相等、方向相反的永久磁铁，如图 10-5 所示，目的在于避免离子或电子撞击腔壁。

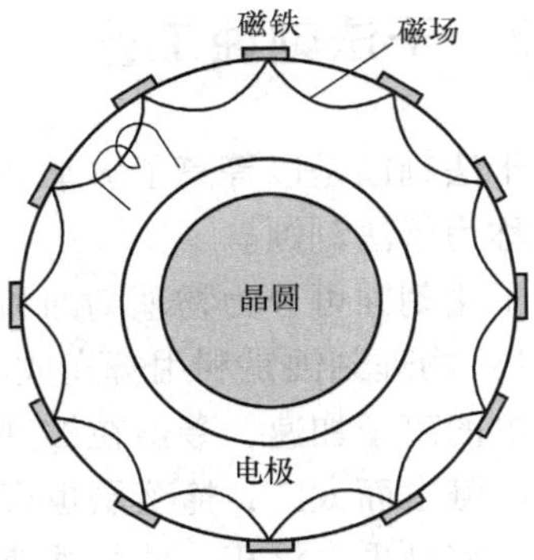

图 10-5 等离子体扩散腔外围磁场

从早期的干法刻蚀技术的应用到现在，大都采用含有氟碳化合物的等离子体来进行 SiO_2 的干法刻蚀所使用的气体，从早期的四氟化碳（CF_4）到现在的 CHF_3，或者是 C_2F_6，都可以作为提供碳原子及氟原子的反应气体。现以 CF_4 为例，说明的等离子体刻蚀过程。

在容器内充入 CF_4，当压强与所提供的电压合适时，等离子体所特有的辉光放电现象立即出现，而 CF_4 将被等离子内的高能量电子所轰击产生各种离子、原子团及原子等，其中 F 原子和 CF_2 分子都要发生化学反应，其反应式如下：

$$CF_4 \longrightarrow 2F + CF_2 \tag{10-4}$$

$$SiO_2 + 4F \longrightarrow SiF_4 + 2O \tag{10-5}$$

$$Si + 4F \longrightarrow SiF_4 \tag{10-6}$$

$$SiO_2 + 2CF_2 \longrightarrow SiF_4 + 2CO \tag{10-7}$$

这些反应就把 SiO_2 中的 Si 原子和 F 原子生成具有挥发性的 SiF_4。

这种作用虽然有化学反应，但只要调整好 CF_4 等离子对硅片表面薄膜的离子轰击所生成的高分子化合物，就可以获得一个具有高刻蚀速率、高选择比、对二氧化硅进行异向刻蚀。

在刻蚀中，往往加入少量的氢和氧，其作用分别如下：

（1）氧的作用

在 CF_4 中加入氧后，氧会与 CF_4 反应释放出 F 原子，因而增加 F 原子的含量，则增加了 Si 与 SiO_2 的刻蚀速率，并消耗掉部分 C，使得等离子体中碳与氟的比例下降。反应式为：

$$CF_2 + O \longrightarrow COF_2 + 2F \tag{10-8}$$

图 10-6 为所占百分比与 Si 和 SiO_2 的刻蚀速率的关系。

从图中可以看到：氧添加后对硅的刻蚀速率提升要比二氧化硅的刻蚀速率提升还要快。当氧添加超过某一特定值时，二者的刻蚀速率开始下降，那是因为气相的氟原子再结合反应形成氟分子使得自由氟原子含量减少，其反应式如下：

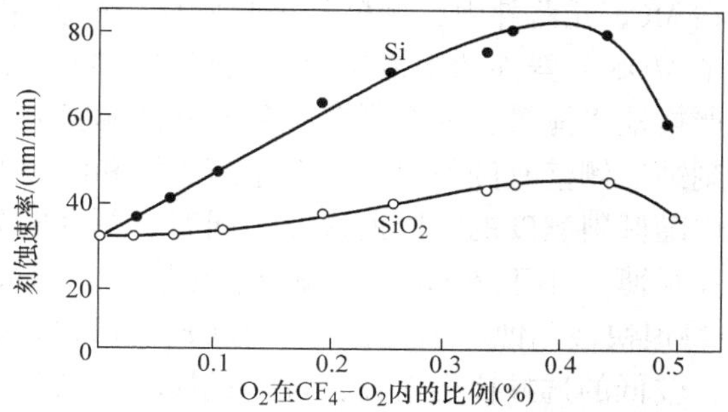

图 10-6　所占百分比与 Si 和 SiO_2 的刻蚀速率的关系

$$O_2 + F \longrightarrow FO_2 \tag{10-9}$$

$$FO_2 + F \longrightarrow F_2 + O_2 \tag{10-10}$$

可见加入氧后，SiO_2 对 Si 的刻蚀选择比将下降。

（2）氢的作用

如果在 CF_4 中加入氢气，氢气将被离解为氢原子，并将与氟原子反应生成氟化氢，其反应式如下：

$$H_2 \longrightarrow 2H \tag{10-11}$$

$$H + F \longrightarrow HF \tag{10-12}$$

虽然 HF 也会腐蚀二氧化硅，但是刻蚀速率与氟相比要慢得多，因此，加入氢气后，对 SiO_2 的腐蚀速率会稍微下降，然而对 Si 而言，腐蚀速率下降就会更为明显，因此加入氢气，可提高 SiO_2 对 Si 的刻蚀选择比。

但当氢加入得太多时，因为聚合物的产生，从而妨碍了 Si 或 SiO_2 与 F 的接触，使得刻蚀停止。

（3）反应气体

在目前的半导体刻蚀制备中，大多数的干法刻蚀都采用 CHF_3 与氯气所混合的等离子体

来进行 SiO_2 的刻蚀。

10.3.2 氮化硅的干法刻蚀

用于氮化硅刻蚀的气体主要是 CF_4 和氧气、氮气的混合气体，氧、氮是用来提高刻蚀选择比的。对氮化硅的刻蚀速率可达到1200Å/min，刻蚀选择比可高达20:1。另外用于氮化硅刻蚀的气体有 SiF_4、CHF_3 和 NF_3 等。

在现在半导体工艺中，Si_3N_4 的用途主要有两个：一是在晶圆加工的初期，在已生长有一层很薄的 SiO_2 层的硅片上，以 LPCVD 法，加一层 Si_3N_4。这一层经过光刻与干法刻蚀来转移掩膜的图形，作为场氧化层制作的屏蔽膜。另一个作用是通过 PECVD 法淀积一层 Si_3N_4，作为器件的保护膜（或称为钝化膜）。

基本上，用于刻蚀 SiO_2 的干法刻蚀方法都可以用来刻蚀 Si_3N_4 膜，但是由于 Si－N 键的键结合强度介于 Si－O 键与 Si－Si 键之间，因此，如采用 CF_4 或者其他含氟的气体等离子体来进行刻蚀 Si_3N_4，其选择比会比较差。

10.3.3 多晶硅的干法刻蚀

在 MOS 元器件中，栅极部分起着核心的作用，因此栅极的宽度需要严格控制，因为它代表了 MOS 元器件的沟道长度，从而与 MOS 元器件的特性息息相关。因此，多晶硅的刻蚀必须严格地将掩膜上的图形转移到多晶硅薄膜上。此外，刻蚀后的轮廓也很重要，如栅极多晶硅刻蚀后侧壁有倾斜时，将会遮蔽源极和漏极的离子分布，造成杂质分布不均匀，通道的长度将随倾斜程度的不同而改变。同时，刻蚀时要求 Si 对 SiO_2 的选择性要高，如果多晶硅覆盖在很薄（小于 20nm）的栅极氧化层上，如果氧化层被穿透，氧化层下面的源—漏极间的 Si 将很快被刻蚀。因此，若采用 CF_4、CF_6 等氟离子为主的等离子体来刻蚀多晶硅则不太合适，较低的选择比会对元器件造成损坏。除此之外，此类气体还具有负载效应，负载效应是指当被刻蚀的材料裸露在等离子体中的面积较大的刻蚀速率比面积小的慢，也就是局部腐蚀速率不均匀。

如改用 Cl_2，则会提供比氟原子好很多的各项异性腐蚀，除了 Cl_2，还可以是 HCl、$SiCl_4$ 等。使用含氯气体刻蚀多晶硅还有一个好处是，氯所形成的等离子体对 Si 和 SiO_2 的刻蚀选择性都比较好。Cl_2 与多晶硅的反应式如下：

$$Cl_2 \longrightarrow 2Cl \tag{10-13}$$

$$Si + 2Cl \longrightarrow SiCl_2 \tag{10-14}$$

$$SiCl_2 + 2Cl \longrightarrow SiCl_4 \tag{10-15}$$

中间生成物 $SiCl_2$ 会形成一层聚合物保护膜：

$$nSiCl_2 \longrightarrow [SiCl_2]_n \tag{10-16}$$

此保护膜可以保护侧壁，形成各向异性刻蚀，为兼顾刻蚀速率和选择比，也有使用 SF_6。并在此气体中添加 CCl_4 和 $CHCl_3$，SF_6 的比例越高，则刻蚀速率就越快；而 CCl_4 或 $CHCl_3$ 的比例越高，对于 SiO_2 的选择比就越高，则更容易实现各向异性刻蚀。

除了氯和氟气之外，溴化氢（HBr）也是常用的腐蚀性气体之一。在小于 0.5μm 的制程中，栅极氧化层的厚度小于 10nm，此时以 HBr 来刻蚀的多晶硅对 SiO_2 的选择比将高于以 Cl 为主的等离子体。

上面介绍的是 MOS 元器件中的栅极多晶硅的刻蚀，但是，在使用多晶硅时，衍生出的一个问题是，即使多晶硅经过重掺杂，其电阻值还是很高，并不适合作为 MOS 元器件的金属层之用。目前的解决方法是在二氧化硅上面再增加一层与多晶硅相当的金属硅化物，称为硅化金属。因为硅化金属的导电性能很好，整个以硅化金属和多晶硅组成的导电层，称为多晶硅化金属，其中，硅化钨是最早也是最为普遍使用的一种金属硅化物。

由于硅化物是由两层物质组成，所以其刻蚀要远比 SiO_2 和 Si_3N_4 复杂得多，单一的等离子体对其刻蚀速率不一致，所以必须分两步进行，以便对某一种材质进行刻蚀。

首先是对金属硅化物进行刻蚀。这个步骤除了要去除未被光刻胶保护的硅化金属外，还要去除硅化金属在空气中形成的“天然氧化层”。氟原子和氯原子都可以和各种过渡金属反应形成具有挥发性的化合物，所以气体有 CF_4、SF_6、Cl_2 和 HCl 等，都可以用作硅化金属的反应气体。以 WSi_2 为例，形成的气体可以是 WF_4 及 WCl_4。当第一层金属硅化物腐蚀完毕后，接下来就应该腐蚀多晶硅了，腐蚀多晶硅可采用上面所述的方法进行刻蚀。

10.3.4 金属的干法刻蚀

金属刻蚀主要是互连线及多层金属布线的刻蚀，刻蚀有以下要求：高刻蚀速率（大于 1000nm/min）、高选择比、高的刻蚀均匀性、关键尺寸控制好、无等离子体损伤、残留污染物少和不会腐蚀金属。

1. 铝的刻蚀

金属铝是目前半导体元器件及集成电路制造中应用最多的导电材料。因为铝的导电性能良好，价格低廉，而且铝膜的淀积和刻蚀都比较方便，所以铝电极几乎占了所有半导体元器件及集成电路中的导电体。但是，随着元器件的集成度和工艺的进一步提高，采用金属铝作为电极引线也遇到了困难。这是由于在高温下，硅原子和铝原子容易向彼此间扩散，从而产生被称为“尖刺”的现象，导致铝引线与 MOS 管接触不好。此外，当铝线线条宽度设计得十分细小时，由于“电迁移”现象，引发铝原子的移动，使得铝丝断开。因此，后来，人们采用铜线来取代铝线，也有采用铝－硅－铜合金来代替金属铝。但是，铝还是目前集成电路和半导体元器件中主流的导电引线。

氟化物不适合铝的刻蚀，因为所形成的化合物 AlF_3 的挥发性很低，目前大部分采用氯化物，如 $SiCl_4$、CCl_4 等气体与氯气混合气体来进行刻蚀。铝和氯反应生成具有挥发性的三氯化铝，随着腔内气体被抽出，一般铝的刻蚀温度比室温稍高，三氯化铝的挥发性更好，较少残留物。铝的等离子体刻蚀原理如下：

$$2Al + 3Cl_2 \longrightarrow 2AlCl_3 \tag{10-17}$$

铝很容易和空气中的氧或水汽反应，形成氧化铝层。氧化铝化学性质不活泼，隔绝了氧和铝的接触，保证铝不在被氧化。另一方面，在铝的刻蚀初期，这一层氧化膜同样也隔绝了氯和铝的接触，阻碍了刻蚀的进行。所以铝的初期刻蚀也要分为两个步骤进行：先把表面 Al_2O_3 膜去掉，然后再刻蚀铝。当表面的氧化层去除以后，接下来就可以进行铝的刻蚀。生产上大多采用 BCl_3-Cl_2 混合气体来进行铝的刻蚀。刻蚀的氯原子来自于 Cl_2。

在刻蚀过程中，BCl_3 是常用的添加气体，其重要目的有两个：第一，BCl_3 极易和空气中的氧和水汽反应，因此可以吸收腔内的水汽和氧气；第二，BCl_3 在等离子体内可形成 BCl_3 原子团及 BCl_3^+，其中 BCl_3^+ 是产生离子轰击的重要离子来源之一。

2. 铝合金的刻蚀

当铝－硅－铜合金经氯离子刻蚀以后，合金表面侧壁还有氯气残留以及未被真空系统排除的 AlF_3，同时，AlF_3会和光刻胶膜发生反应，一旦晶圆离开真空设备后，这些生成物将会与空气中的水分反应形成 HCl，HCl 进一步刻蚀铝合金而产生 AlF_3，只要所提供的水汽足够，铝的刻蚀将不断进行。在含铜的铝合金中此现象更加严重。要减少刻蚀后的腐蚀，可采用下列措施：

1）将晶圆以大量的去离子水清洗。

2）刻蚀之后，晶圆还在真空中时以氧气等离子体将掩膜去除并在铝合金表面形成氧化层来保护铝合金。

3）在晶圆移出刻蚀腔前，以氟化物的等离子体做表面处理，如 CF_4、CHF_3，将残留的氯置换成氟，形成 AlF_3，或在铝合金表面形成一层聚合物来隔离铝合金与氯的接触。

3. 钨的刻蚀

金属铝的导电性能较好，而且易以溅射方式进行沉积，所以铝是半导体制造过程中最便宜的金属材料。但是铝的台阶覆盖能力较差，当元器件特征尺寸进入到亚微米数量级时，以溅射方式所得到的金属铝无法完美地填入接触窗而造成电阻较高，甚者无法接触，从而造成元器件报废，因此在半导体金属制备中使用 CVD 法淀积耐热金属填入接触窗，取代部分铝合金，这种方法称为接触插塞。

为了克服金属铝和介电层的附着力问题并降低接触电阻及提高元器件的可靠性，在金属铝沉积前用 CVD 法淀积 Ti 及 TiN，再以快速热处理法产生钛硅化合物，以降低接触电阻。Ti/TiN 在金属化制备中成为附着层，接着以 CVD 法淀积钨使其填入到接触孔窗中。因为 CVD 法的台阶覆盖能力好，在接触窗不会产生空洞，但沉积的厚度必须使接触窗填满。然后以干法刻蚀将介电层表面覆盖的金属钨去掉，留下接触窗内的钨，以此形成接触窗插塞，这个干法刻蚀过程称为“钨回蚀”，接着淀积铝并制作铝线的图形后才算完成金属化。

钨的氟化物具有很好的挥发性，WF_6的沸点为 17℃，所以之前所用到的氟化物气体，如 CF_4、SF_6和 NF_3等都可以作为钨回蚀的腐蚀气体。其反应式如下：

$$W + 6F \longrightarrow WF_6 \tag{10-18}$$

4. 铜的腐蚀

在集成电路制造工艺中，铜的腐蚀是比较困难的。因为铜和氯反应所生成的 $CuCl_2$ 并不是一种挥发性能力很强的物质，所以铜的刻蚀不能用化学反应的方式进行，而必须以等离子体内的离子，对铜进行溅射，才能通过物理的方式将其除去。这就是因为虽然铜的导电性能远比铝好，但不能被半导体元器件或集成电路制造广泛接受的原因。

10.3.5 湿法刻蚀与干法刻蚀的比较

干法刻蚀与湿法刻蚀的比较如图 10-7 所示。

湿法刻蚀是在水溶液下进行的，所以刻蚀速度较快，同时选择度较高，但刻蚀时是各向同性腐蚀，也就是说，除了在纵向进行腐蚀以外，在横向上也会有腐蚀，这样就造成图形转换时保真度较低，因此，湿法刻蚀不能满足超大规模集成电路制造的要求。

干法刻蚀是利用高能粒子进行轰击实现的，因此其纵向刻蚀速率远远大于横向刻蚀，因此干法刻蚀是各向异性腐蚀，但是在进行离子轰击时，不但在被刻蚀的薄膜上进行，也可以

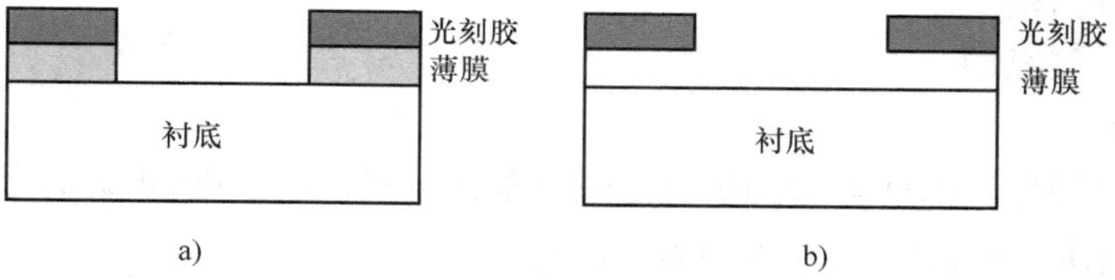

图 10-7 干法刻蚀与湿法刻蚀的比较
a）干法刻蚀 b）湿法刻蚀

在不需要被刻蚀的薄膜上进行，因此选择性比较差。所以，干法刻蚀虽然能获得相当准确的图形转移，但必定会牺牲部分刻蚀的选择性。

10.4 刻蚀质量检测

刻蚀检查非常重要，任何微小的缺陷都可能使芯片报废。最重要的检查是对特殊掩蔽层的检查，以确保关键尺寸的正确。其他还有是否存在过刻蚀、欠刻蚀以及钻蚀等。表 10-1 显示了刻蚀的质量参数与缺陷类型。

除了没有光刻胶以及产生缺陷后无法返工以外，刻蚀检查与显影检查几乎类似。任何缺陷都可能使硅片报废。

表 10-1 刻蚀的质量参数与缺陷类型

质量参数	缺陷类型
关键尺寸、偏差	光刻胶线宽与刻蚀后图形的线宽存在过大的区别
金属腐蚀	刻蚀后金属膜的侵蚀
刻蚀后的侧墙污染物	刻蚀后残留的侧墙钝化物
	污染物溅射到金属线条或通孔的侧墙上
负载效应	显微镜可见的不均匀刻蚀
金属刻蚀后的短路	刻蚀后金属线条的桥接导致短路
刻蚀后的过多残留物	刻蚀后可能的薄残留物；侵蚀残留物；栏杆状残留物；冠状残留物

10.5 刻蚀工艺生产实训

10.5.1 二氧化硅的湿法刻蚀

1. 实验目的

1）掌握氧化硅湿法刻蚀方法与刻蚀液的配置。

2）掌握超声波刻蚀槽的操作。

2. 实验设备、耗材

1）去离子水生产系统。

2）化学清洗柜，要求配套有烧杯、量杯、溢流清洗水槽。

3）超声波刻蚀槽。

4）氟化铵、氢氟酸。

3. 操作流程

1）按照 HF: NH_4F: H_2O =3∶5∶10 的比例配置刻蚀液，以 1800ml 试剂为例，向刻蚀槽中依次倒入 300ml HF、500ml NH_4F 和 1000ml H_2O。

2）接通超声波刻蚀槽电源，设定刻蚀温度为 40℃，按 1000Å/min 的刻蚀速率设定刻蚀时间（以 7000Å 氧化层厚度为例，刻蚀时间为 7min），并启动加热。

3）加热到达刻蚀温度后，将装有硅片的花篮放入刻蚀液中，启动刻蚀。

4）刻蚀槽停止运行后，将硅片取出，检查背面是否出现脱水现象，若脱水表明已经完成刻蚀，若未脱水则表明氧化硅并未刻蚀干净，需适当延长刻蚀时间。

5）将完成刻蚀的硅片放入水槽，冲水 10min。

10.5.2 硅的湿法刻蚀

1. 实验目的

1）掌握硅湿法刻蚀原理与方法。

2）掌握硅刻蚀液的配置。

2. 实验设备、耗材

1）去离子水生产系统。

2）化学清洗柜，要求配套有烧杯、量杯和溢流清洗水槽。

3）硝酸、氢氟酸和醋酸。

3. 操作流程

1）按照 HNO_3∶HF = 5∶1 的比例配置试剂，以 1200ml 试剂为例，向烧杯中依次倒入 1000ml HNO_3 和 200ml HF，并可添加少量醋酸（CH_3OOH）用于抑制硝酸的分解，可按照 HNO_3∶HF∶CH_3OOH = 5∶1∶1 的比例配置。

2）将装有硅片的花篮放入刻蚀液中，并根据薄膜厚度计时。

3）刻蚀完成后，将硅片放入水槽中冲水 10min。

10.5.3 铝的湿法刻蚀

1. 实验目的

掌握铝的湿法刻蚀方法与刻蚀液的配置。

2. 实验设备、耗材

1）去离子水生产系统。

2）化学清洗柜，要求配套有石英炉、烧杯、量杯和溢流清洗水槽。

3）硝酸、氢氟酸。

4）恒温刻蚀槽。

3. 操作流程

1）按照 H_3PO_4∶HNO_3∶CH_3OOH∶H_2O = 80∶5∶5∶10 的比例配置试剂，以 1000ml 试剂为例，向刻蚀槽中依次倒入 800ml H_3PO_4、50ml HNO_3、50ml CH_3OOH 和 10ml H_2O。

2）接通恒温刻蚀槽电源，设定刻蚀温度为40℃，按2000Å/min 的刻蚀速率设定刻蚀时间（以2000Å 金属铝厚度为例，刻蚀时间为1min），并启动加热。

3）加热达到刻蚀温度后，将装有硅片的花篮放入刻蚀液中，启动刻蚀。

4）刻蚀槽停止运行后，将完成刻蚀的硅片放入水槽，冲水10min。

10.5.4 微波等离子体刻蚀

1. 实验目的

1）学会使用多功能微波等离子体装置。

2）初步掌握现代高精度低临界尺寸电子元器件的制备方法及原理。

3）利用高倍光学读数显微镜观察等离子体刻蚀加工前后样品的外观形貌的变化，测算样品的加工尺寸及等离子体的刻蚀加工速率。

2. 实验设备、耗材

1）石英管式微波等离子体装置。

2）1000X 光学读数显微镜。

3）玻璃基衬底的碳膜、模板等。

3. 流程

（1）制备刻蚀用的碳膜、测量膜厚

1）将清洗干净（将分割好的载玻片先用稀硝酸清洗，再使用酒精或丙酮在超声波清洗机上反复清洗两次，然后烘干；或直接利用等离子体清洗）的玻璃薄片放入镀膜机，制备一层约10μm 厚的碳膜。

2）将模板放在玻璃基衬底的碳膜上，用干涉显微镜测碳膜和模板的厚度。

（2）装片

1）详细了解本实验中等离子体刻蚀的作用机理和反应原理，并设计温度、压强和时间等条件。

2）认真阅读石英管式微波等离子体装置的使用说明书，掌握操作规程，熟记注意事项。

3）将做好掩膜的样品放到等离子体装置的样品反应室中的基片台上，使样品平稳居于反应平台上，关闭反应室。

4）开启装置，使等离子体刻蚀在设定的条件下稳定进行。同时对参数和条件做好记录。

（3）等离子体刻蚀碳膜

1）仔细检查装置的各种电源连接无误，接地线已可靠接地。

2）开总电源，开冷却水电源，打开隔膜阀，开真空泵电源。

3）机械泵抽真空5min 后，打开高压开关，调节调压器的输出电压从而调节磁控管的阳极电压和阳极电流，控制微波功率在100～200W。

4）调节反射板的位置，激发等离子体。

5）开流量计，调节流量到设定值。

6）关隔膜阀，调节高真空微调阀，将工作气压调到设定值。

7）刻蚀完毕后，关闭等离子体装置：先将高压调到零，关高压开关。关流量计，关机械泵，关冷却水，打开真空室，取出样品。

（4）样品观察与测量

1）在光学显微镜下观察样品的外观形貌的变化。

2）使用干涉显微镜测出碳膜的宽度和深度，计算刻蚀速率。

10.6 习题

1. 刻蚀的目的是什么？
2. 刻蚀参数有哪些？
3. 刻蚀工艺主要分为哪几种类型？各有什么特点？
4. 简述湿法刻蚀的步骤。
5. 湿法刻蚀可以刻蚀哪些材料？
6. 干法刻蚀可以刻蚀那些材料？
7. 二氧化硅干法刻蚀中掺入氧和氢的作用分别是什么？
8. 为什么刻蚀检测是非常重要的？

第11章 掺杂工艺

只有硅中加入少量杂质，其结构和电导率发生改变时，硅才成为一种有用的半导体。在硅中掺入杂质的过程称为掺杂。硅掺杂是制备半导体器件中 PN 结的基础，扩散和离子注入是主要的掺杂方法。

掺杂广泛应用于硅片制造的全过程，杂质进入到元器件中，将改变元器件的电学性能。

本章的学习目标：

1）了解掺杂的作用。

2）掌握扩散原理及工艺操作流程。

3）掌握扩散参数的测量方法。

4）掌握离子注入原理。

5）掌握离子注入机的组成。

6）掌握沟道效应和退火效应。

7）了解离子注入的应用。

11.1 掺杂

半导体中掺入少量杂质会大大改变半导体的导电性。本章将介绍给半导体掺入指定杂质的工艺过程，也就是掺杂。掺杂的目的就是改变半导体的导电类型，形成 N 型区或 P 型区，以形成 PN 结和各种半导体元器件，从而形成半导体集成电路；或改变材料的电导率。经过掺杂，杂质原子将要代替原材料中的部分原子，材料的导电类型决定于杂质的化合价，如硅中掺入五价的磷（施主杂质）将成为 N 型半导体，掺入三价的硼（受主杂质）将成为 P 型半导体。

11.1.1 掺杂的两种方法

掺杂的方法有两种：热扩散和离子注入。热扩散法是最早使用也是最简单的掺杂工艺，热扩散是利用高温驱动杂质进入半导体的晶格中，并使杂质在半导体衬底中扩散。这种方法对温度和时间的依赖性很强。于 20 世纪 50 年代开始研究，20 世纪 70 年代进入工业应用阶段，随着 VLSI 超精细加工技术的发展，现已成为各种半导体掺杂和注入隔离的主流技术。离子注入是通过把杂质离子变成高能离子来轰击衬底，从而把杂质注入半导体衬底中的掺杂方法。

11.1.2 掺杂的工艺流程

半导体制造中的污染无时无刻不在，所以掺杂之前要对衬底进行清洗等处理。大部分的掺杂是在半导体衬底中指定的区域掺杂——选择性掺杂，也就是有些区域需要掺杂，其他区域不掺杂。怎样实现选择性掺杂呢？那就是在掺杂之前在半导体衬底表面生长一层掩蔽膜

（这层掩蔽膜具有阻挡杂质向半导体衬底中扩散的能力），然后对掩蔽膜进行光刻和刻蚀，去掉衬底上面待掺杂区域的掩蔽膜，不掺杂区域的掩蔽膜要保留下来，得到选择扩散窗口。然后放入高温扩散炉中进行掺杂，则在窗口区就可以向半导体衬底中扩散杂质，其他区域被掩蔽膜屏蔽，没有杂质进入，实现对半导体衬底中的选择性扩散。掺杂完成后要进行检测。图 11-1 是在 N 型衬底中掺入受主杂质形成 P 型掺杂区的流程图。

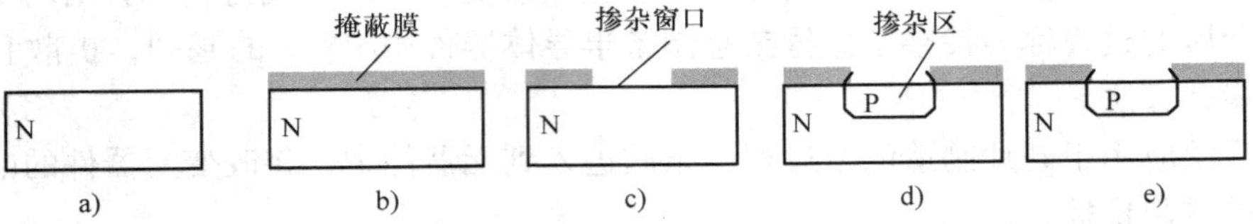

图 11-1　N 型衬底中掺入受主杂质形成 P 型掺杂区的流程图
a）衬底清洗　b）生长掩蔽膜　c）光刻和刻蚀掩蔽膜　d）掺杂　e）检测、评估

11.2　扩散

11.2.1　扩散原理

扩散是物质的一个基本性质，原子、分子和离子都会从高浓度向低浓度处进行扩散运动。一种物质向另一种物质发生扩散运动需满足两个基本条件：第一有浓度差；第二提供足够的能量使物质进行扩散。在半导体制造中，利用高温热能使杂质扩散到半导体衬底中。

1. 扩散机制

杂质在硅晶体中的扩散机制主要有：间隙式扩散和替位式扩散。存在于晶格间隙的杂质称为间隙式杂质，这种杂质原子大小与 Si 原子大小差别较大，杂质原子进入硅晶体后，不占据晶格格点的正常位置，而是从一个晶格间隙运动到另一个晶格间隙而扩散前行，这种方式的杂质扩散称为间隙式扩散，如图 11-2a 所示。占据晶格位置的外来原子称为替位杂质，这种杂质原子或离子大小与 Si 原子差别不大，它沿着硅晶体内晶格空位跳跃前进扩散，杂质原子扩散时占据晶格格点的正常位置，不改变原来硅材料的晶格结构，这种称为替位式扩散，如图 11-2b 所示。一般情况下，硼、磷、砷、锑等ⅢV 主族杂质都是空位扩散模式，而金、银等重金属杂质都是间隙扩散模式。

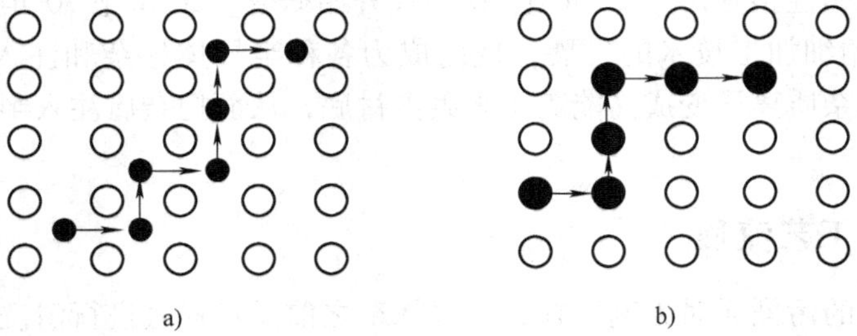

图 11-2　杂质在硅晶体中的扩散机制
a）间隙式扩散　b）替位式扩散

2. 扩散原理

扩散现象必须具备两个条件：温度和浓度梯度。当杂质浓度以及缺陷密度较低时，扩散运动可用菲克扩散定律来描述为：

$$J = -D\frac{\partial N}{\partial x}$$

式中，J代表单位时间内杂质原子的扩散量；$\frac{\partial N}{\partial x}$为沿$x$方向杂质浓度变化率；$D$是杂质扩散系数。负号表示扩散方向与杂质浓度的增加方向相反，也就是沿着浓度下降的方向。

3. 扩散的工艺步骤

扩散的方法有很多，有液态源扩散、固态源扩散、箱法扩散、涂源扩散以及金扩散等，生产上常用的是前3种。无论是哪一种扩散方法都需要经过以下步骤：开启扩散炉平衡温度。清除晶圆表面的杂质及自然氧化层；将晶圆送入扩散炉中，开始预淀积；升高炉温，推进并激活杂质；取出晶圆，测量扩散层的电阻和结深。

（1）液态源扩散

保护性气体（如氮气）通过液态源以蒸汽形式进入扩散炉中，杂质源在高温下分解并于晶圆表面的硅发生反应，然后杂质以原子的形式扩散进入晶圆内部，达到掺杂的目的。液态源扩散系统如图11-3所示。

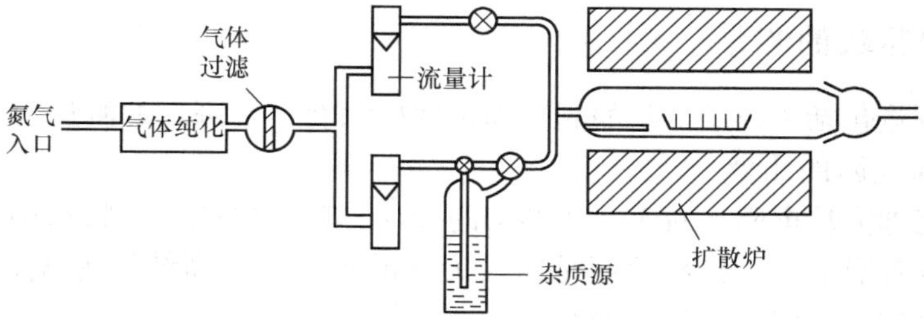

图11-3　液态源扩散系统

（2）固态源扩散

固态源扩散具有设备简单、操作方便、不需要盛放杂质源的器具和携带杂质源的气体、气体流量不会影响扩散结果、扩散效果好等优点。

用于固态硼扩散的杂质源为片状氮化硼，片状氮化硼首先经过氧化激活，使其表面氧化生成三氧化二硼，三氧化二硼与硅反应生成二氧化硅和硼原子，硼原子开始扩散。反应式如下：

$$4BN + 3O_2 \longrightarrow 2B_2O_3 + 2N_2\uparrow \qquad (11\text{-}1)$$

$$2B_2O_3 + 3Si \longrightarrow 3SiO_2 + 4B\downarrow \qquad (11\text{-}2)$$

用于固态磷扩散的杂质源是偏磷酸铝和焦磷酸硅经过混合、干压、烧制而成的，这两种化合物在高温下分解，释放出五氧化二磷，五氧化二磷与硅反应生成磷原子，磷原子向晶圆内部扩散。反应式如下：

$$Al(PO_3)_3 \longrightarrow AlPO_4 + P_2O_5 \qquad (11\text{-}3)$$

$$SiP_2O_7 \longrightarrow SiO_2 + P_2O_5 \qquad (11\text{-}4)$$

$$2P_2O_5 + 5Si \longrightarrow 5SiO_2 + 4P\downarrow \qquad (11\text{-}5)$$

扩散时杂质源与晶圆交叉相距3~5mm置于V形槽内，并且通入氮气作为保护性气体。

(3) 固-固扩散

固-固扩散是利用晶圆表面含有所需杂质的氧化层作为杂质源进行扩散的方法，可得到均匀性、重复性较好的结，比较适合对于表面杂质浓度要求很严的扩散。

扩散分两步进行。第一步，在低温（约700~800℃）下淀积包含杂质的氧化层。第二步，升高反应温度，使表面的氧化层与硅反应生成杂质原子，开始再分布扩散，达到预期目的。固-固扩散如图11-4所示。

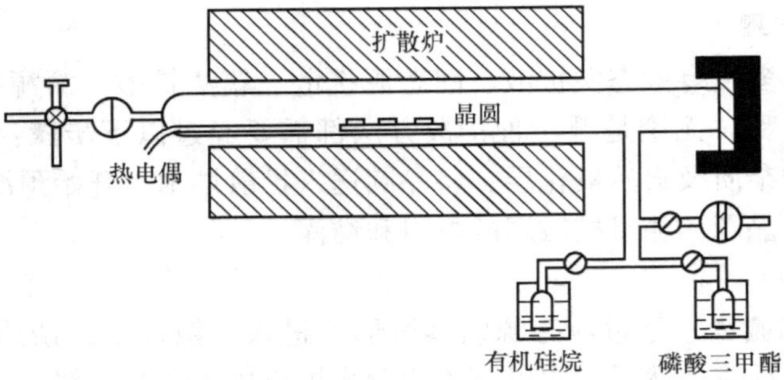

图11-4　固-固扩散系统

11.2.2　扩散参数的测量

扩散层的测量包括扩散层电阻的测量和扩散层深度（结深）的测量。

(1) 扩散层电阻的测量

扩散层电阻即方块电阻。对于一块均匀的导体，其导电能力与材料的电阻率ρ、长度L以及横截面积S都有关。若扩散薄层是边长为a的正方形，而结深为X_j，则这一小方块所呈现的电阻就是方块电阻，单位为Ω/□。

设样品电阻率ρ均匀，样品几何尺寸相对于探针间的距离可看成半无穷大。引入点电流源的探针其电流强度为I，则所产生的电力线有球面对称性，即等位面是以点电流源为中心的半球面。图11-5所示为探针与被测样品接触点的电流分布。在以半径为r的半球上，电流密度j的分布是均匀的。

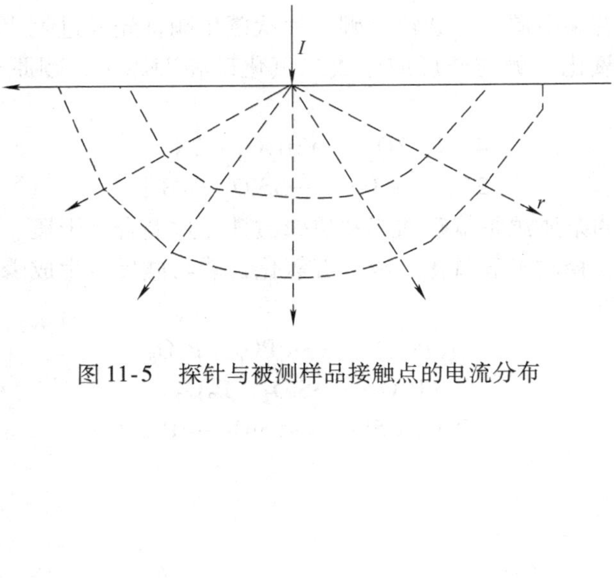

图11-5　探针与被测样品接触点的电流分布

$$j = \frac{r}{2\pi r^2} \tag{11-6}$$

若 E 为 r 处的电场强度，则：

$$E = j\rho = \frac{I\rho}{2\pi r^2} \tag{11-7}$$

取 r 为无穷远处的电位 φ 为零，并利用 $E = -\frac{d\varphi}{dr}$，则有：

$$\int_0^{\partial r} d\varphi = \int_\infty^r - E dr = -\frac{\rho I}{2\pi}\int_\infty^r \frac{dr}{r^2} \tag{11-8}$$

$$\varphi_r = \frac{\rho I}{2\pi r} \tag{11-9}$$

上式微半无穷大均匀样品上离开电流源距离 r 的点的点位与探针流过的电流和样品电阻率的关系式，它代表了一个点电流对距离为 r 处的点的电势的贡献。

图 11-6 所示为 4 根探针与样品接触示意图，4 探针位于样品中央，电流从探针 1 流入，从探针 4 流出，则可将探针 1 和 4 认为是点电流源，探针 2、3 之间的点位为：

$$\varphi_2 = \frac{I\rho}{2\pi}\left(\frac{1}{r_{12}} - \frac{1}{r_{24}}\right) \tag{11-10}$$

(11-11)

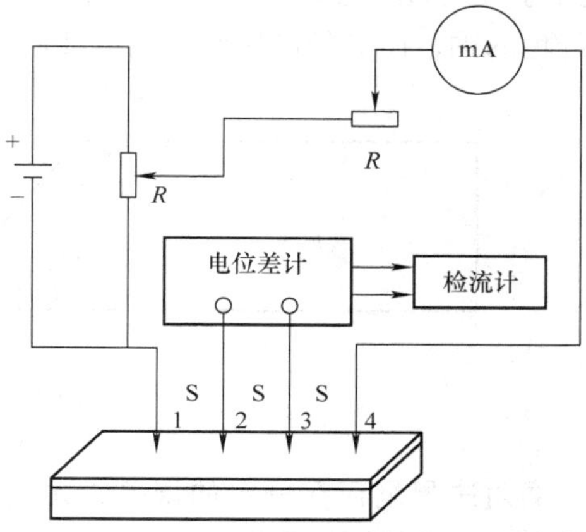

图 11-6　4 根探针与样品接触示意图

探针 2、3 之间电位差为 $\varphi_2 - \varphi_3$，由此得出样品电阻率为：

$$\rho = \frac{2\pi V_{23}}{I}\left(\frac{1}{r_{12}} - \frac{1}{r_{24}} - \frac{1}{r_{13}} + \frac{1}{r_{34}}\right)^{-1} = C\frac{V_{23}}{I} \tag{11-12}$$

当电流取 $I = C$ 时，则有 $\rho = V_{22}$，则由数字电压表直接读出电阻率。

实际测量中，最常用的时直线 4 探针。即 4 探针位于同一直线上，并且间距相等，设相邻探针间距为 S，则半无穷大样品有：

$$C = 2\pi S = 6.28S \tag{11-13}$$

通常只要满足样品的厚度，以及边缘与探针的最近距离大于 4 倍探针间距，样品近似半无穷大，就能满足精度要求。

块状和棒状样品的电阻率，因 4 探针测试仪探针间距通常均为 1mm，块状和棒状样品外形尺寸与探针间距相比，符合半无穷大边界条件，所以 $C = 2\pi$，只要 $I = 6.28I_0$，I_0 为该电流量程满刻度值，由电压表读出的数据就是电阻率。

片状样品的电阻率，因片状样品其厚度与探针间距比较不符合半无穷大边界条件，所以不能忽略，测量时需要样品的厚度、测量位置的修正系数。

$$\rho = \rho_0 G\left(\frac{W}{S}\right)D\left(\frac{d}{s}\right) \tag{11-14}$$

式中，ρ_0 为半无穷样品的电阻率；$G\left(\frac{W}{S}\right)$、$D\left(\frac{d}{s}\right)$ 分别为样品厚度 W 与探针间距 S 的修

正函数、样品形状和测量位置的修正函数，可由测量仪器说明书查得。

当圆形硅片的厚度满足$\frac{W}{S}<0.5$时，有：

$$\rho = 4.53\frac{V}{I}WD\left(\frac{d}{s}\right) \tag{11-15}$$

（2）结深的测量

集成电路的结深位于微米数量级，所以测量比较困难，通常采用磨角法和滚槽法测量。

磨角法是将完成扩散的晶圆磨出一个的斜面（角度约为1°～5°），对磨出的斜面进行染色，然后测量计算得到结深，磨角法测量结深如图11-7所示。具体步骤如下：

用石蜡将完成扩散的晶圆黏在磨角器上，用金刚砂或氧化镁粉将晶圆磨出斜面来；清洗磨出的斜面，然后对斜面进行镀铜染色，所用的染色剂是五水硫酸铜（$CuSO_4 \cdot 5H_2O$）与氢氟酸的混合溶液。硅的电化学势比铜高，硅可将铜置换出在晶圆表面染上铜，呈现红色，又因为N型晶圆比P型晶圆的电化学势高，所以，在合适的时间内，就可以在N型区域染上红色的铜，而P型区域则不显示红色；测量染色的晶圆就可以计算出结深了。

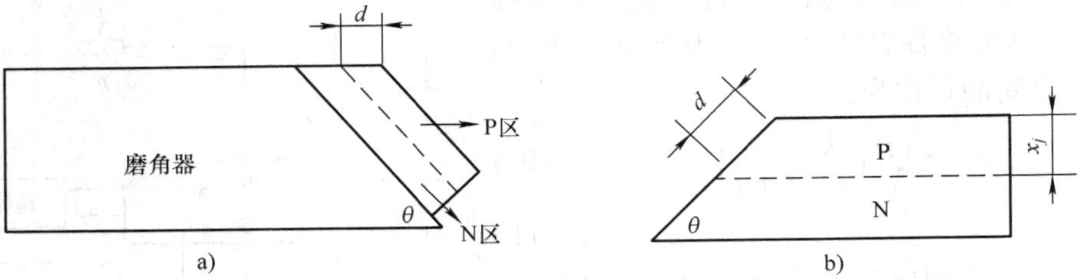

图11-7 磨角法测量结深

a）磨角 b）放大的扩散层

磨角法测量存在一定的误差，尤其对于浅结，磨角法很难精确测量，所以，要精确测量结深还要采用滚槽法测量，滚槽法测量结深如图11-8所示。滚槽的半径为R，滚槽线与扩散层表面、底面的水平交线分别长$2a$和$2b$，则根据勾股定理由公式可计算得到结深$X_j=\frac{(a+b)(a-b)}{2R}$，滚槽半径越大，测量结果越准确。

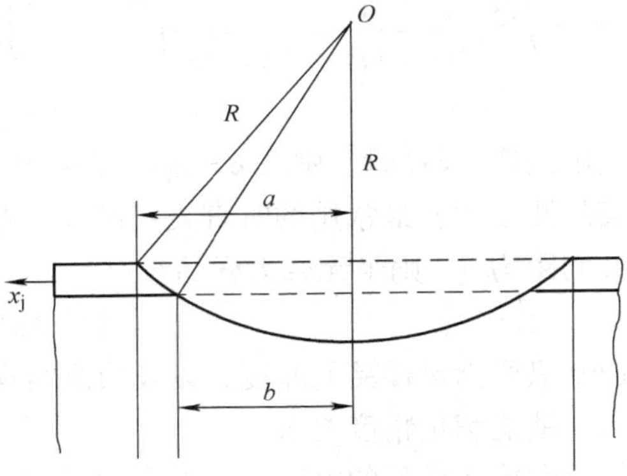

图11-8 滚槽法测量结深

11.3 离子注入

11.3.1 离子注入原理

离子注入法掺杂相比扩散法掺杂来说，它的加工温度低、容易制作浅结、均匀的大面积注入杂质、易于自动化等优点。目前，离子注入法已成为超大规模集成电路制造中不可缺少的掺杂工艺。

离子注入是将被掺杂的杂质原子或分子进行离子化，经磁场选择和电场加速到一定的能量，形成一定电流密度的离子束流后被直接打进（扫描注入）半导体晶圆内部去。具有一定动能的离子射进硅片内部后，由于硅片内原子核和电子的不规则作用，以及和硅原子多次的碰撞，而使得注入的离子能量逐渐受到消耗，离子注入速度减慢，在硅片内部移动到一定的距离就停止在硅片内某一位置上，形成 PN 结。如果把离子注入机比作步枪，把被注入杂质离子比作子弹，那么，离子注入就好像用步枪打靶子一样，将离子强迫打进硅片中去，即实现了离子注入，其原理示意图如图 11-9 所示。

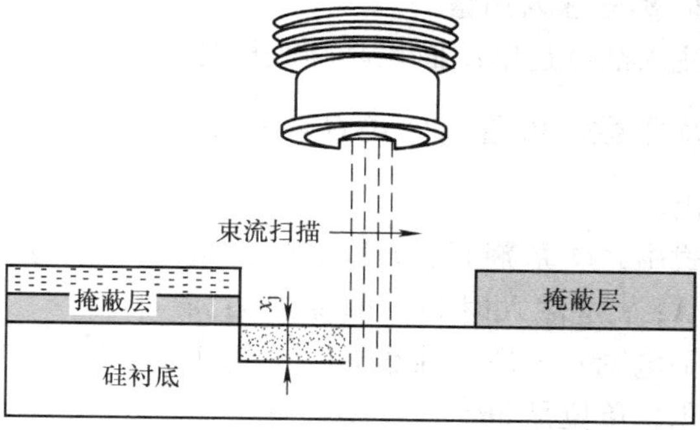

图 11-9　离子注入原理示意图

1. 离子注入掩膜

离子注入工艺所用的掩膜材料不必是耐高温的，可以是金属、氧化物、氮化物和光刻胶。常用光刻胶和氧化硅。掩膜的厚度要按照离子注入的剂量、结深计算出最小厚度，再放出余量，然后通过实验确定最佳厚度。

2. 离子注入种类

现在离子注入使用的受主杂质主要是硼，杂质源通常为 BF_3（三氟化硼），注入机要将杂质源离子化后，一般以 B^+、BF_2^+ 离子的形式注入衬底中。主要使用的施主杂质是磷、砷，杂质源通常分别为 PH_3（三氢化磷）和 AsH_3（三氢化砷），经过离子源离子化后一般以 P^+、As^+ 的形式注入衬底中。

3. 杂质浓度分布

用离子注入法在硅片内部形成的杂质分布与用扩散法形成的杂质浓度分布有很大不同。用扩散法获得的杂质分布通常为余误差函数分布或高斯分布，而用离子注入法获得的杂质分布，其浓度最大值并不在硅片表面，而是在深入到硅体内一段距离的地方。这段距离的大小与注入离子能量的大小有关。在一般情况下，杂质浓度的最大值在离开表面约 100nm 处。离子注入法之所以会形成这种分布是由于杂质离子被电场加速注入硅片之后，受硅原子的阻挡被耗尽了动能，才能停留在硅体内。

11.3.2　离子注入的参数

1. 离子射程

离子射程就是注入时，离子进入晶圆内部后，从表面到停止所经过的路程。入射离子能量越高，射程就会越长。

投影射程 R_p 是离子注入晶圆内部的深度，它取决于离子的质量、能量、晶圆的质量以及离子入射方向与晶向之间的关系离子射程的测量如图 11-10 所示。有的离子射程远，有的射程近，而有的离子还会发生横向移动，综合所有的离子运动，就产生了投影偏差。

2. 离子注入剂量

注入剂量是单位面积晶圆表面注入的离子数，可通过公式 $Q=\frac{It}{enA}$ 计算得出。

式中，Q 是剂量；I 是束流，单位是 A；t 是注入时间，单位是 s；e 是电子电荷；n 是电荷数量；A 是注入面积，单位是 cm^2。

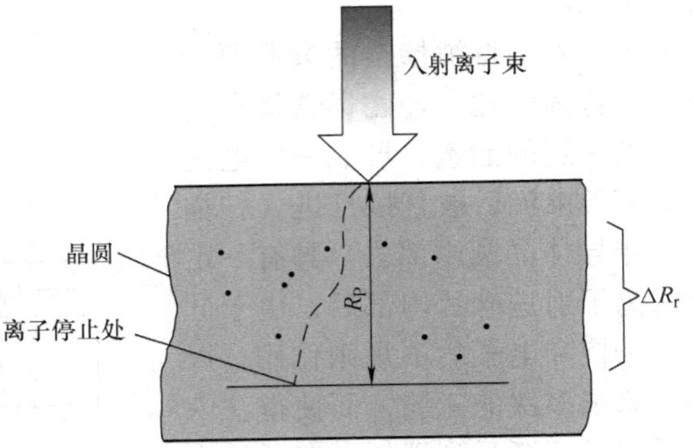

图 11-10 离子射程的测量

由此可以看出，在同样的硅片面积下，注入的束流大小和注入时间直接决定剂量的大小，束流越大，注入时间越长，达到的剂量就越大。所以，控制束流大小和注入时间是达到期望的剂量的关键工艺控制参数。

3. 注入角度

(1) 沟道效应

单晶硅原子的排列是有序的，当杂质离子穿过晶格间隙的通道注入而不与电子和原子核发生碰撞（能量损失少）而减速，杂质离子将进入硅中很深的地方，大大超过了预期的射程，即超过了设计的结深，这就叫发生了沟道效应，见图 11-11a 和 b 中的 A 离子路径。

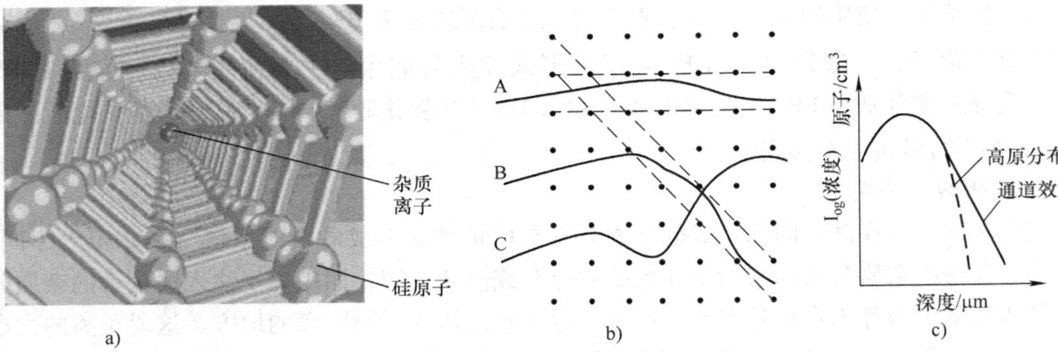

图 11-11 沟道效应

a）硅单晶（100）晶向沟道效应 b）各种注入角度注入离子的路径 c）杂质离子浓度分布

为了获得所期望的结特性，减小沟道效应，离子束不能垂直打入晶圆，晶圆法线偏离离子束方向一定的角度，这个角度称为注入角度。图 11-11b 显示了各种注入角度注入离子的路径。图 11-11c 显示了因为沟道效应使杂质离子浓度分布偏离了高斯分布。

注入角度是决定掺杂离子表面分布、掺杂均匀性的关键参数。这主要是因为沟道效应和注入阴影的原因。

常使用倾斜晶圆、掩蔽氧化物和硅预非晶化来减小沟道效应的影响。

1）倾斜晶圆：〈100〉晶向的硅片注入角度常偏离 7°，能够获得对注入射程很好的控制。

2）掩蔽氧化层：注入之前在硅片上生长一层薄的氧化层（10～40nm），这层氧化层是非晶化的，当离子注入后和二氧化硅原子碰撞使离子方向变的随机，因此可以减小沟道效应。

3）硅预非晶化：在注入之前，用一种方法损坏硅表面一薄层的单晶结构，使硅表面呈非单晶态，这就叫预非晶化。

（2）注入阴影

通过旋转硅片或倾斜硅片可以减小沟道效应，但同时带来一个问题，即注入阴影。当硅片倾斜后，离子束将不垂直于硅片，这样离子束打向硅片表面的光刻胶时，光刻胶沿离子束方向在硅片表面投影产生一个阴影，这个阴影将不能注入离子。这就被称为注入阴影，将影响注入的均匀性和质量，如图 11-12 所示。注入阴影与光刻胶高度成正比，某些关键尺寸（沟道长度）异常就是因为这个原因造成的。

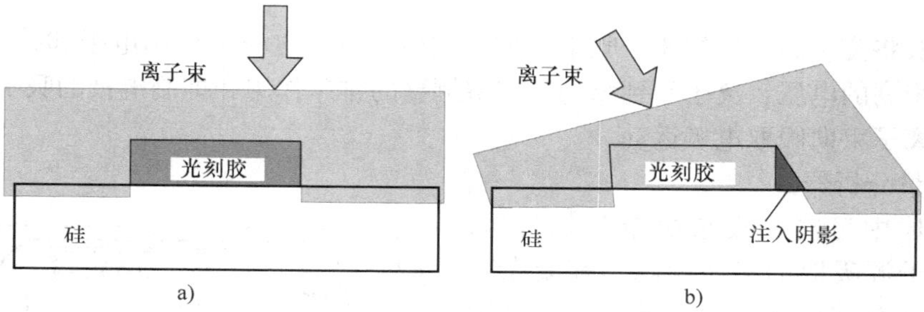

图 11-12　硅片倾斜时的注入阴影

a）硅片和离子束无夹角的注入　b）离子束和硅片有夹角的注入

11.3.3　离子注入设备

离子注入机按照使用工艺的不同，并根据应用领域、注入剂量和能量的范围不同，传统上分为高能量、大束流和中束流 3 种。

1）高能量注入机所得到的离子束具有较高能量。

2）大束流注入机能获得较大的离子束电流，其掺杂浓度较大，但是深度较浅，主要用于元器件中的源漏极掺杂和 LDD 掺杂。

3）中束流注入机则能获得中等能量和电流的离子束，被广泛用于除深阱掺杂和源漏掺杂以外几乎所有的离子掺杂工艺。

虽然以上的离子注入机的应用不同，但是它们的基本原理和组成结构大体上还是相同的。

离子注入机的主要部件有：离子源、离子束吸取电极、质量分析器、加速器、扫描器以及终端系统等，如图 11-13 所示。

（1）离子源

离子源的任务是提供所需的杂质离子。在合适的气压下，使含有杂质的气体受到电子碰撞而电离，最常用的杂质源有 B_2H_6 和 PH_3 等。

（2）离子束吸取电极

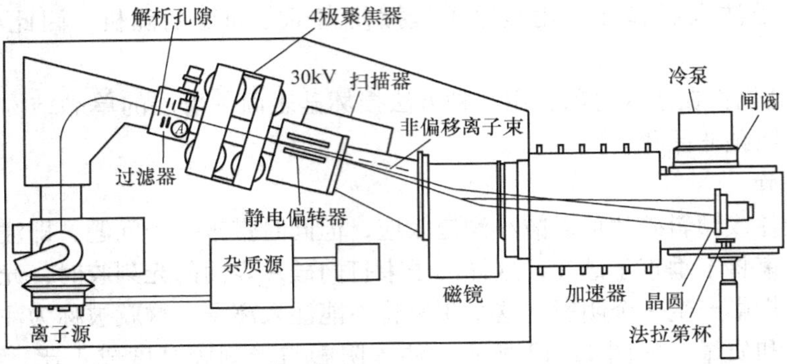

图 11-13　离子注入机

吸取电极将离子源产生的离子收集起来形成离子束。电极由抑制电极和接地电极构成，电极上加了很高的电压，离子受到弧光反应室侧壁的排斥作用和抑制电极的吸引作用，被分离出来形成离子束向吸取电极运动。

（3）质量分析器

反应气体中可能会夹杂少量其他气体，这样，从离子源吸取的离子中除了需要杂质离子外，还会有其他离子。因此，需对从离子源出来的离子进行筛选，质量分析器就是来完成这项任务的，质量分析仪如图 11-14 所示。

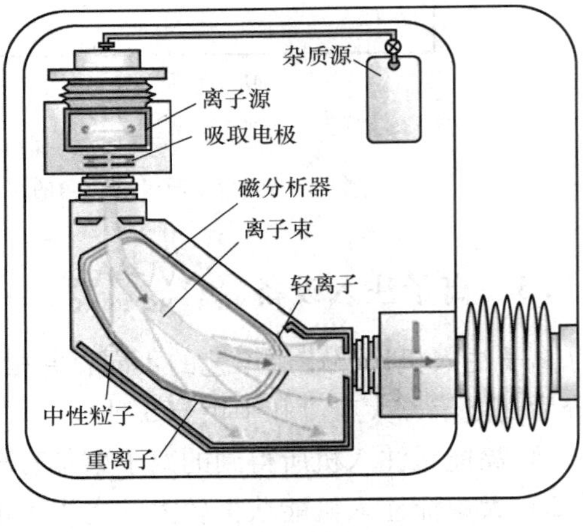

图 11-14　质量分析仪

质量分析器的核心部件是磁分析器，在相同的磁场作用下，不同荷质比的离子会以不同的曲率半径做圆弧运动，选择合适曲率半径，就可以筛选出需要的离子。荷质比较大的离子偏转角度太小、荷质比较小的离子偏转角度太大，都无法从磁分析器的出口通过，只有具有合适荷质比的离子才能顺利通过磁分析器，最终注入晶圆中。

（4）加速器

为了保证注入的离子能够进入晶圆，并且具有一定的射程，离子的能量必须满足一定的要求，所以，离子还需要进行电场加速。完成加速任务的是由一系列被介质隔离的加速电极组成管状加速器（如图 11-15 所示）。离子束进入加速器后，经过这些电极的连续加速，能量增大很多。

与加速器连接的还有聚焦器，聚焦器就是电磁透镜，它的任务是将离子束聚集起来，使得在传输离子时能有较高的效益，聚焦好的离子束才能确保注入剂量的均匀性。

（5）扫描器

扫描器如图 11-16 所示。离子束是一条直径约 1 ~ 3 的线状高速离子流，必须通过扫描

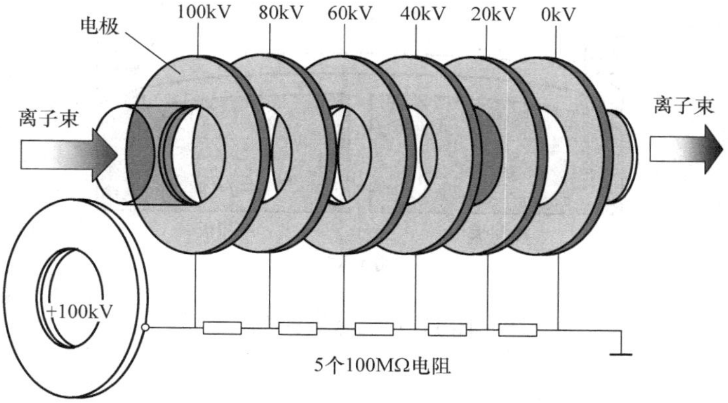

图 11-15　加速器

覆盖整个注入区。扫描方式有：固定晶圆，移动离子束；固定离子束，移动晶圆。离子注入机的扫描系统有电子扫描、机械扫描、混合扫描以及平行扫描系统，目前最常用的是静电扫描系统。

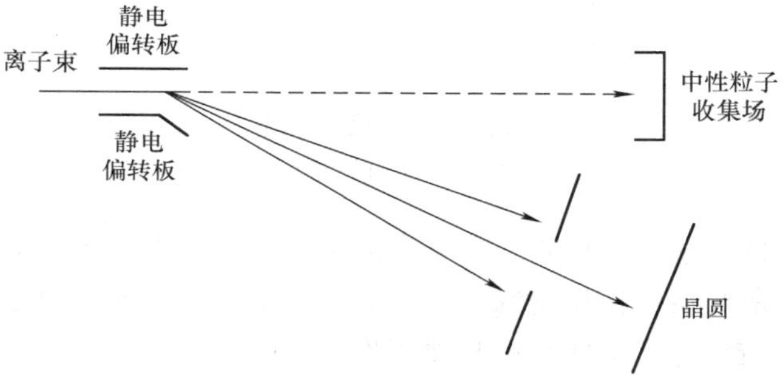

图 11-16　扫描器

静电扫描系统由两组平行的静电偏转板组成，一组完成横向偏转，另一组完成纵向偏转。在平行电极板上施加电场，正离子就会向电压较低的电极板一侧偏转，改变电压大小就可以改变离子束的偏转角度。静电扫描系统使离子流每秒钟横向移动 15 000 多次，纵向移动 1200 次。

静电扫描过程中，晶圆固定不动，大大降低了污染几率，而且由于带负电的电子和中性离子不会发生同样的偏转，这样就可以避免被掺入到晶圆当中。

（6）终端系统

终端系统就是晶圆接受离子注入的地方，系统需要完成晶圆的承载与冷却、正离子的中和、离子束流量检测等功能。

离子轰击导致晶圆温度升高，冷却系统（如图 11-17 所示）要对其进行降温，防止出现由于高温而引起的问题，有气体冷却和橡胶冷却两种技术。冷却系统集成在晶圆载具上（如图 11-18 所示），晶圆载具有多片型和单片型两种。

离子注入的是带正电荷的离子，注入时部分正电荷会聚集在晶圆表面，对注入离子产生

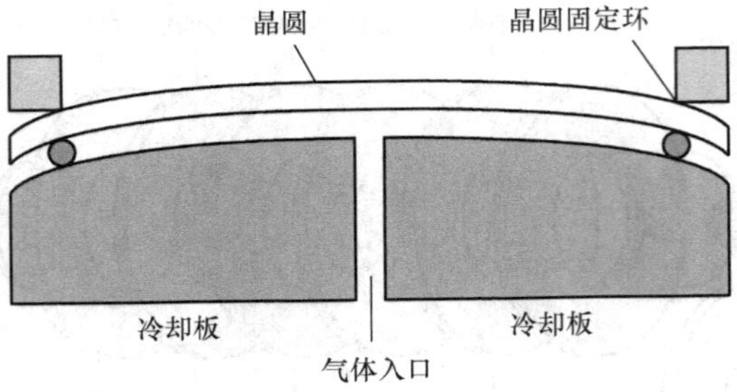

图 11-17　冷却系统

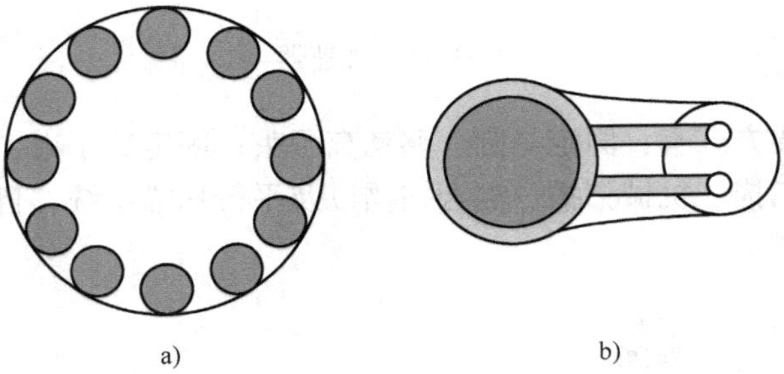

图 11-18　载具系统
a）多片型　b）单片型

排斥作用，使离子束的入射方向偏转、离子束流半径增大，导致掺杂不均匀，难以控制；电荷积累还会损害表面氧化层，使栅绝缘能力降低，甚至击穿。解决的办法是用电子簇射器向晶圆表面发射电子，或用等离子体来中和掉积累的正电荷。

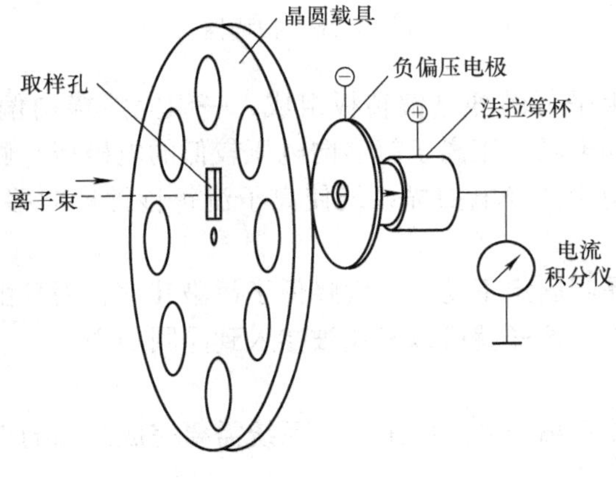

图 11-19　离子束流量检测系统

离子束流量检测系统如图 11-19 所示。离子束流量检测及剂量控制是通过法拉第杯来完成的。然而离子束会与电流感应器反应产生二次电子，这会正常测量偏差。在法拉第杯杯口附加一个负偏压电极以防止二次电子的逸出，获得精确的测量值。电流从法拉第杯传输到积分仪，积分仪将离子束电流累加起来，结合电流总量和注入时间，就可以计算出掺入一定剂量的杂质需要的时间。

11.3.4 离子注入掺杂工艺与扩散掺杂工艺的比较

离子注入工艺相对扩散工艺具有许多优点，离子注入掺杂工艺与扩散掺杂工艺的比较见表 11-1。

表 11-1 离子注入掺杂工艺与扩散掺杂工艺的比较

比较项目	离子注入掺杂法	扩散法
温度	低温工艺，在小于 125℃下也可进行	高温（800 ~ 1200℃）
掩蔽层	金属、光刻胶、二氧化硅、氮化硅	耐高温材料，二氧化硅
可用掺杂源	各种掺杂源均可	一般采用硼、磷、砷、锑
结构性	能制作浅结，超浅结，结深易控制，适用于突变结	适用于制作深结（几微米到几十微米）
掺杂浓度	杂质纯度高，注入浓度范围广	受杂质固溶度影响
浓度控制	由束流和时间可精确控制	流量、温度、时间等影响
均匀性	大面积掺杂面内均匀性高	流量、温度、时间等影响
杂质污染	小	易受钠离子污染
横向扩散	很小，几乎没有	有横向扩散
晶体损伤	大	小

11.3.5 退火

由于离子注入会损伤衬底，使电子-空穴对的迁移率及寿命大大减小，此外，被注入的离子大多不是以替位形式处在晶格位置上。为了激活离子，恢复原有迁移率，必须在适当的温度下使半导体退火，如图 11-20 所示。退火能够修复晶格缺陷，还能使杂质原子移动到晶格格点上，激活杂质。一般修复晶格缺陷大约需要 500℃，激活杂质需要 950℃。杂质的激活与时间和温度有关，时间越长，温度越高，杂质激活得越充分。硅片的退火方法常用的有高温热退火和快速热退火。

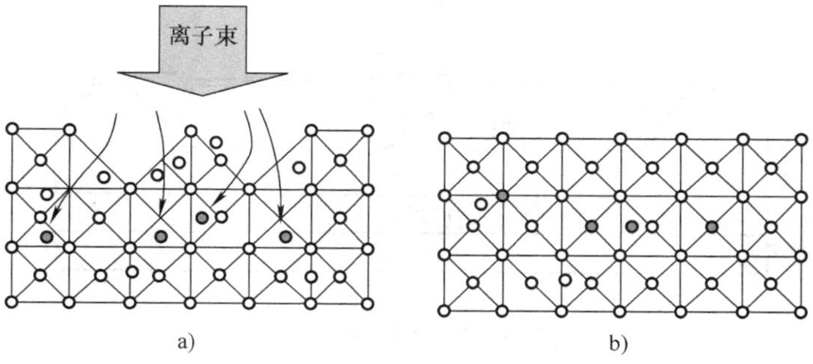

图 11-20 退火

a）离子注入造成晶格损伤 b）退火后的晶格结构

11.3.6 离子注入的应用

1. 沟道区及阱区掺杂

沟道区及阱区的掺杂主要有阈值电压调节注入、反穿通注入、阱区绝缘注入、埋层注入、吸收注入及反型阱区注入。这部分注入工艺的能量比较宽，但剂量属中低范围，所以此部分注入工艺基本上使用中束流及高能注入机。

（1）阈值电压调节注入工艺

阈值电压调节注入工艺是半导体工业中使用最早的离子注入技术工艺。

（2）反穿通注入工艺

反穿通注入工艺的功能是防止源漏两极在沟道下面导通，因 PN 结结深与载流子浓度成反比，如果沟道下部载流子浓度很低，在沟道很短的情况下，源漏之间的 PN 结就会靠得很近，而容易被穿通，使沟道短路，发生不希望的漏电。反穿孔注入工艺如图 11-21 所示。

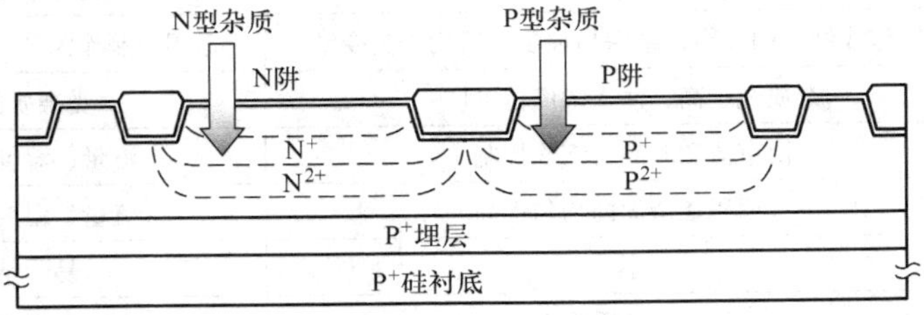

图 11-21 反穿通注入工艺

（3）阱区绝缘注入工艺

阱区绝缘的注入工艺是将杂质掺在用于隔开阱区的绝缘栏的下方，此目的是为了提高阱间寄生场效应晶体管的阈值电压，使在正常的工作情形下此寄生场效应晶体管不会被导通而起到绝缘的效果。

（4）埋层注入工艺

埋层注入工艺是要降低阱区底部的电阻，以防芯片在运行中出现死循环现象。埋层注入工艺如图 11-22 所示。

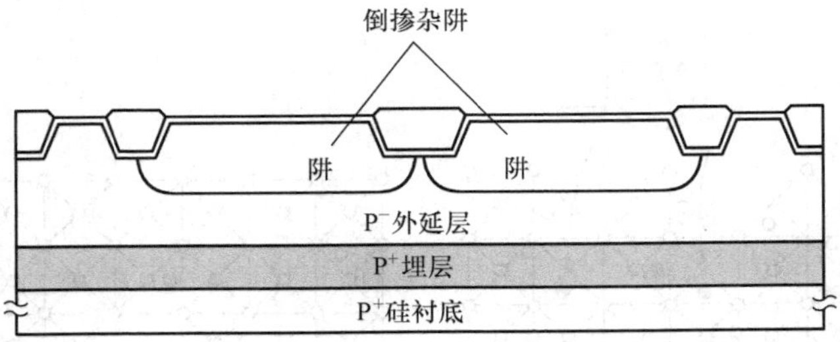

图 11-22 埋层注入工艺

（5）吸收注入工艺

吸收注入工艺是在 CMOS 离子注入中能量最高的工艺，其目的是利用所注入的元素的化学特性和注入后所形成缺陷的物理特性来吸收阱区里的其他杂质（如重金属等）及晶格缺陷，以提高阱区内，尤其是沟道区内的材料质量，从而提升产品性能。

（6）反型阱区注入工艺

在早期，反型阱区注入工艺由炉管扩散或注入后驱动扩散而完成，但其不能在阱区内形成优化的载流子分布，高性能的芯片要求硅片表面的载流子浓度低，而在硅片内部的某些部位要浓。这样既能提高芯片的运行速度，又能达到以上所述的反穿通、抑制死循环及吸取污染杂质的效果。

2. 多晶硅注入

多晶硅注入工艺是为了降低多晶硅的电阻，是 CMOS 注入工艺中注入剂量最大的工艺。有的制程在生长多晶硅的同时已掺入所需的元素，假如生长多晶硅时没有掺杂，则要做多晶硅注入，再进行退火，注入后的元素退火时在多晶硅中的扩散率与单晶硅相比会高出两个数量级，因此掺杂后的多晶硅的阻值与非掺杂的多晶硅相比会有大幅度的下降。此工艺因剂量很大，能量较低，在生产中一般都采用大束流离子注入机。

3. 源漏注入

源漏区注入主要包括大角度晕环注入工艺、延伸注入工艺、源漏注入工艺及非晶体化注入工艺，此部分工艺技术要求越来越高，并与注入后的退火工艺有着密切联系。该部分的注入工艺的能量相对较低，但剂量属中、高范围，一般采用中束流及大束流注入机。

（1）大角度晕环注入工艺

大角度晕环注入工艺是大角度（大于20°）四方向的中剂量离子注入工艺，它的主要功能是防止源漏相通，降低延伸区的结深及缩短沟道长度，有利于提高芯片的性能，一般在延伸注入工艺之后注入。

（2）延伸注入工艺

延伸注入工艺先前也称为低剂量掺杂，是定义漏源区的注入工艺，这种区域通常称为漏源扩展区。

（3）源漏注入工艺

源漏注入工艺的剂量很大，是降低场效应晶体管串联电阻的重要一环。

（4）非晶体化注入工艺

在源漏区还有一种注入工艺被有些厂家所采用，它就是非晶体化注入工艺，其注入元素主要有锗和硅，其中锗的使用比较广泛一些，因为其原子重量大，容易达到非晶体化效果，并能降低源漏区的接触电阻。

11.4 扩散工艺生产实训

11.4.1 硼固态源扩散实训

1. 实训目的

1）掌握氧化硼乳胶固态源使用方法及扩散原理。

2）了解双极型晶体管基区扩散。

3）掌握扩散炉的操作。

2. 实训设备、耗材

1）去离子水生产系统。

2）化学清洗柜，要求配套有石英炉、烧杯、量杯、溢流清洗水槽。

3）扩散炉。

4）涂胶机。

5）甩干机。

6）净化台。

7）石英舟、湿氧水壶、电炉、隔热手套。

8）氨水、双氧水、盐酸、氧化硼乳胶源、氢氟酸、氮气和氧气。

3. 操作流程

（1）实验准备

1）开扩散炉，并将待机温度设定到850℃，开氮气流量为3L/min。

2）清洗源瓶，并倒好硼源。

3）开涂源净化台，并调整好涂源转速。

4）清洗硅片，将清洗好的硅片甩干。

5）将清洗干净、甩干的硅片涂上硼源。

（2）预扩散

1）打开净化台，将涂好硼源的硅片装入石英舟。

2）扩散炉达到待机温度后，将装有硅片的石英舟装入扩散炉，并推至恒温区，设定氮气流量为3L/min，预扩散温度为1020℃，并开始升温。

3）扩散炉达到扩散温度后，开始预扩散，计时为30min。

4）预扩散完成后，设定待机温度为850℃，开始降温。

5）降温完成后，拉出石英舟，取出硅片，漂去硼硅玻璃，并使用2号液清洗干净后，检测$R_{\square}$值。

（3）再扩散

1）开再扩散炉，并将待机温度设定到850℃，开氮气流量为3L/min。

2）打开净化台，将硅片装入石英舟，并将石英舟推到恒温区。

3）设定扩散温度为1150℃，当温度达到再扩散温度，关闭氮气流量，调整氧气流量为3L/min，并开始计时，根据工艺条件进行干氧。

4）在开始干氧同时，将湿氧水壶加热到95～98℃。干氧完成后，开湿氧流量计，立即进入湿氧化。同时关闭干氧流量计。根据工艺条件进行湿氧。

5）湿氧完成，开干氧流量计，调整氧气流量为3L/min，并根据工艺条件确定干氧时间。

6）干氧完成后，开氮气流量计，流量为3L/min，根据工艺条件，确定氮气时间。

7）氮气完成后，主扩散结束，调整温控器降温，氮气流量不变，时间为30min。

（4）检测

1）降温完成后，拉出石英舟，取出硅片，检测氧化层厚度、均匀性。

2）取出测试样品，参照“二氧化硅湿法刻蚀”实训流程，漂去氧化层，冲洗干净后，检测$R_{\square}$值。

11.4.2 磷液态源扩散实训

1. 实训目的

1）掌握磷液态源使用方法及扩散原理。

2）了解双极型晶体管发射区扩散。

3）掌握腐蚀性扩散源安全操作规范。

2. 实训设备、耗材

1）去离子水生产系统。

2）化学清洗柜，要求配套有石英炉、烧杯、量杯和溢流清洗水槽。

3）扩散炉。

4）液态源冷阱。

5）甩干机。

6）净化台。

7）石英舟、湿氧水壶、电炉、隔热手套。

8）氨水、双氧水、盐酸、三氯氧磷扩散源、氢氟酸、氮气、氧气。

3. 操作流程

（1）实训准备

1）将冷阱温度设定为5℃，清洗源瓶，装入磷源后放入冷阱。

2）将源瓶进气管与2号氧气管连接，出气管与扩散炉连接。

3）开扩散炉，并将待机温度设定到850℃，开氮气流量为3L/min。

4）清洗硅片，将清洗好的硅片甩干。

（2）预扩散

1）打开净化台，将清洗好的硅片装入石英舟。

2）扩散炉达到待机温度后，将装有硅片的石英舟装入扩散炉，并推至恒温区，设定氮气流量为3L/min，预扩散温度为1020℃，并开始升温。

3）扩散炉达到扩散温度后，关闭氮气流量，设定1号氧气管流量为3L/min，开始干氧氧化，计时为5min。

4）干氧完成后，设定氮气流量为3L/min，1号氧气管流量为1L/min，2号氧气管流量为0.5L/min，开始预扩散，计时为30min。

5）预扩散完成后，关闭2号氧气管流量，保持氮气流量与1号氧气管流量，排气为10min。

6）排气完成后，关闭1号氧气管流量，保持氮气流量，设定待机温度为850℃，降温为30min。

7）降温完成后，拉出石英舟，取出硅片，漂去磷硅玻璃，并使用2号液清洗干净后，检测$R_{\square}$值。

（3）再扩散

1）开再扩散炉，并将待机温度设定到850℃，开氮气流量为3L/min。

2）打开净化台，将硅片装入石英舟，并将石英舟推到恒温区。

3）设定扩散温度为1150℃，当温度达到再扩散温度，关闭氮气流量，调整氧气流量为

3L/min，并开始计时，根据工艺条件进行干氧。

4）在开始干氧同时，将湿氧水壶加热到95～98℃。干氧完成后，开湿氧流量计，立即进入湿氧化。同时关闭干氧流量计。根据工艺条件进行湿氧。

5）湿氧完成，开干氧流量计，调整氧气流量为3L/min，并根据工艺条件确定干氧时间。

6）干氧完成后，开氮气流量计，流量为3L/min，根据工艺条件，确定氮气时间。

7）氮气完成后，主扩散结束，调整温控器降温，氮气流量不变，时间为30min。

（4）检测

1）降温完成后，拉出石英舟，取出硅片，检测氧化层厚度、均匀性。

2）取出测试样品，漂去氧化层，冲洗干净后，检测$R_{\square}$值。

11.5 习题

1. 掺杂的目的是什么？
2. 常用的掺杂杂质有哪些？
3. 掺杂的两种方法是什么？
4. 简述掺杂基本工艺流程。
5. 扩散的方法有哪些？
6. 离子注入参数有哪些？
7. 简述离子注入设备的组成。
8. 退火的目的是什么？
9. 什么是沟道效应？简述控制沟道效应的机制。
10. 简述离子注入工艺在集成电路制造工艺中的应用。

第 12 章　金属化工艺

金属化是芯片制造过程中在绝缘介质薄膜上淀积金属薄膜以及随后刻印图形以便形成互连金属线和集成电路的孔填充塞的过程。

由于需要减小信号地传播延时，对于未来集成电路的性能来说，微芯片的互连技术已经成为了关键的挑战。目前，芯片制造技术中，逐渐通过用铜取代铝作为基本的导电金属，减少金属互连的电导率。

本章的学习目标：

1）了解金属化的概念。

2）了解金属化的应用。

3）了解常用的金属化材料。

4）掌握蒸发工艺。

5）掌握溅射工艺。

6）了解金属 CVD 工艺。

7）了解铜电镀原理。

8）掌握传统金属化工艺流程。

9）掌握双大马士革工艺流程。

12.1　金属化的概念

在硅片上制造芯片可以分为两部分：第一，在硅片上利用各种工艺（如氧化、CVD、掺杂和光刻等）在硅片表面制造出各种有源元器件和无源元器件。第二，利用金属互连线将这些元器件连接起来形成完整电路系统。金属化工艺就是在制备好的元器件表面淀积金属薄膜，并进行微细加工，利用光刻和刻蚀工艺刻出金属互连线，然后把硅片上的各个元器件连接起来形成一个完整的电路系统，并提供与外电路连接接点的工艺过程。

12.1.1　金属化的作用

金属化在集成电路中主要有两种应用：一种是制备金属互连线，另一种是形成接触。

1. 接触

金属互连线是指在硅片上利用导电材料，如铝、多晶硅或铜制成精细导线，进行芯片的电信号传输。精细导线是通过金属薄膜的淀积、光刻和刻蚀工艺制备。根据集成电路规模的大小，金属互连线可分为单层金属互连和多层金属互连。早期中、小规模集成电路的金属化工艺相对要简单一些，一般只需要单层金属布线。随着芯片内元器件密度不断增加，单层金属互连已不能够连接大量的元器件。解决这个问题的方法就是增加金属互连层数，也就是多层互连或称为多层金属布线。到目前为止，超大规模集成电路芯片上的金属层可达 6 层以上。各金属层间必须由层间介质进行隔离和绝缘。这种层间介质一般是二氧化硅、氮化硅等绝缘性能非常好的材料。与单层金属布线相比，多层金属系统更加昂贵，每制备一层金属同时需要利用平整化工艺（通常是化学机械抛光）使硅片表面和中间层平整化，这样才能制造出好的多层金属布线。

2. 互连

1）扩散法是在半导体中先扩散形成重掺杂区以获得 N^+N 或 P^+P 的结构，然后使金属与重掺杂的半导体区接触，形成欧姆接触。

2）合金法是利用合金工艺对金属互连线进行热处理，使金属与半导体界面形成一层合金层或化合物层，并通过这一层与表面重掺杂的半导体形成良好的欧姆接触。

12.1.2 金属化的种类

1. 半导体制造中对金属材料的要求

金属化技术在中、小规模集成电路制造中并不是十分关键。但是随着芯片集成度越来越高，金属化技术也越来越重要，甚至一度成为制约集成电路发展的瓶颈。早期的铝互连技术已不能满足高性能和超高集成度对金属材料的要求，直到铜互连技术被应用才解决了这个问题。硅和各种金属材料的熔点和电阻率见表 12-1。为了提高 IC 性能，一种好的金属材料必须满足以下要求：

1）具有高的导电率和纯度。

2）与下层衬底（通常是二氧化硅或氮化硅）具有良好的黏附性。

3）与半导体材料连接时接触电阻低。

4）能够淀积出均匀而且没有“空洞”的薄膜，易于填充通孔。

5）易于光刻和刻蚀，容易制备出精细图形。

6）很好的耐腐蚀性。

7）在处理和应用过程中具有长期的稳定性。

表 12-1 硅和各种金属材料的熔点和电阻率

材料	薄膜电阻率/(μΩ·cm)	熔点/℃
硅（Si）	$\approx 10^9$	1412
掺杂多晶硅	500～525	1412
金（Au）	2.2	1064
铝（Al）	2.7	660
铜（Cu）	1.7	1083
钨（W）	8	4310
钛（Ti）	60	1670
钽（Ta）	13～16	2996
钼（Mo）	5	2620
铂（Pt）	10	1772

2. 铝

与硅和二氧化硅一样，铝一直是半导体制造技术中最主要的材料之一。从集成电路制造早期开始就选择铝作为金属互连的材料，以薄膜的形式在硅片中连接不同器件。直至 21 世纪初期，为了进一步提高 IC 性能，在较高性能的超大规模集成电路（VLSI）中开始应用铜互连技术，但铝在集成电路制造中地位仍然非常重要，选择铝作为金属互连线是因为铝具有以下优势：

1）较低的电阻率。

2）铝价格低廉。

3）工艺兼容性。

4）铝膜与下层衬底（通常是硅、二氧化硅或氮化硅）具有良好的黏附性。

尽管铝作为互连线的材料有着众多优点，但是随着芯片集成度越来越高，互连线的特征尺寸越来越细，铝已经不能满足现代高性能、高集成度的 VLSI 对互连材料的要求。其根本原因是铝具有的电迁徙问题以及电阻率的限制，基于这两大问题，铜铝合金和铜作为金属材料得以应用。铝的另一个问题是熔点较低，铝的熔点仅为 660℃，这导致在淀积完铝膜后不能再对硅片进行高温处理，所以通常铝淀积工艺必须被安排在最后进行，这使得工艺的灵活性有所降低。

3. 铝铜合金

电流是通过导体内电子的移动产生的，电子在移动的过程中会与金属原子发生碰撞。在大电流密度的情形下，大量电子对金属原子的持续碰撞，会引起原子逐渐而缓慢的移动，这就是电迁徙现象。由于金属原子质量远远大于电子的质量，通常在导体横截面积较大的情况下，不会考虑电迁徙现象。但是由于互连线的特征图形尺寸越来越细，这时候铝互连电迁徙现象引发的问题就更加明显。铝原子的移动导致导体中某些位置原子的损耗，以至于产生空洞，最终引起互连线局部减薄或变细，直至产生断路。在导体的其他区域，铝原子堆积起来则形成小丘，外在表现为金属薄膜表面鼓出，如果有过多或大量的小丘形成，可能会与毗邻的连线短接在一起，如图 12-1 所示。这些情况都是芯片在使用一段时间后才经常发生。电迁徙已经变成影响芯片可靠性问题的重要因素，是集成电路中广泛研究的失效机制问题之一。

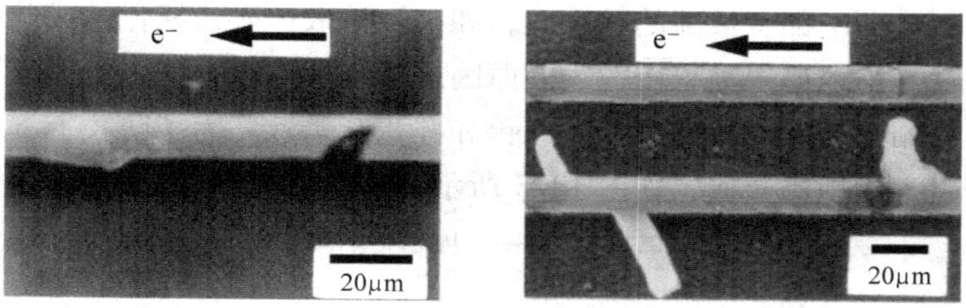

图 12-1　由电迁徙引起铝互连线断路与短路的现象

4. 铜

21 世纪初，铜互连技术在高性能、高集成度的集成电路中被广泛使用。铜互连技术取代铝互连已成必然，其根本原因是铜互连使芯片在性能方面取得非常明显的效果。金属化铜互连中引入铜有以下的优点：

1）更低的电阻率。

2）减少了功耗。

3）更高的互连线集成密度。

4）良好的抗电迁徙性能。

5）更少的工艺步骤。

铜在提高集成度性能方面确实有着比铝更好的优势，但是铜需要面对一些难题使铜互连技术直到20世纪一直没有被采用。引入铜需要面对的难题包括以下几个方面：

1）铜在氧化硅和硅中的扩散率很高。

2）铜很难被刻蚀。

3）在小于200℃低温的空气中，铜很快被氧化，而且这一层氧化膜不会阻止铜进一步氧化。

在铜、氧化硅和硅之间淀积一层阻挡层金属以及使用钨填充塞来做第一层金属层与源、漏和栅区的接触，可以消除铜在氧化硅和硅中的扩散问题。而双大马士革法不需要刻蚀铜，这使得不需要考虑铜和刻蚀工艺的兼容性问题。实际上难题很早就被人解决，然而铜互连技术迟迟未被用于生产线。其主要的原因是铝互连技术已经非常成熟，产品失效率和成本已经降到最低。而制备铜互连的双大马士革工艺完全与传统的工艺不同，新工艺的引入意味着新的生产线、新设备、新污染源、新程序以及不可预知的结果等，变化总会带来不可预见的问题，这对半导体制造商来说增加了冒险的因素。因此，铜互连技术直到21世纪才被广泛应用。多层铜互连技术如图12-2所示。

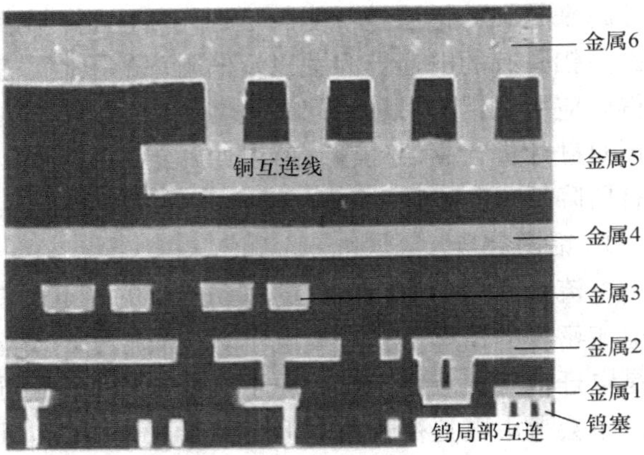

图12-2　多层铜互连技术

5. 阻挡层金属

铜在硅和二氧化硅中都有很高的扩散率，如果铜扩散进入二氧化硅或硅中将破坏元器件的性能，这也是铜互连迟迟未被采用的主要原因之一。事实上，很多金属与半导体接触并在高温处理时都容易相互扩散，比如铝和硅、钨和硅相互扩散。为了防止上下层材料相互扩散必须在它们中间引入阻挡层金属，如图12-3所示。阻挡层金属必须足够厚，以达到阻挡扩散

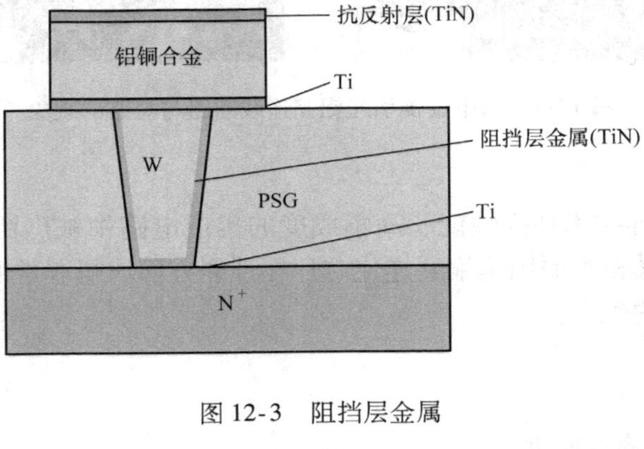

图12-3　阻挡层金属

的目的，通常对于特征尺寸为 0. 25μm 的器件中阻挡层金属厚度约 100nm，而对于 0. 18μm 工艺水平的元器件其阻挡层金属厚度约 20nm。

阻挡层金属在半导体制造业中被广泛使用。良好的阻挡层金属应具有以下基本特征：

1）能很好地阻挡材料的扩散。

2）高电导率和很低的欧姆接触电阻。

3）在半导体和金属之间有很好的附着能力。

4）抗电迁徙能力强。

5）保证在很薄和高温下具有很好的稳定性。

6）抗侵蚀和抗氧化性好。

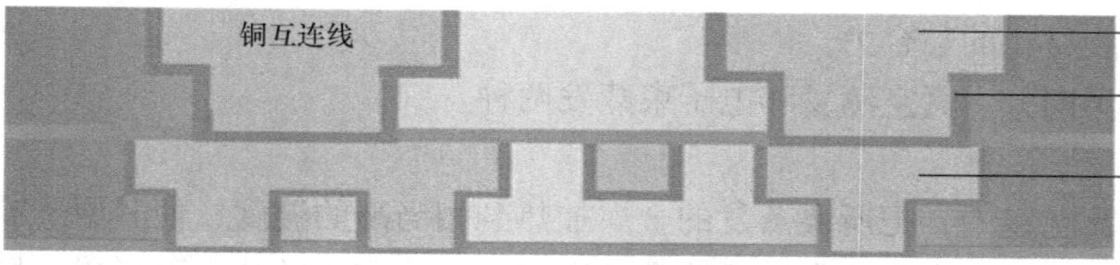

图 12-4　铜的阻挡层金属

对于铜互连技术来说，对阻挡层的要求更加严格。为了防止铜在二氧化硅和硅中扩散，必须由一层阻挡层把铜完全包装起来，如图 12-4 所示。作为铜的阻挡层金属材料除了满足基本的阻挡层特性外，还需要满足以下要求：铜阻挡层必须很薄；能起到加固铜附着和组织铜扩散的作用；与介质材料和铜的黏附性都很好；台阶覆盖性能好等。铜的阻挡层金属通常是钽、氮化钽和钽硅碳。

6. 钨

多层金属化产生了数以十亿计的通孔（也称为过孔）。通孔是指两金属层之间形成电通路的介质层开口，在通孔中淀积金属后便形成孔填充塞。孔填充塞可使两层金属之间或第一金属层与元器件区之间形成电通路。

目前被用于填充通孔最普遍的金属是钨，孔填充塞也称为钨塞。淀积钨最常用的是化学气相淀积方法。化学气相淀积法的优点是覆盖能力强，具有均匀填充高深宽比通孔的能力，这也是钨被广泛用于通孔填充材料的原因。钨是难溶金属，因此也被看成是阻挡层以阻止硅和第一金属层之间的扩散。

12. 2　金属淀积

金属淀积需要考虑的是如何将金属材料转移到硅片表面，并在硅片表面形成具有良好台阶覆盖能力、均匀的高质量薄膜。最初人们想到的是加热蒸发的方法，对金属材料进行加热使之沸腾后蒸发，然后淀积到硅片表面。然而利用这种方法形成的薄膜台阶覆盖能力和黏附力都较差，所以热蒸发法只限于早期的中小规模半导体集成电路制造中使用。为了适应现代的超大规模集成电路制造的需要，人们随后又想到另一种将金属材料转移到硅片表面的方法，这种方法称为溅射。溅射是利用高能粒子去撞击金属靶材料，把金属原子从靶材料中撞击出来后淀积到硅片上，这种方法能形成有较好台阶覆盖能力的高质量薄膜。与化学气相淀积（CVD）不同，蒸发和溅射在形成金属薄膜的过程中没有化学反应，属于物理气相淀积（PVD）。

除蒸发法和溅射法以外，另外两种方法也常用于金属淀积：金属 CVD 和铜电镀。金属 CVD 主要用于淀积钨和铜（铜电镀前的铜种子层）。铜电镀则主要用于制备铜互连时铜薄膜的淀积。综上所述，金属淀积的方法主要有蒸发、溅射、金属 CVD 和铜电镀。

12.2.1 蒸发

在半导体制造早期，蒸发法是最主要的金属淀积方法。然而为了获得更好的台阶附覆盖能力以及更高的淀积速率，从 20 世纪 70 年代的后期开始，在大多数硅片制造技术领域里溅射已经取代蒸发。尽管如此，在一些对薄膜台阶附覆盖能力要求不太高的中小规模集成电路制造中仍在使用蒸发法淀积金属薄膜。在封装工艺中，蒸发也被用来在晶片的背面淀积金属，以提高芯片和封装材料的黏合力。

蒸发按加热源的不同分为真空蒸发和电子束蒸发两种。

1. 真空蒸发

真空蒸发就是在真空室中，把所要蒸发的金属加热到相当高的温度，使其原子或分子获得足够的能量，脱离金属材料表面的束缚而蒸发到真空中，淀积在基片表面形成一层薄的金属膜。真空蒸发系统如图 12-5 所示。

蒸发流程如下：选择金属源、清洁处理、打开机械泵阀门、真空室阀门、电源、机械泵开关，开启钟罩、挂铝丝、抽真空、基片加热、蒸发和取片。

通常铝层的厚度为 1 ~ 2μm，太薄，不易键合；太厚，不易光刻。铝层的厚度取决于蒸发源与基片之间的距离、基片温度、真空室内的真空度以及蒸发时间，控制好这些参数，就可以得到厚度理想的膜层。

2. 电子束蒸发

电子束蒸发是利用高电压加速并聚焦电子束，直接打到源表面使金属熔化并蒸发到基片表面形成薄膜。电子束蒸发系统如图 12-6 所示。

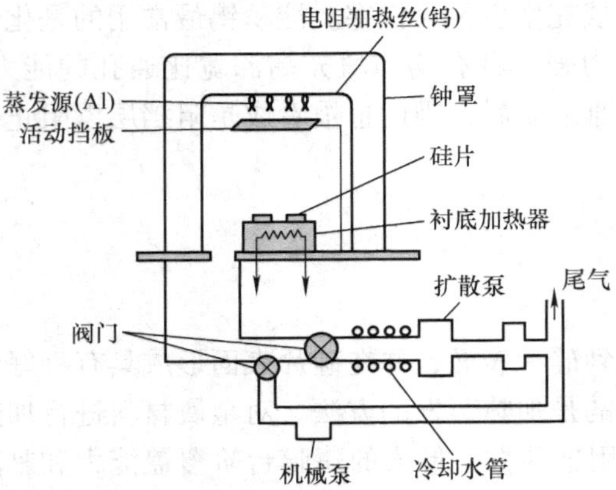

图 12-5　真空蒸发系统

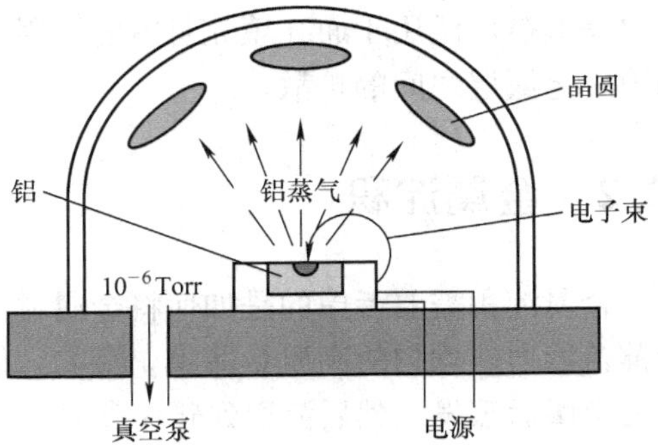

图 12-6　电子束蒸发系统

电子束蒸发的优点：膜层纯度高、钠离子含量低；膜层均匀；膜层晶粒致密均匀；原料节省；应用广泛。

电子束蒸发的核心是偏转电子枪，电子枪的工作过程如下：①灯丝加热后发射出大量电子，电子在阳极作用下加速（加速电场是可调的）飞入磁场；②电子在磁场中受到洛仑兹力的作用发生偏转，调节磁场的强度或电子速度可改变电子的运动半径，使之准确的击中蒸发源；③击中蒸发源的电子的动能转化为热能，使铝蒸发。

12.2.2 溅射

溅射是利用等离子体轰击被溅射物质使其原子或分子逸出，淀积到基片表面形成薄膜的一种物理气相淀积方法。溅射具有以下优点：可实现大面积基片膜层的均匀淀积；膜的厚度、台阶覆盖能力等特性的可控性好；可不改变合金成分进行薄膜淀积；可通过原位溅射刻蚀清除掉基片表面弄脏的自然氧化层。

1. 溅射步骤

向高真空室内通入放电所需的惰性气体；在高空电场作用下使气体放电，产生大量离子；离子在电场作用下加速能量升高，以高速去轰击靶材料；离子的动能高于材料的原子、分子结合能，使靶材料的原子或分子逸出；逸出的原子或分子飞向基片，在基片表面淀积成膜。

2. 离子体的产生

轰击靶材的高能离子是氩气辉光放电所产生的，而辉光放电就是低压气体中显示辉光的气体放电现象。在置有板状电极的玻璃管内充入低压气体或蒸气，在两个电极间加上约1000多伏的电压时，稀薄气体中的残余正离子在电场中加速，有足够的动能轰击阴极，产生二次电子，经簇射过程产生更多的带电粒子，使气体导电。辉光放电的特征是电流强度较小（约几毫安），温度不高，故电管内有特殊的亮区和暗区，呈现瑰丽的发光现象。

3. 溅射的物理机制

氩离子轰击靶材表面时将能量传递给被轰击的原子、分子，被击原子撞击周围的原子使它们逸出靶材表面，达到溅射的效果。将一个入射离子轰击出的原子数定义为溅射产额，溅射产额通常为0.5~1.5。氩离子的入射角度、质量、能量以及靶材的成分都会影响溅射产额。溅射的物理机制如图12-7所示。

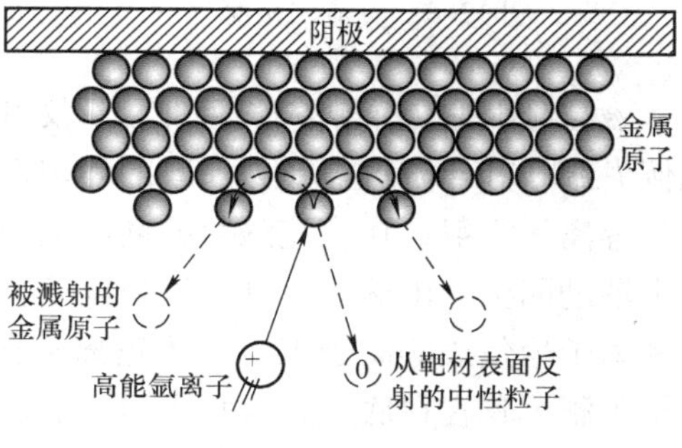

图12-7　溅射的物理机制

4. 溅射方法

溅射的方法很多，有直流溅射、交流溅射、磁控溅射和反应溅射等。根据电极的结构又可以分为二极溅射、三极溅射以及四极溅射等。

直流二极溅射是最早采用的溅射方法，如图12-8所示。二极是指一个阳极、一个阴极，靶材放置于阴极处，基片置于阳极处。在阴阳两极间加上1.5~7kV的直流电压，使室内的氩气辉光放电产生离子，最终达到溅射的目的。这种溅射方法结构、工艺都很简单，但如果要溅射绝缘体，因绝缘体放置于阴极上后，直流电压无法导致辉光放电产生离子，这样就无法完成溅射。所以，直流溅射不适合集成电路制造，大多采用交流溅射、磁控溅射以及等离子溅射。

交流溅射也称为高频溅射、射频溅射。这种方法既可以淀积金属，也可以淀积绝缘材料。

交流溅射的效率与频率相关，频率太低时，位移感应电压太低，无法溅射；频率太高，轰击速率、淀积速率太快，淀积无法匹配。但溅射产额太低，导致淀积效率太低，所以受到应用上的限制。

交流溅射最大的优点是可以溅射各种材料的薄膜，从导体到绝缘体，从元素到化合物，从普通材料到高熔点材料，都可以溅射。

磁控溅射在靶电极背后安装了永久磁铁以产生特定形状的磁场，使电子在磁场作用下按一定的轨迹运动，有效地增加电离氩原子的数目，轰击靶材的离子数越多，溅射速率就越高，淀积速率也越快。磁控溅射设备如图 12-9 所示。

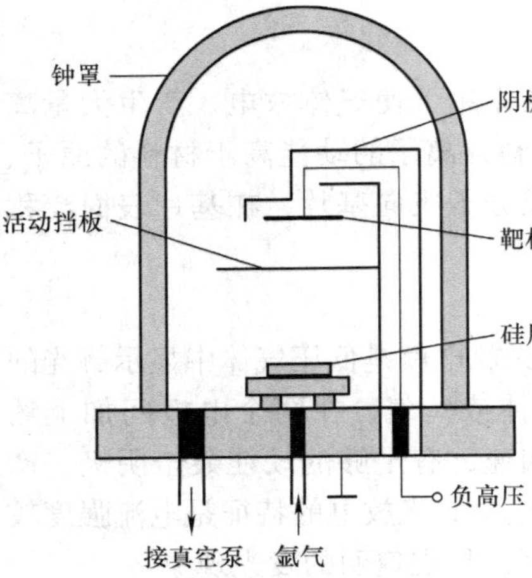

图 12-8　直流二极溅射

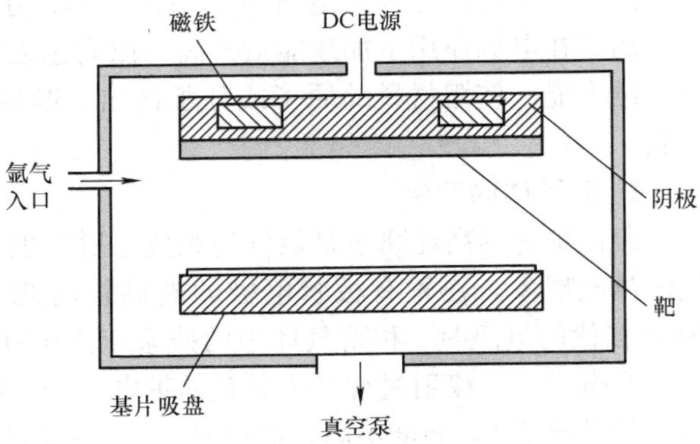

图 12-9　磁控溅射设备

磁控溅射避免了钠离子污染。不仅可以溅射各种合金和难熔金属，而且不会造成合金的比例失调。其台阶覆盖能力、膜的均匀性都比较理想，所以应用很广泛。

等离子溅射，在直流溅射的基础上为增加电子密度和电离效率，增加一个热灯丝阴极和一个辅助阳极，由热阴极灯丝发射电子，辅助阳极对电子起加速作用，在磁场的作用下将电子和离子聚焦成等离子束，气体正离子在靶电压（负高压）作用下快速轰击靶表面，使靶原子飞溅沉积在衬底上，这种溅射方法也称为等离子溅射。

12.2.3　金属 CVD

对于金属薄膜，更多的是选择物理气相淀积（PVD）法进行淀积，即蒸发和溅射。然而，化学气相淀积（CVD）工艺在获得优良的等角台阶覆盖和对高深宽比通孔无间隙式的填充等方面有着明显的优势。当元器件的特征尺寸减小到 0.15μm 或更小时，金属 CVD 的优势更加突出。所以在某些金属层结构中使用金属 CVD 的方法进行淀积可以得到更好的效果，比如制备具有高深宽比的钨塞和要求等角台阶覆盖的薄铜种子层等。

1. 钨 CVD

钨因具有良好的抗电迁徙能力和导电能力，被广泛用于各种元器件结构，包括接触阻挡层、MOS 管的栅极互连（局部互连）和通孔填充。在多层铝互连技术中，单个芯片中数以亿计的通孔使用金属钨填充，工作性能稳定，是形成有效的多层金属层系统的关键。然而由于双大马士革铜金属工艺的引入，使钨作为金属层间通孔填充塞得用途受到限制，但钨作为第一层金属与半导体之间的孔填充塞仍然很重要。

溅射淀积钨的成本比较低，但方向性控制较差，使得钨淀积在通孔中的质量产生不均匀性，这也是 CVD 成为淀积钨首选方法的原因。低压化学气相淀积（LPCVD）是一种通用的方法，它不需要造价昂贵、维护复杂的高真空泵，而且提供了优良的台阶覆盖和较高的生产效率。鸨淀积最普通的反应是气体六氟化钨（WF_6）与氢气（H_2）反应，其化学方程式为：

$$WF_6 + 3H_2 \longrightarrow W\downarrow + 6HF\uparrow \tag{12-1}$$

在淀积钨之前要先淀积两层薄膜：一层薄膜是钛膜。淀积钛膜的目的是降低接触电阻，通常是使用溅射法进行淀积。而为了获得较好的台阶覆盖，常使用 CVD 淀积氮化钛膜。氮化钛膜其阻挡层和黏结层的作用，阻止钨与硅之间的扩散和保证钨与下层材料之间良好的黏结性。在淀积完钨以后，由化学机械抛光对钨膜进行平坦化。

2. 铜 CVD

铜 CVD 最普遍的应用是在铜电镀工艺制备铜互连线之前淀积一层薄种子层。铜种子层是一层淀积在扩散阻挡层顶部的薄层。为了获得良好的铜互连线，有良好台阶覆盖能力并且连续、没有针孔和空洞的铜种子层是至关重要的。如果铜种子层不连续，就可能在电镀铜时产生空洞，而 CVD 法具有的优势是其他作为淀积铜中子层的主要方法。

CVD 法制备铜膜，首先必须选择合适的前驱物，目前常选择铜化合物，这类化合物经过化学反应生成的铜原子会淀积成膜。

12.2.4 铜电镀

电镀（ECP）是工业上传统的镀膜工艺之一。但是因电镀制膜法存在较大污染和难以控制的工艺过程，在半导体制造中一直未被采用，直到铜互连技术的出现才被采用。铜电镀工艺具有成本低、工艺简单、无需真空支持、增大电流可提高淀积速率等优点。已成为现代完成铜互连薄膜淀积的主要工艺。

铜电镀工艺是采用湿法化学品和电流将靶材上的铜离子转移到硅片表面的过程。铜电镀系统由电镀液、脉冲直流电流源、铜靶材（阳极）和硅片（阴极）等组成，如图 12-10 所示。电镀液由硫酸铜、硫酸和水组成，呈淡蓝色。当电源加在铜靶（阳极）和硅片（阴极）

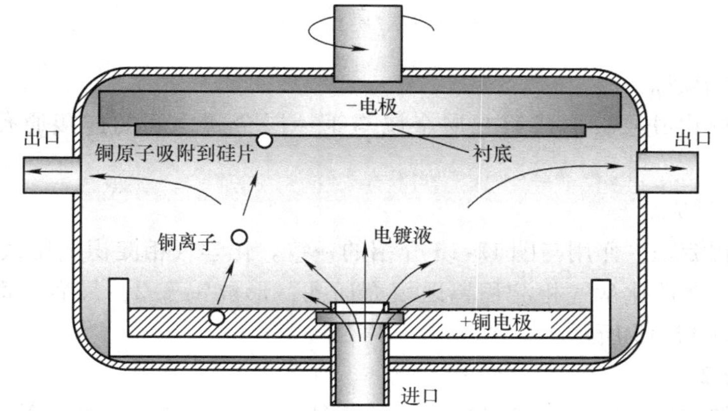

图 12-10　铜电镀系统

之间时，溶液中产生电流并形成电场。铜靶（阳极）中的铜发生反应转化为铜离子并在外加电场作用下向硅片（阴极）定向移动，到达硅片（阴极）时，铜离子与阴极的电子反应生成铜原子并镀在硅片表面，反应式如下：

$$Cu^{2+} + 2e^{-} \longrightarrow Cu \tag{12-2}$$

12.3 金属化工艺流程

半导体制造技术中金属互连正在经历一场根本性的变化。在某些高性能的集成电路芯片中，传统的铝金属化技术正在逐渐被铜金属化技术替代。铜金属化的引入将改变传统的金属化流程。取而代之的是新型的双大马士革法制备铜互连线的工艺流程。

12.3.1 传统金属化流程

传统的互连金属是铝铜合金（99%铝，1%铜），并用 SiO_2 作为层间介质隔离层。以下是制备第二层金属的传统铝互连技术的工艺流程，该过程中铝被淀积为薄膜，然后被刻蚀掉（减去）以形成电路。

1）第一层金属（金属1）。

如图12-11所示，Al-Cu合金已经制备完成。该金属层结构被称为三明治结构，分别由钛、铝铜合金和氮化钛组成。其中钛提供了钨塞与金属铝之间良好的键合和阻挡扩散作用。氮化钛则充当下一次光刻中的抗反射层。金属1通过钨塞1与半导体元器件表面连接。

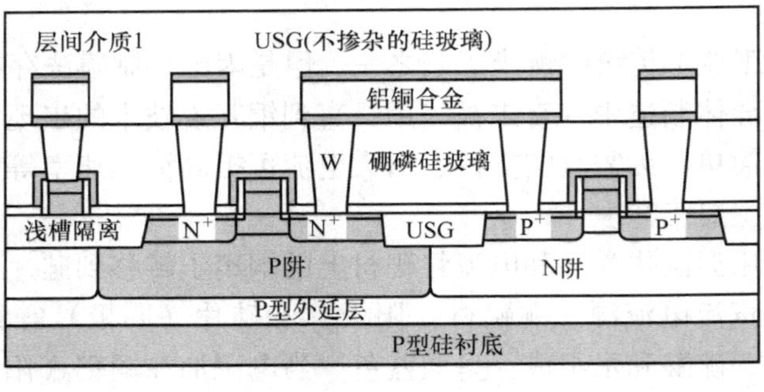

图12-11　第一层金属

2）通孔2的形成。

干法刻蚀二氧化硅层，形成第二层金属与第一层金属之间的连接通孔（通孔2），如图12-12所示。

3）钨塞2的形成。

首先物理气相淀积，作用与图12-13介绍的一致。化学气相淀积氮化钛，充当钨的淀积过程中的阻挡层。然后化学气相淀积钨以填充通孔，形成钨塞2，最后CMP磨平，留下通孔中的钨塞，如图12-13所示。

4）淀积金属2。

用溅射法分别淀积一层钛、铝铜合金和氮化钛，形成三明治结构的第二层金属（金属2），如图12-14所示。

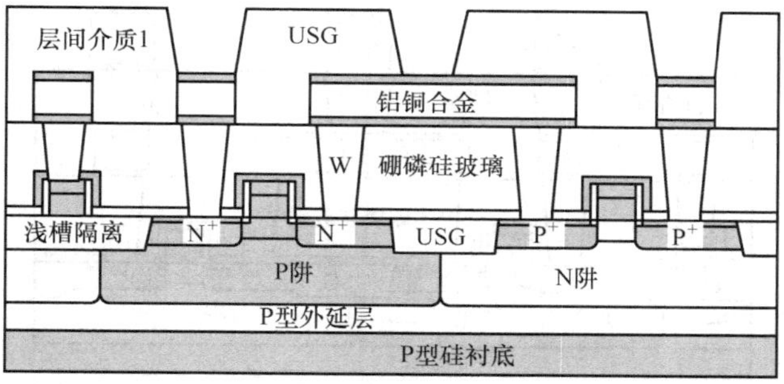

图 12-12　形成通孔 2

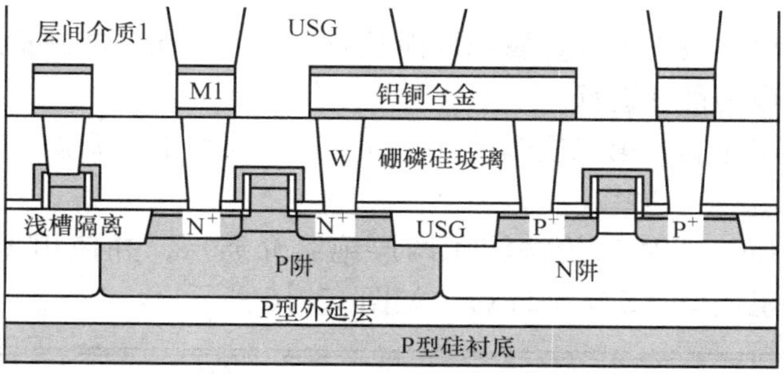

图 12-13　形成钨塞 2

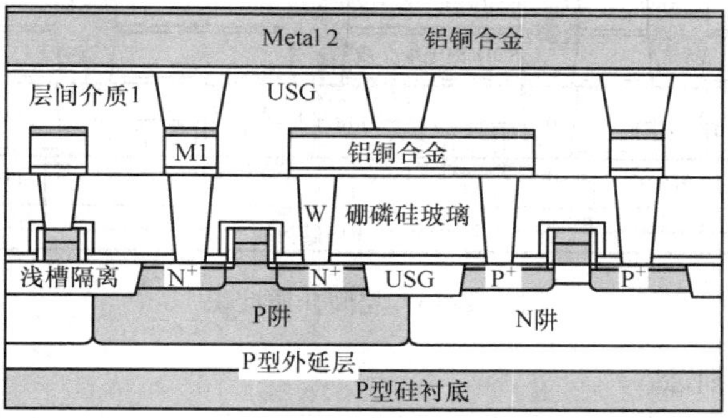

图 12-14　淀积金属 2

5）刻蚀互连线。

利用等离子体刻蚀机刻蚀出金属 2 的互连线（重复以上流程制备金属 3 和金属 4），如图 12-15 所示。

12.3.2　双大马士革工艺流程

铜金属化在各方面的性能比铝更具优势，半导体产业正在实现用铜做微芯片的互连材料。而传统工艺中的干法刻蚀铜不能产生易挥发的副产物，因此铜不适合干法刻蚀。这个问题直接导致铜金属化不能采用传统的工艺流程进行。双大马士革工艺是通过层间介质刻蚀形成孔和槽，确定好线宽和图形间距，然后将铜淀积至刻蚀好的图形，再经过化学机械抛光除

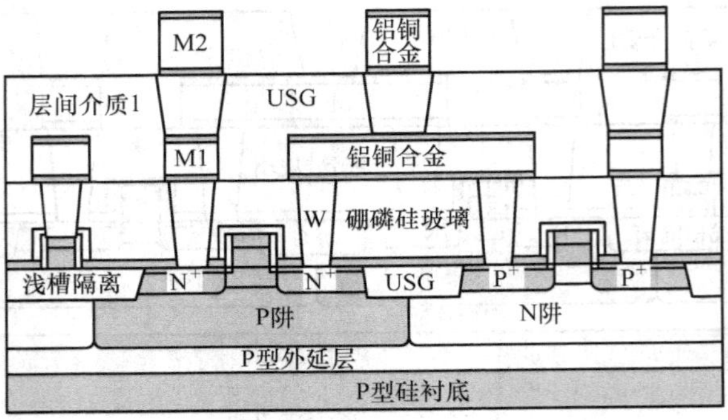

图 12-15　刻蚀金属层 2

掉多余的铜，利用这种方法不需要金属刻蚀而且通孔和引线同时被制备好，所以使用双大马士革法完成铜金属化成为最佳选择。

以下是双大马士革法制备第二层金属（金属 2）的典型工艺流程。

1）层间介质淀积。

在第一层金属（Cu）上用涂旋法淀积两层绝缘介质层，并使用 HDPCVD 淀积出致密的、没有针孔的刻蚀阻挡层（SiC 和 SiN），如图 12-16 所示。

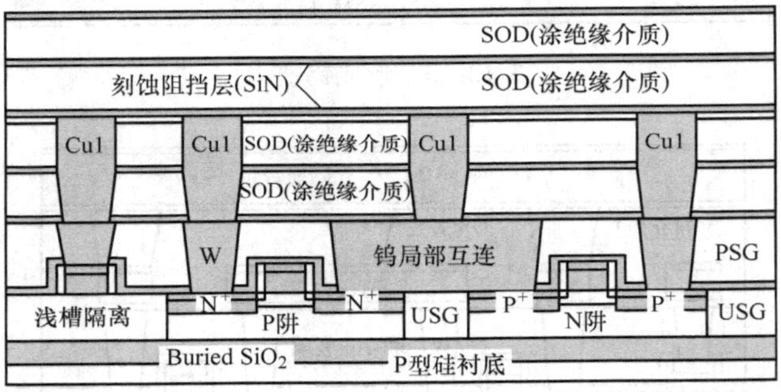

图 12-16　层间介质淀积

2）金属 2 的线槽刻蚀。

利用光刻、刻蚀工艺刻蚀二氧化硅至刻蚀阻挡层，刻蚀出金属 2 线槽的图形，如图 12-17所示。

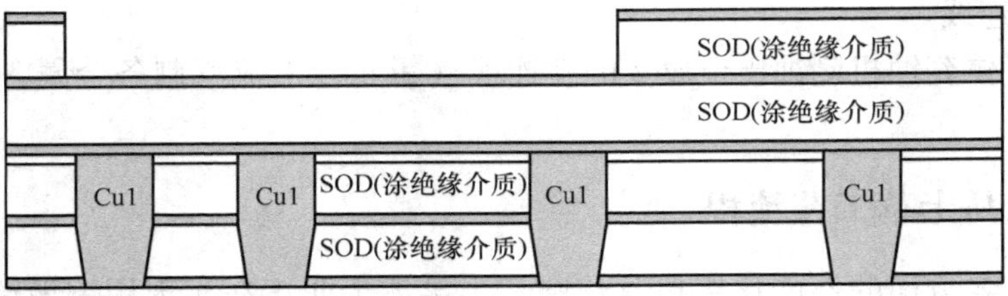

图 12-17　刻蚀金属 2 的线槽

3）金属层间通孔刻蚀。

继续刻蚀掉刻蚀阻挡层和二氧化硅层，形成金属 2 和金属 1 之间的介质层通孔图形，完成互连线的线宽和图形的刻蚀，如图 12-18 所示。

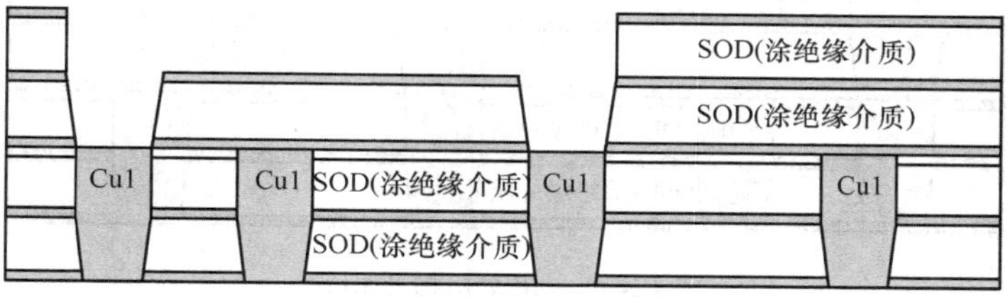

图 12-18　刻蚀通孔

4）淀积阻挡层金属。

在槽和通孔的底部及侧壁用离子化的 PVD 淀积铜扩散阻挡层（钽和氮化钽），如图 12-19所示。

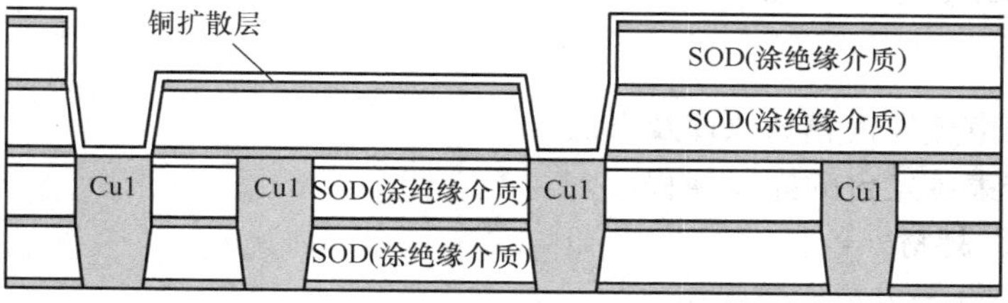

图 12-19　淀积阻挡层金属

5）淀积铜种子层。

如图 12-20 所示，用 CVD 淀积连续的铜种子层，种子层必须是均匀的并且没有针孔。铜种子层的淀积有利于在下一步铜电镀工艺时形成良好的对高深宽比通孔的填充。

6）铜电镀。

用电镀法淀积铜填充，既填充通孔窗口，也填充槽，如图 12-20 所示。

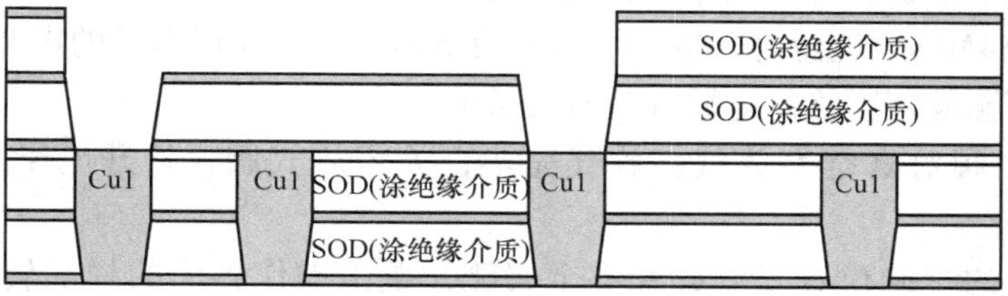

图 12-20　铜电镀

7）用 CMP 清除额外的铜。

如图 12-21 所示，用化学机械抛光（CMP）清除额外的铜，这个过程平坦化了表面并为下道工序作了准备。CMP 后即形成了金属 2 的电路。重复以上流程可以制备金属 3、金属 4 等。

对铜金属化应用双大马士革法最重要的原因是避免了金属刻蚀。与传统的铝金属比较，双大马士革法不仅使工艺步骤减少了 20% ~30%，而且排除或较少了传统铝互连金属化中最难的步骤，包括铝刻蚀和许多铝与介质的化学机械抛光步骤。

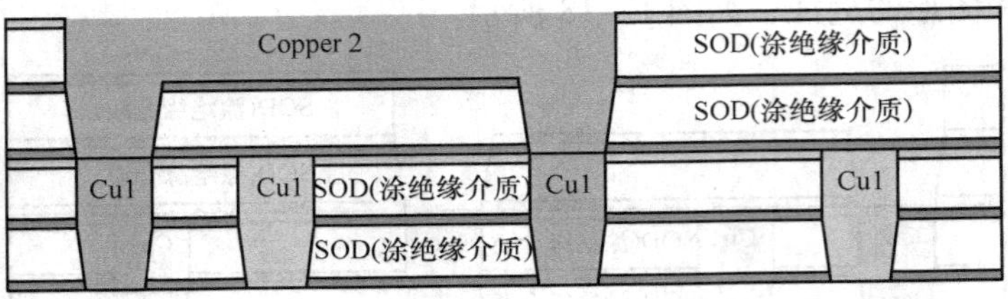

图 12-21　化学机械平坦化

12.4　金属化工艺生产实训

12.4.1　蒸发工艺生产实训

1. 实验目的

1）掌握电子束蒸发镀膜的原理及方法。

2）掌握电子束蒸发台的操作规程。

2. 实验仪器、耗材

1）DZD500A 电子束蒸发镀膜机。

2）玻璃片靶材。

3）橡胶球。

4）手套。

3. 操作流程

1）打开冷水机的电源控制开关（空气开关），检查电源指示灯是否正常发光，如果正常正启动冷水机，注意能否听到水流声。

2）打开空气压缩机，将空气作为放气阀向真空室放气时的气源；本实验中空气压缩机提供的气压为 0.54MPa。注意打开空气压缩机后听是否有压缩机运转的声音。

3）打开电子蒸发镀膜机的电源（空气开关）。

4）开启放气阀对真空室放气，放气完毕，关闭放气阀，打开电子蒸发镀膜机的真空室。

5）在真空室的正确位置安放硅片和金属靶，单击操作界面的样品转架，后单击电子枪，将样品转架转至正确位置。

6）关闭真空室。单击机械泵按钮，然后单击旁抽阀按钮进行初步的抽真空至 5Pa 时，打开真空计，然后依次开前级阀、分子泵和翻板阀。如气压不足，系统会发出警报，若 3s 内停止报警，则属于正常现象，否则，应停止运行分子泵，检查机器的故障。观察分子泵面板，此时显示转速 8430r/s，频率 130Hz，转速和频率稳定后，显示转速 2700r/s，频率 450Hz（即正常转速）。

7）当分子泵将真空抽至 3.3×10^{-3}Pa 时，打开电子枪总电源（观察指示灯是否正常发光），此时偏转磁场电流为 0.9A。接着打开灯丝电源，显示灯丝电压为 60V，电流为 0.5V，高压源为 6.2kV。调节束流电流为 200mA，此时，灯丝电压为 130V，电流为 1A。

8）调节光斑的位置和镀膜厚度（本实验设置为 0.7kÅ，镀膜速度在 4 ~ 5Å 之间），打开挡板。

9）镀膜结束后，减小束流电流至最小，关闭高压和挡板。关闭枪灯丝电流，偏转电源，电子枪总电源。

10）关闭分子泵（若出现短时报警为正常现象）、真空计和机械泵。当分子泵完全停止工作后，打开放气阀向真空室放气，打开真空室，取出样品。

11）关闭真空室，用机械泵将真空室抽至低真空，关闭其他相关设备。

12.4.2 溅射工艺生产实训

1. 实验目的

1）掌握磁控溅射制备金属薄膜的原理及方法。

2）掌握磁控溅射镀膜机的操作规程。

2. 实验仪器、耗材

1）磁控溅射镀膜机。

2）硅片、金属靶材。

3）手套、高纯氩气。

3. 操作流程

（1）实验准备与开机

1）检查设备线路是否正常，确认设备各开关及旋钮都在“关”和“零”位置，开启循环冷却水。

2）依次开启设备主电源、镀膜机电源、真空计电源。

3）开启放气阀、打开真空室，安装金属靶材。

（2）抽真空与镀膜

1）将硅片放置在基片台上，关闭真空室、关闭放气阀。

2）开启机械泵、旁路阀。

3）设定基片加热温度为120℃，开启基片加热。

4）当真空室气压降到1Pa以下，关闭旁路阀，依次开启前级阀、分子泵和主阀。

5）当真空室气压降到10^{-3}Pa，开启流量计。

6）将流量计控制钮拨到“阀控”，并调整流量在75～80之间，并使前级真空度接近20Pa。

7）将真空计切换为“手动”模式，开启截止阀。

8）设置基片转速为10圈/分钟，开启基片旋转，开启溅射电源，预热1min。

9）调节溅射电流为1.1A左右，功率为500W左右。

10）开启溅射挡板，开始溅射并计时10min。

（3）放气取片

1）溅射完成后关闭溅射挡板，将溅射电流调至最小，并关闭溅射电源。

2）关闭基片加热，开始降温。

3）将流量计控制钮拨到“关闭”，真空计切换为“自动”模式。

4）当真空度达到10^{-4}Pa后关闭截止阀。

5）关闭流量计电源，继续降温5min。

6）关闭主阀、开启放气阀，待真空室恢复大气压后打开舱门，取出硅片。

（4）重新装片镀膜

完成一批硅片的金属化操作后，若需要对另一批硅片进行镀膜，则保持机械泵与分子泵开启，重新装片后进行如下操作。

1）关闭真空室、关闭放气阀、关闭前级阀、开启旁路阀。

2）当真空室气压降到1Pa以下，关闭旁路阀，依次开启前级阀和主阀。

3）执行步骤（2）中2）及后续操作，完成镀膜。

（5）关机

最后一批硅片镀膜完成后，应在关闭分子泵、降温放气后，取出硅片。具体操作为。

1）执行（3）中1）操作，关闭流量计电源，开始恢复真空室气压。

2）当真空室气压恢复到10^{-3}Pa，依次关闭主阀和分子泵电源。

3）待分子泵完全停止（转速为零）后，依次关闭前级阀和机械泵，开启放气阀对真空室充气。

4）当真空室恢复大气压后打开舱门，取出硅片。

5）依次关闭镀膜机电源、真空计电源、设备主电源。

6）关闭循环冷却水。

12.5 习题

1. 什么是金属化？
2. 解释下列名词：接触、互连、通孔和填充塞。
3. 哪种金属已经成为传统互连金属线？什么是它的替代物？
4. 常用的金属化工艺有哪些？
5. 为什么蒸发作为金属淀积系统取代？
6. 溅射的优点有哪些？
7. 简述铜电镀的基本过程。
8. 简述金属化一般工艺流程。
9. 简述双大马士革工艺的工艺步骤。

第 13 章　平坦化工艺

多层金属化技术带来的较大的硅片表面的不平整成为亚微米工艺的不利因素。硅片表面的不平整除了带来图形的不理想以外，同时也导致了其他的问题，最严重的是将无法完成硅片表面的图形制作。

为了减少硅片表面的图形起伏问题，不断开发与改进了平坦化技术，20 世纪 80 年代后期，IBM 开发了化学机械平坦化（Chemical Mechanical Planarization，CMP）的全局平坦化技术。没有 CMP，进行集成电路甚大规模集成电路芯片生产就不可能。对于双层大马士革结构的铜布线，CMP 是实现多层集成的关键工艺。

本章的学习目标：

1）了解平坦化概念。

2）了解传统的平坦化工艺。

3）了解化学机械平坦化的机理以及 CMP 的优缺点。

4）了解 CMP 设备。

5）了解 CMP 后清洗工艺。

13.1　平坦化的概念

平坦化就是使衬底表面平整、平坦之意。由于 IC 产业的快速发展，多层金属化技术被引入到集成电路制造工艺中，此技术使芯片的垂直空间得到有效利用，并提高了器件的集成度。加上线宽的进一步缩小，使得晶片表面的高低起伏严重影响了芯片制造技术的可靠性。以图 13-1 为例，由于表面层的高低起伏，所以每形成一层薄膜，会使得表面的起伏变得更大，这种情况一直积累下去，到表面金属层时，在制造工艺上会发生两个大问题：一方面，在镀上金属膜时，凹陷下去的部分和其他地方的厚度不均匀，金属薄膜处不仅会引起电阻值增高，同时容易因为电子迁移而造成线路短路，造成元器件可靠性很差。另一方面，如果在这种凹凸不平的表面涂覆光刻胶，光刻胶的厚度也将不均匀，在光刻胶显影时，会因为光刻胶厚度不同造成曝光和显影无法得到良好的解析度。通常线宽越窄，对解析度的要求越高，曝光机的焦深越短。随着金属层数的增加，在多层布线立体结构中，刻蚀要求每层都保证整片平坦，这是实现多层布线的关键。

针对这些问题，业界先后开发了多种平坦化技术，主要有反刻、玻璃回流和旋涂膜层等，但效果都不理想。20 世纪 80 年代末，IBM 公司将化学机械平坦化技术进行了发展使之应用于硅片的平坦化，首先用在后道工艺的金属间绝缘介质的平坦化，然后通过设备和工艺的改进用于钨的平坦化，随后用于浅槽隔离和铜平坦化。其在表面平坦化上的效果较传统的平坦化技术有了极大的改善，从而使之成为了大规模集成电路制造中有关键地位的平坦化技术。多层金属化技术中有 3 个主要环节：金属层制作、通孔处理、介质层制作，这 3 个环节之后都要利用平坦化处理使之达到预期的平整度，才能使多层布线达到预期的性能和可靠性。

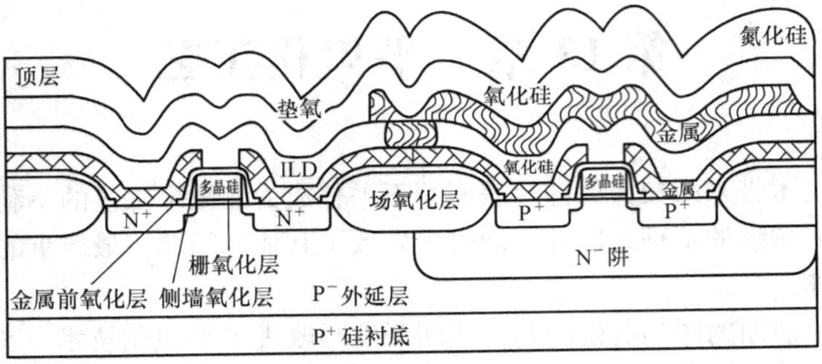

图 13-1　两层布线表面的不平整

13.2　传统平坦化技术

传统的平坦化技术有反刻、玻璃回流和旋涂玻璃法等。

1. 反刻平坦化

反刻平坦化是在起伏的硅片表面旋涂一层厚的介质材料或其他材料（如光刻胶或SOG），这层材料可以填充空洞和表面的低处，将作为平坦化的牺牲层。然后用干法刻蚀技术进行刻蚀，利用高处刻蚀速率快，低处刻蚀速率慢来实现平坦化。当被刻蚀的介质层达到希望的厚度时刻蚀停止，这样把起伏的表面变得相对平滑，实现了局部平坦化，如图 13-2 所示。

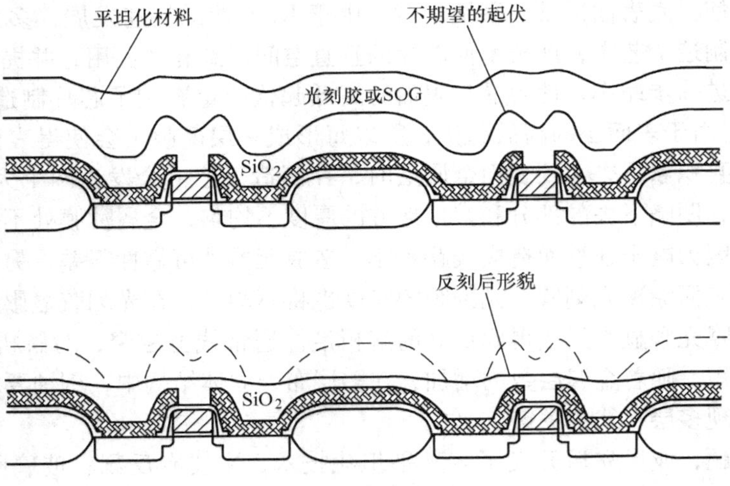

图 13-2　反刻平坦化

2. 玻璃回流

玻璃回流是对作为层间介质的硼磷硅玻璃（BPSG）或其他的掺杂氧化硅膜层进行加热升温，使玻璃膜层发生流动来实现平坦化的技术，如图 13-3 所示。一般，BPSG 在氮气环境中，在 850℃加热 30min 就发生流动，这样可使台阶处变成斜坡。玻璃回流不能满足深亚微米 IC 的平坦化要求。

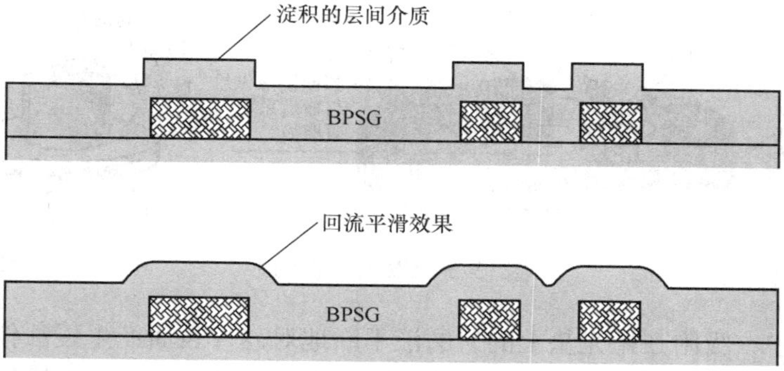

图 13-3　玻璃回流

3. 旋涂玻璃法

旋涂玻璃法主要是在起伏的硅片表面旋涂含有溶剂的液体材料，这样表面低处和缝隙将被填充，然后进行烘烤固化，使溶剂蒸发，即可获得表面形貌的平滑效果，如图 13-4 所示。

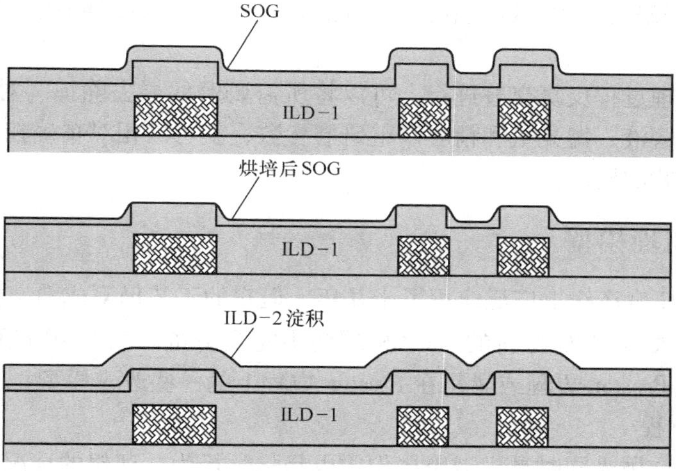

图 13-4　旋涂玻璃法

13.3　化学机械平坦化

13.3.1　CMP 机理

CMP 工作原理是将硅片固定在抛光头的最下面，将抛光垫放置在研磨盘上，抛光时，旋转的抛光头以一定的压力压在旋转的抛光垫上，由亚微米或纳米磨粒和化学溶液组成的研磨液在硅片表面和抛光垫之间流动，然后研磨液在抛光垫的传输和离心力的作用下，均匀分布其上，在硅片和抛光垫之间形成一层研磨液液体薄膜。研磨液中的化学成分与硅片表面材料产生化学反应，将不溶的物质转化为易溶物质，或者将硬度高的物质进行软化，然后通过磨粒的微机械摩擦作用将这些化学反应物从硅片表面去除，溶入流动的液体中带走，即在化学去膜和机械去膜的交替过程中实现平坦化的目的，如图 13-5 所示。

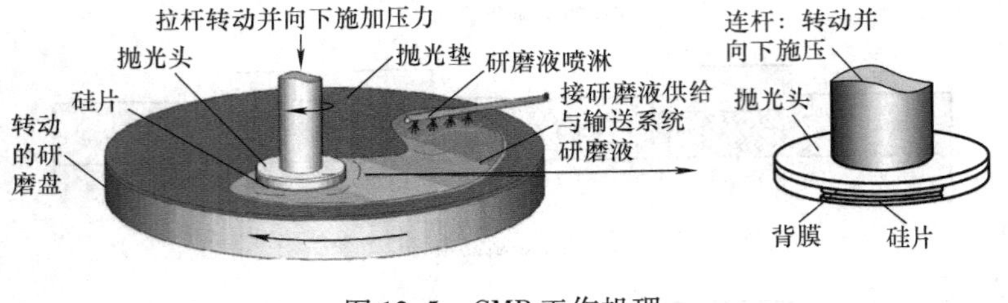

图 13-5　CMP 工作机理

在这个过程中，吸附在抛光垫上的研磨液不断地对硅片表面产生侵蚀作用，生成胶状膜层。而该膜层又经机械磨削作用被不断磨除从而暴露出新的表面，就这样周而复始地对硅片表面不断地化学侵蚀和机械磨除，构成了 CMP 的基本过程。总的来看，CMP 的微观过程基本上由两个过程组成。

1）化学过程：研磨液中的化学品和硅片表面发生化学反应，生成比较容易去除的物质。

2）物理过程：研磨液中的磨粒和硅片表面材料发生机械物理摩擦，去除化学反应生成的物质。

化学过程和物理过程反复交替进行，可以将所需研磨的层去除掉。对每一个研磨对象，通过选择合适的研磨液、抛光垫和精心调整研磨参数，就可以相对精确控制研磨的厚度和平坦度来达到不同工艺的要求。

13.3.2　CMP 机理模型

尽管 CMP 在 IC 生产线上广泛应用了十几年，但它的工艺仍不成熟，稳定性和安全性一直是讨论的课题。大多数 IC 材料的 CMP 机理尚不完全清楚。在 CMP 机理的研究中，最经常引用的方程式为 Preston 方程或者是在 Preston 方程上的一些改进模型。

（1）Preston 方程

从微观上来看，抛光同时是机械摩擦作用也是化学行为，理想的情况是化学作用速率和机械磨除速率相等，但这很难达到。这两种作用速度中的慢者决定了抛光速率。抛光中机械摩擦抛光速率服从 Preston 方程。即：

$$R = KPV \tag{13-1}$$

式中，R 为抛光速率，是指单位时间去除材料的厚度，单位 nm/s；P 为抛光头的下压力；V 为硅片与抛光垫之间的相对线速度；K 为 Preston 常数，是与被抛光材料、设备和工艺有关的参数，包括被抛光材料的硬度、研磨液、抛光垫和抛光条件等参数。

（2）Cook 模型

Cook 模型仅适用于单纯的硅片抛光，是目前描述抛光最详细的模型。它考虑了研磨颗粒的机械作用和化学反应，包含了抛光中几乎所有的因素并能用一个例子很好的解释（用含二氧化硅颗粒的抛光液对二氧化硅表面抛光）。该模型假设抛光液是牛顿流体，液体中含有颗粒，黏性系数为 10^9 Pa。研磨颗粒和表面之间的相互机械作用可以用模型来描述。直径为 ϕ 的球星颗粒通过均匀的施加负载压 N，渗透到受压力为 Fn 的表面。对一个标准的

Hertzian 渗透，Preston 常数为 $(2E)^{-1}$，E 表示弹性模量，K 为颗粒的浓度，$P = N/A$ 为压强。则表面粗糙度为：

$$R_n = \frac{3}{4}\phi\left(\frac{P}{2KE}\right)^{\frac{2}{3}} \tag{13-2}$$

13.3.3 CMP 主要参数

1. 去除率（Material Removal Rate，MRR）

设定单位时间内磨除材料的厚度是工业生产所需要的。绝大多数抛光工艺都是根据设定的平均磨除率进行定时控制的，即在设定的时间内磨除设定的厚度。

2. CMP 平整度与均匀性

平整度是硅片某处 CMP 前后台阶高度之差占 CMP 之前台阶高度的百分比，也就是说硅片某处台阶 CMP 之后相对于 CMP 之前台阶的平整程度。

CMP 均匀性分为硅片内均匀性和硅片间均匀性。硅片内研磨均匀性是指某片硅片表面研磨速率的标准偏差，用来衡量一个单独硅片上膜层厚度的变化量，通过测量硅片上的多个点来得到；硅片间研磨均匀性是指多个硅片之间 CMP 膜层厚度的变化，用于表征一定时间内硅片表面材料研磨速率的重复性和连贯性。

3. 选择比

在 CMP 中，对不同材料的抛光速率是影响硅片平整性和均匀性的一个重要因素。选择比是指在同样的条件下对两种无图形覆盖材料抛光速率的比值，即：

选择比 = 材料 1 的抛光速率/材料 2 的抛光速率

图 13-6 中两种材料，如果希望把材料 1 研磨掉而保留材料 2，那么就希望材料 1 相对材料 2 的抛光选择比大。

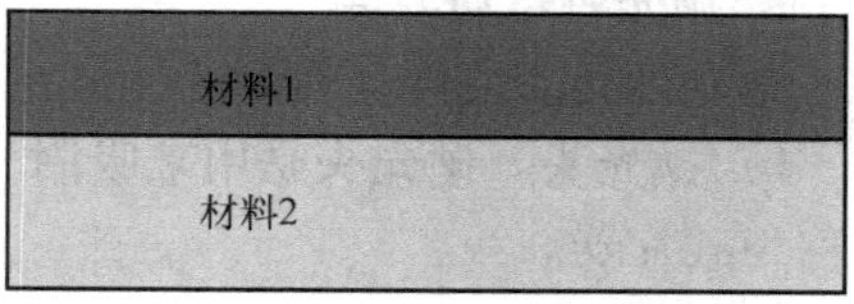

图 13-6 CMP 选择比应用

13.3.4 CMP 优点和缺点

CMP 技术具有许多优点，这使得它成为 ULSI 时代最广泛使用的平坦化技术。用于硅片制造的 CMP 的主要优点如下：

1）能获得全局平坦化。

2）对于各种各样的硅片表面都能平坦化。

3）可对多层材料进行平坦化。

4）减小严重的表面起伏，使层间介质和金属层平坦，可以实现更小的设计图形，更多层的金属互连，提高电路的可靠性、速度和良品率。

5）解决了铜布线难以刻蚀良好图形的问题。

6）通过减薄表层材料，可以去掉表面缺陷。

7）CMP 是湿法研磨，不使用干法刻蚀中常用的危险气体。

8）CMP 可以实现设备自动化、大批量生产、高可靠性和关键参数控制。

以上的优点使得 CMP 技术区别于不能进行全局平坦化，而只是平滑局部表面起伏的传统平坦化技术。采用 CMP 技术也存在困难，CMP 技术对集成金属和介质层，以及双大马士革工艺互连很重要，对 CMP 工艺的控制是关键的。CMP 技术的缺点主要如下：

1）影响平坦化质量的工艺因素很多且不易控制。

2）CMP 进行平坦化的同时也会引入新的缺陷。

3）需要配套的设备、材料、工艺控制技术，这是一个需要开发、提高的系统工程。

4）设备、技术、耗材和维护等十分昂贵。

13.4 CMP 设备组成

图 13-7 给出 CMP 工艺相关设备的组成。可以看出，CMP 设备组成分为两部分：研磨部分和清洗部分。研磨部分由抛光机运动组件（常见抛光机）、研磨过程的控制、抛光垫修整器、研磨液的供给与循环系统、终点监测组成。而清洗部分负责硅片的清洗和甩干。

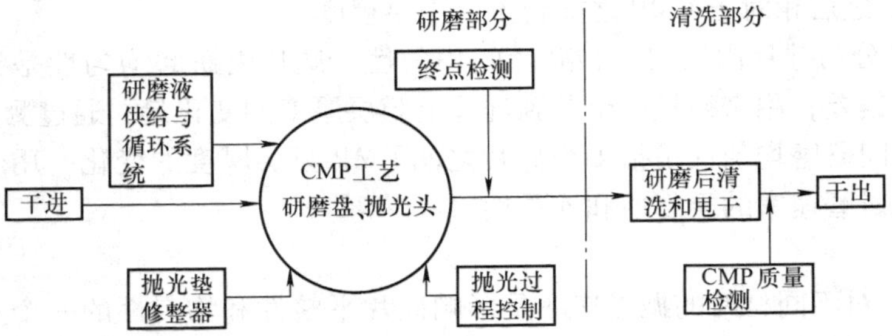

图 13-7　CMP 工艺相关设备组成

1. 抛光机运动组件

抛光机运动组件（常称为抛光机），包括抛光头、研磨盘，是 CMP 的关键机械装置。

1）抛光头。抛光头是用来吸附固定硅片并将硅片压在研磨垫上带动硅片旋转的装置，又称为载片器。

如图 13-8 所示，抛光头由连杆、固定装置、背磨组成。连杆的作用是向硅片施压并带动其旋转，吸附固定装置通常采用微孔陶瓷构成的表面采用抽真空的方法吸附硅片，同时用定位环把硅片水平固定，正面（被研磨面）向下（面向研磨盘），背面要垫上多层结构的背膜用来补偿硅片背面和颗粒带来的不平整。背膜像海绵，有抽真空的小孔。抛光头是背面控制。

2）研磨盘。研磨盘是 CMP 研磨的支撑平台，其作用是承载抛光垫并带动其转动。同时也要承载研磨液，并能排除磨除的废料。所以要有一个能承载一定压力、研磨过程不形变、水平且非常平整的表面，并由一个旋转轴来带动其水平、平稳的旋转。

2. 研磨过程的控制

它是控制抛光头压力大小、转动速度、开关动作和研磨盘动作的电路和装置。

3. 抛光垫与抛光垫修整

1）抛光垫大多是使用发泡式的多孔聚亚胺脂材料制成，是一种多孔的海绵，利用这种类似海绵的机械特性和多孔特性的材料，提高抛光的均匀性。其尺寸通常要比硅片要大，如图 13-9 所示。

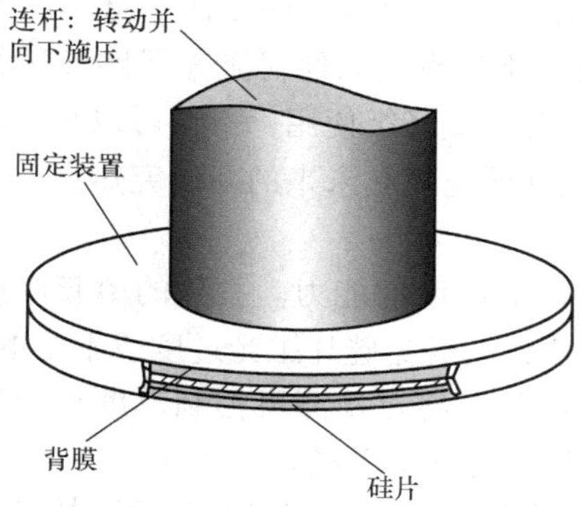

图 13-8　抛光头

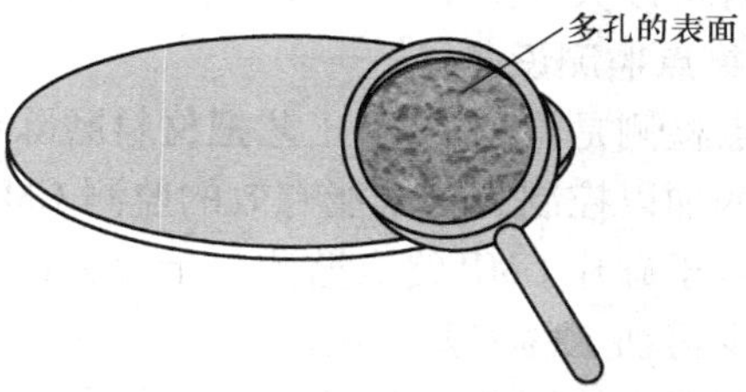

图 13-9　抛光垫

2）抛光垫修整。抛光垫是一种消耗品，在使用中因为研磨液粉粒机薄膜碎片的沉积，使抛光垫表面微孔发生堵塞，使其容纳研磨液和排除废屑的能力降低，导致材料去除率随时间下降，研磨的效果变差。此外，抛光垫的不均匀磨损，使得抛光过程不稳定，很难进行参数优化。所以抛光垫需要不定期修整，即对抛光垫进行修正、造型、平整和清洗，同时需要不断润湿抛光垫以恢复其表面粗糙度和多孔性。这个任务是由抛光垫修整器来完成。

4. 研磨液的供给与循环系统

1）研磨液由磨粒、酸碱剂、纯水及添加物构成。

2）研磨液供给与输送系统。

① 研磨液供给与输送系统与 CMP 工艺之间的关系：研磨液中的化学品在配比混合输送过程中可能有许多变化，这一点，使输送给机台的研磨液质量与抛光工艺的成功形成了非常紧密的关系，其程度超过了与高纯化学品的联系。尽管 CMP 设备是控制并影响 CMP 工艺结果的主要因素，但是研磨液在避免缺陷和影响 CMP 的平均抛光速率方面起着巨大的作用。

② 研磨液供给与输送系统实现的目标：通过恰当设计和管理研磨液供给与输送系统来保证 CMP 工艺的一致性。研磨液的混合、过滤、滴定以及系统的清洗等程序会减轻很多与研磨液相关的问题。那么就要设计一个合适的研磨液的供给与输送系统，完成研磨液的管理，控制研磨液的混合、过滤、浓度、滴定及系统的清洗，减少研磨液在供给、输送过程中可能出现的问题和缺陷，保证 CMP 的平坦化效果。

③ 研磨液混合和输送设备的设计特点如下。

搅动：一般来讲，研磨液中的固体颗粒经过一段时间后会逐渐淀积，为了满足特定的工艺要求，必须保持桶中和储蓄罐中的液体均一，专业的研磨液系统制造商可以为每种研磨液设置特定的淀积率和分散率。

④ 各种 CMP 工艺的操作问题：在处理化学品和研磨液时，一定要理解各种化学品之间的细微差别，并在系统中将这些不同点体现出来。半导体工业使用的化学品已经超过了 2000 种，任何两种化学品在操作和安全方面都不同。在处理研磨液过程中，其特性和问题基本上和工艺有关。作为成熟的工艺，氧化物和钨 CMP 都各自面临挑战。作为新出现的技术，STI、铜和低 k 介质为业界带来新的挑战。

⑤ 抛光研磨液后处理：作为消耗品，研磨液一般是一次性使用。随着 CMP 市场的扩

大，抛光研磨液的排放及后处理工作量也在增大（出于环保原因，即使研磨液不再重复利用，也必须先处理才可以排放）。而且，抛光研磨液价格昂贵，如何对抛光研磨液进行后处理，补充必要的化学添加剂，重复利用其中的有效成分，或降级使用，不仅可以减少环境污染，而且可以大大降低加工成本。抛光研磨液的后处理研究将是未来的新研究热点。

5. 终点监测设备

终点检测是检测 CMP 工艺把材料磨除到一个正确的厚度的能力。去除的薄膜厚度需要高精度的加以控制，若未能有效的监测 CMP 运作，便无法避免硅片抛光过度或不足的情况。因此，对于硅片 CMP 终点监测是十分关键和不可或缺的。终点检测可控制厚度正确的去除量，减少再加工的需要。比较先进的 CMP 设备都采用终点检测系统。

根据终点检测的特点可以分为基于时间的离线终点检测技术和实时在线检测技术。离线终点检测利用控制硅片的抛光的时间和厚度的测量，对去除速度及其均匀性进行经验性的控制。但这种方法的精度并不高，造成硅片的缺陷较多，主要用于小于 200mm 的硅片加工中。目前用于实际生产的在线终点检测技术主要有电动机电终点检测和光学干涉终点检测。红外终点检测是目前比较先进的终点监测技术。

13.5 CMP 清洗

CMP 清洗的重点是去除抛光过程中带来的所有玷污物。这些玷污物包括磨料颗粒、被抛光材料带来的任何颗粒以及从磨料中带来的化学玷污物。去除从磨料和背抛光材料中引入的微颗粒玷污能产生特殊的清洗效果。颗粒要么由于 CMP 过程所加的压力而机械的嵌入硅片表面，要么由于静电力或原子力而物理地黏附在被抛光的硅片表面。在酸性的磨料中，如用于抛光金属钨的磨料，氧化铝磨料表面的电荷与硅片表面的电荷是相反的电荷，因此会导致微颗粒玷污。

在 CMP 后清洗工艺使用不同的清洗设备：毛刷洗擦、酸性喷淋清洗、兆声波清洗以及旋转清洗干燥设备。CMP 后清洗工艺步骤主要包括：氧化硅 CMP 后清洗、浅槽隔离 CMP 后清洗、多晶硅 CMP 后清洗、钨 CMP 后清洗和铜 CMP 后清洗。

CMP 后清洗从最初的用去离子水进行兆超声波清洗，发展到用双面洗擦毛刷（DSS）和去离子水对硅片进行物理洗擦。毛刷转动并压在硅片表面，机械地去除颗粒。然而，对于双面洗擦毛刷只用去离子水进行清洗而言，毛刷很快就被颗粒玷污了。一个被颗粒玷污的毛刷很容易把颗粒传给别的硅片。为了解决毛刷被玷污的问题，CMP 后清洗通常使用带有稀释的氢氧化铵毛刷，这些氢氧化铵会流过毛刷中心，对毛刷进行冲洗（见图 13-10）。这些液体向外流过毛刷杆，从而连续不断地带走颗粒。

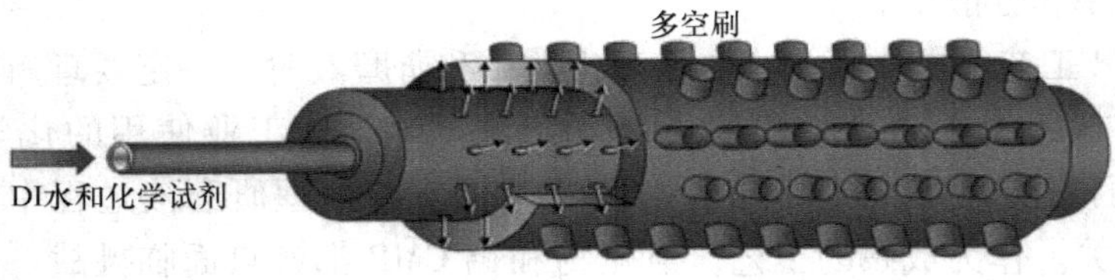

图 13-10　CMP 后清洗中通过毛刷的化学药品传输

在一些情况中，在 CMP 后清洗溶液中加入过氧化氢（H_2O_2）。这种碱性溶液用来控制 pH 值，使得颗粒和硅片表面的静电力相排斥。对于氧化硅 CMP 和金属钨 CMP 的清洗，这一步是在 pH 值大于 8 的碱性溶液中进行的。只有当 pH 值为 8 或大于 8 的时候，磨料颗粒表面电荷符号才与金属钨和氧化硅上的电荷符号相同。这使得颗粒被硅片表面排斥，在清洗中它们很容易被去除。

在稀 HF 酸中的短时间清洗常被用来腐蚀掉几个埃的表面材料，从而去掉金属颗粒玷污物。这一方面对清洗氧化硅是最有效的，如果在稀氢氟酸中处理的时间非常短。它也可用于清洗钨表面，研究证明柠檬酸用于去除二氧化硅表面的氧化铝颗粒是有效的。

为了用清洗液代替洗擦毛刷，在有些场合使用喷酸清洗设备或兆声清洗设备。但是，DSS 毛刷对硅片表面的作用比兆声能量要强，从而清洗更有效且处理时间短。旋转清洗甩干机在湿法清洗后用来冲洗和甩干硅片。

铜在硅和二氧化硅中扩散很快。为了防止元器件电性能的退化，所有的铜都必须从硅片表面去除。NH_4OH 清洗液在传统的 CMP 清洗中能避免对毛刷产生污染，但它对铜的清洗不适用，因为它对铜引起非均匀性的腐蚀，导致表面局部变得粗糙。因此，对于铜的清洗需要新的清洗化学试剂，这种化学试剂不仅能控制产生排斥颗粒的静电力，同时也能防止铜的腐蚀。这种清洗液应与铜表面兼容。把残留的铜污染物从硅片上清除非常关键，特别是在介质区域和高图形密度区域。关于铜 CMP 清洗液仍然在不断研究中。

13.6 习题

1. 平坦化的作用是什么？
2. 传统的平坦化工艺有哪些？
3. 简述 CMP 的工作机理。
4. CMP 技术的优点和缺点各有哪些？
5. 简述 CMP 设备的组成。
6. CMP 中常用的两种终端检测技术是什么？

第 14 章 晶圆测试

硅片测试中的高废品率将会削弱芯片制作者在短周期内占据市场的能力。如果测试程序不完善，质量测试时废品率低，则会有更多的产品在客户使用过程中失效。因此，在芯片制作过程中，需要使用正确的测试程序来确保集成电路的功能和可靠性。

本章的学习目标：

1）了解什么是晶圆测试。

2）熟悉晶圆测试设备。

3）熟悉晶圆测试流程。

14.1 晶圆测试的概况

如图 14-1 所示，在 IC 制造工艺流程中，半导体测试具有非常重要的地位。半导体测试分为晶圆测试和成品测试，测试的主要目的是将不良晶粒尽早刷选出来。这里主要介绍晶圆测试。

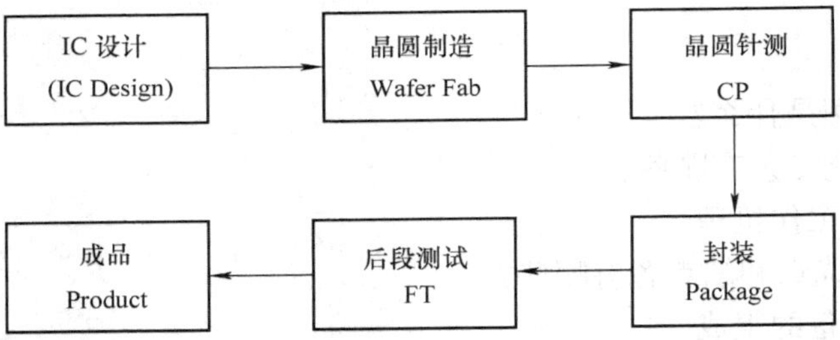

图 14-1 IC 制造工艺流程

晶圆测试是对晶片上的每个晶粒进行针测，在检测头装上以金线制成细如毛发之探针（probe），与晶粒上的接点（pad）接触，测试其电气特性，不合格的晶粒会被标上记号，而后当晶片依晶粒为单位切割成独立的晶粒时，标有记号的不合格晶粒会被淘汰，不再进行下一个制程，以免徒增制造成本。

在晶圆制造完成之后，晶圆测试是一步非常重要的测试。这步测试是晶圆生产过程的成绩单。在测试过程中，每一个芯片的电性能力和电路机能都被检测到。晶圆测试也就是芯片测试或晶圆电测。

晶圆测试是为了以下 3 个目标。第一，在晶圆送到封装工厂之前，鉴别出合格的芯片。第二，元器件/电路的电性参数进行特性评估。工程师们需要监测参数的分布状态来保持工艺的质量水平。第三，芯片的合格品与不良品的核算会给晶圆生产人员提供全面业绩的反馈。合格芯片与不良品在晶圆上的位置在计算机上以晶圆图的形式记录下来。从前的旧式技术在不良品芯片上涂下一墨点。

晶圆测试是主要的芯片良品率统计方法之一。随着芯片的面积增大和密度提高使得晶圆测试的费用越来越大。这样，芯片需要更长的测试时间以及更加精密复杂的电源、机械装置和计算机系统来执行测试工作和监控测试结果。视觉检查系统也是随着芯片尺寸扩大而更加精密和昂贵。

芯片的设计人员被要求将测试模式引入存储阵列。测试的设计人员在探索如何将测试流程更加简化而有效，例如在芯片参数评估合格后使用简化的测试程序，另外也可以隔行测试晶圆上的芯片，或者同时进行多个芯片的测试。

14.2　晶圆测试设备

晶圆测试是利用测试机台、探针机与探针卡之间的搭配组合来测试芯片上每一个晶粒，测试机台经过特殊的设计，其测试头可以装上以钨或铼钨的细小如毛发般的探针与印制电路板加工所制成的探针卡，探针是用来与晶粒上的焊垫作直接接触，以便测试机能够直接对芯片输入信号或从芯片输出信号，其测试包括 DC 参数即电性连续性、漏电流等的相关参数和 AC 参数，即时序方面的测试以及基本芯片功能的测试。它主要用于确保晶圆上晶粒的电学特性以及工作效能，它是依照芯片设计规格制造出来的，进而区分出晶粒的良品与不良品，以作为后端封装切割之依据。

探针机是前后道工序之间用于对半导体芯片的参数特性进行测试的关键设备，探测机的主要功能是将晶圆载入并与探针卡作调准定位以保证探针能正确地与每颗晶粒上的焊垫接触，另一方面它已将电参数特性不符合要求的芯片用打点器在晶粒的中心打上红色或是黑色的墨水点作为明显的标记，如图 14-2 所示。以便在后道工序中即时将其剔除，这样可以有效提高成品率，并降低制造成本。

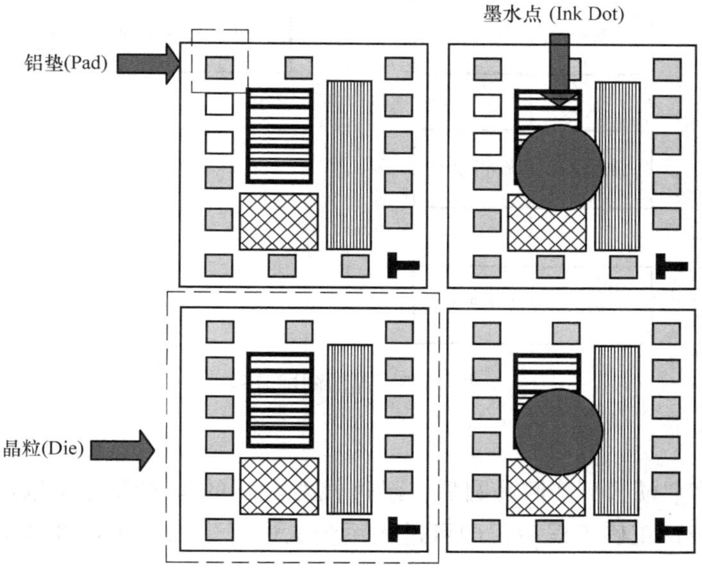

图 14-2　墨水点

在晶圆针测的过程中，为了防止芯片因为周围环境而受到细小微尘的玷污，造成芯片上或者是探针卡的损伤，因此，晶圆测试必须在无尘室内进行，而相关的测试工作人员在进入无尘室前需穿无尘服，戴口罩及手套后，才可进入无尘室，一般晶圆测试无尘室的等级通常为1000级。

14.3 晶圆测试流程

针对检测结果不良的晶粒，有些晶粒，如内存或SOC的晶粒，在设计时即保留修补区域，便可经由镭射修补的制程将晶粒修补为功能正常的晶粒。而后进行芯片切割和分离时，这些属于不良品的晶粒会被拣选出来，而不进行后续的封装制程，经过晶圆测试，测试功能正常的晶粒才能进入后一端封装流程。晶圆针测的结果也可反馈给设计与制造厂商进行分析，以作为未来设计效能及良率提升的参考资料。

晶圆测试的流程可分为收录登录、进料检验、第一道测试、镭射修补、第二道测试、打墨点、最终检验以及出货检验等8个步骤，如图14-3所示。除收料登录外，其余的流程一律在无尘室内进行。

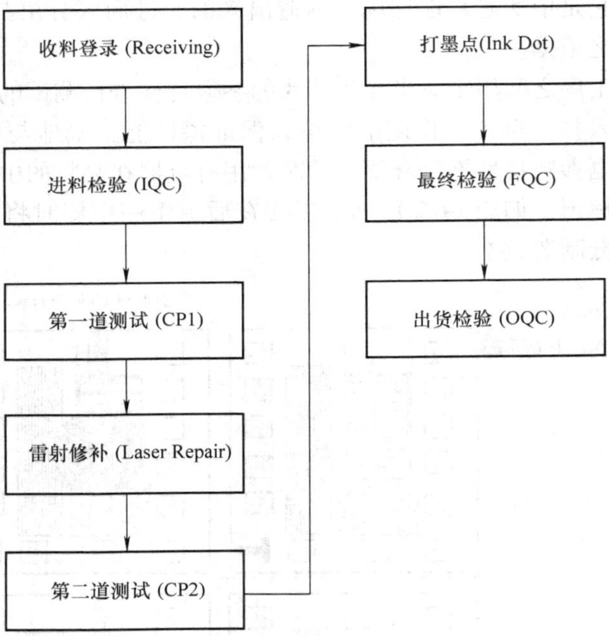

图14-3　晶圆测试流程

1. 收料登录

当测试厂从客户端收到待测晶圆后，经过核对收料的基本资料（包括客户批号、晶圆片数以及产品型号）正确无误后，即可进入系统上进行建账，同时将晶舟盒放入储藏用的氮气柜中，等待下一步的进料检验。

2. 进料检验

进料检验人员将晶舟盒从氮气柜中取出后，依据客户要求的抽样标准确定该批晶的抽样频率，以显微镜操作使用倍频50倍进行检查，查看晶圆是否有缺角、污染、刮伤、焊垫是否变色、有无针痕、槽位与晶圆ID位置是否相符，确认无误并重复此动作直到须抽样的片数皆完成检验为止，如果发现任何异常，则在系统上加注记，当检验结果为通过时，进料检验人员便将客户用的运送晶舟盒换成该测试专用的黑色晶舟盒后放入氮气柜中，等待进行第一道测试。

3. 第一道测试（Circuit Probe 1，CP1）

当进行第一道测试时，线上值班工程师会先将产品的探针卡装到针测机台上，加载针测机上的产品程序后，再通知线上操作人员开始上货，此时操作人员首先会依据生产排程表自氮气柜取货并进行上货检查，核对晶圆批号、客户批号、该批站别、片数、温度以及探针卡编号是否正确，待完成上货检查后即开始进行上货流程，其上货流程大致如下：线上操作人员先将晶舟放入针测机后，按下机台上的加载键，此时针测机会自动的感应每个槽位是否有晶圆，待晶圆在探针机上完成所有定位以后，探针机会停在做针压得画面等待线上操作人员做针压设定，此时线上操作人员会先在测试机上开启接触程序，它是用来确定探针是否正确的接触到焊垫的一个依据，在开启接触程序后，操作人员会将承载台慢慢上升并确认接触程序是否有探针接触到焊垫，等待全部的探针接触后再开始检查针痕是否正常，若针痕位置有偏移时则需调整针痕，当针痕位置有异常或无法调整时则通知值班工程师来检查是否为机台或探针卡的问题，在完成所有针压后再测试样台上开启测试程序，此时需核对测试程序、版本是否正确，若无错误则键入料号，在针测机上按下开始键后即开始进行第一道测试。

4. 镭射修补

晶圆针测由第一道测试，可测出良品及不良品，并由测试机上产生镭射修补资料，来进行镭射修补，在进行镭射修补前也须进行上货前检查，上货前检查的项目包括检查客户批号，该批号以及片数是否正确，在完成上货检查后即开始进行上货流程，其上货流程如下：将晶圆舟放置于镭射修补机台内后到工作站屏幕相对应的位置选择晶舟，并依照资料加载镭射程序及输入晶圆批号，等待一切就绪后按下开始键即进行镭射修补，镭射修补完成后机台会发出报警通知操作人员已完成镭射修补，此时操作人员必须进行下货作业，并抽测几片晶圆以显微镜检查镭射修补是否正常。

5. 第一道测试（Circuit Probe 2，CP2）

第二道测试的最主要目的在判断经由镭射修补之后晶粒是否修补成功，基本上镭射修补成功率最低要在95%以上，第二道测试是以不同的测试条件再次测试。一般是依照客户的规定全测或是抽测进行测试。第二道测试的上货前检查与上货的相关流程与第一道测试相同。

6. 打墨点

第二道测试后，将那些不合乎标准的晶粒透过针测机上的打点器在晶粒的中心上打上墨点以便于在后道工序中及时将其剔除，在上货前操作人员需确认客户批号、该批站别、片数以及墨水型号是否正确，等待完成上货检查后即进行上货流程，其上货流程大致如下：操作人员先依照资料加载针测机上的产品程序，之后将晶舟放入针测机内并按下开始键，等针测机完成所有定位后，核对第一颗打墨点的晶粒坐标及其位置是否正确，若正确无误则开始进行打墨点的动作，等待墨点打完后则需要进入烤箱做高温烘，其主要目的是将芯片上的墨点烘干，烘干后进入下一流程。

7. 最终检验

在进行打墨点及烘烤后会开始作最终检验，而最终检验主要是检查测试完成之后的芯片品质是否符合产品的出货要求，检查前先检查客户批号、该批站别、片数是否正确，检查的项目包括芯片是否缺角、污染、刮伤、针痕是否正常、墨点大小是否正常、第一道测试及第二道测试结果是否正常，资料是否填写完整等。当完成最终检验后，操作人员将会更换回客户之晶舟盒，此时需先确认芯片刻号及外盒批号是否相同，然后再将测试厂专用的晶舟盒换成客户晶舟盒准备出货检验。

8. 出货检验

当完成最终检验后须进行最后的出货检查，检查的项目包括晶舟盒内芯片是否破裂及客户相关标签资料是否填写完整，确认无误后将客户晶舟盒放入氮气柜中等待客户指示出货。

当上述 8 个流程完成，等待客户指示出货后，产品会送往后段相关制程以完成整个芯片生产制造的整个流程。

14.4 习题

1. 半导体测试主要包括哪些测试？
2. 晶圆测试的目的是什么？
3. 晶圆测试的主要设备是什么？主要完成什么功能？
4. 简述晶圆测试的工艺流程。

附录　晶体管生产工艺实训

附录主要介绍 NPN 型晶体管前道生产工艺流程：

硅片电阻率测量→硅片清洗→氧化工艺→氧化层厚度测量→光刻刻蚀基区→硼扩散→PN 结结深测量→光刻刻蚀发射区→磷扩散→引线孔光刻→铝蒸发→反刻铝→合金工艺→中测。

1. 硅片电阻率测量

实训采用的硅片为单面抛光片，N 型、[111] 晶向、3 英寸，电阻率在 1 ~ 3Ω · cm 之间。实训开始前，先观察硅片是否平整，测量原始硅片的电阻率。电阻率是半导体材料的重要电学参数，它能反映半导体内浅能级替位杂质的浓度。测量电阻率的方法有多种，如二探针法、扩展电阻法。而四探针法是目前广泛采用的标准方法。

测量仪器：RTS－2A 型四探针测试仪，如附图 1 所示。主机前板说明如附表 1 所示。

附图 1　RTS－2A 型四探针测试仪

附表 1　主机前板说明

项目	说　明
L	显示测试值的数据显示屏，在不同的测试状态下分别用来显示样品的测试电流值、方块电阻测量值、电阻率测量值
U	测试值的单位指示灯
K1	测量电流量程选择按键，共 2 个量程档，当按下按钮后在“1mA”和“10mA”量程档间切换，同时选择的量程档上方的指示灯会亮
K2	“R□/ρ”测量选择按钮，即是测量样品的方块电阻还是电阻率的选择键，开机时自动设置在“R□”位。按下此按键会在这两种测量状态下切换，按键上方的相应的指示灯会亮表示现处的测量类别
K3	“电流/测量”方式选择按键，开机时自动设置在“I”位；按下此键会在这两种模式下切换，按键上方的相应的指示灯会亮表示现处的状态。即当处于“I”时表示数据显示屏显示的样品测量电流值，用户可根据测量样品调节量程按键或电位器获得适合样品测量的电流 当在“ρ/R□”时表示现处于测量模式下，数据显示屏显示的是方块电阻或电阻率的测量值
K4	电流换向按键，按键上方“I＋”的灯亮时表示正向。“I－”亮时表示反向
W_1，W_2	W_1—电流粗调电位器；W_2—电流细调电位器
K	主机电源开关
P	主机连接四探针头的端口

操作步骤：

1）开启主机电源开关，此时“R□”和“I”指示灯亮。预热约 10min。

2）估计所测样品方块电阻或电阻率范围。

按附表 2 和附表 3 选择适合的电流量程对样品进行测量，按下 <K1> 键选择量程；如无法估计样品方块电阻或电阻率的范围，则可先以“1mA”量程进行测量，再以该测量值作为估计值按附表 2 和附表 3 选择电流量程得到精确的测量结果。

附表 2　方块电阻测量时电流选择表

方块电阻测量时电流量程选择表（推荐）	
方块电阻（Ω/□）	电流量程
25	10mA
20	1mA

附表 3　方块电阻测量时电流选择表

电阻率测量时电流量程选择表（推荐）	
电阻率（Ω·cm）	电流量程
0.3	10mA
0.3	1mA

3）确定样品测试电流值

根据不同的样品测试类别计算出样品的测试电流值，然后调节主机 W_1、W_2 电位器使测试电流为此电流值，即可方便得到测试样品的精确测试结果。

4）不同材料的电阻率测量举例

① 测试薄圆片（厚度≤4mm）的电阻率。

按以下公式：

$$\rho=\frac{V}{I}\times F\left(\frac{D}{S}\right)\times F\left(\frac{W}{S}\right)\times W\times F_{sp}\times 10^{n}(\Omega\cdot cm)$$

式中，D 为样品直径，注意与探针间距 S 单位一致；S 为平均探针间距，四探针头合格证上的 S 值；W 为样品厚度，注意与 S 单位一致；F_{sp} 为探针间距修正系数（四探针头合格证上的 F 值）；$F\left(\frac{D}{S}\right)$ 为样品直径修正系数。当 $D\to\infty$ 时，$F\left(\frac{D}{S}\right)=4.532$，有限直径下由附表 4 查出；$F\left(\frac{W}{S}\right)$ 为样品厚度修正系数。当时 $\frac{W}{S}<0.4$ 时，$F\left(\frac{W}{S}\right)=1$；$\frac{W}{S}>0.4$ 时，$F\left(\frac{W}{S}\right)$ 的值由附表 5 查出。

I—1、4 探针流过的电流值。

V—2、3 探针间取的电压值。

n—是整数与量程档有关。

a. 选取测试电流 I：$I=F\left(\frac{D}{S}\right)\times F\left(\frac{W}{S}\right)\times W\times F_{sp}\times 10^{n}$，按照此公式计算出测试电流值。

例 1：硅片厚度为 0.63mm、直径为 76mm 的硅片，已知 $F=1.01$，探针平均间距 $S=1$，故 $D/S=76$，从附表 4 中查得 $F\left(\frac{D}{S}\right)=4.526$，由附表 5 查得 $F\left(\frac{W}{S}\right)=0.9894$，故 $I=4.526\times 0.9894\times 0.63\times 1.01\times 10^{n}$，显示器显示电流数为 2849。

例 2：硅片厚度为 0.32mm、直径为 76mm 的硅片，已知 $F=1.003$，探针平均间距 $S=1$，故

$D/S=76$，从附表 4 中查得 $F\left(\frac{D}{S}\right)=4.526$，由附表 5 查得 $F\left(\frac{W}{S}\right)=1$，故 $I=4.526\times1\times0.32\times1.003\times10^{n}$，显示器显示电流数为 1453。

b. 在仪器上调整电位器 "W_1" 和 "W_2"，使测试电流显示值为计算出来测试电流值。

c. 按以上方法调整电流后，按 <K3> 键选择 "R□/ρ"，按 <K2> 键选择 "ρ"，仪器则直接显示测量结果（Ω · cm），然后按 <K4> 键选择正反向测量，正反向测量的平均值即为此点的实际值。

② 测试薄层方块电阻。

按以下公式：$R\square=\frac{V}{I}\times F\left(\frac{D}{S}\right)\times F\left(\frac{W}{S}\right)\times W\times F_{sp}\times10^{n}$（Ω · cm）

a. 选取测试电流 I：$I=F\left(\frac{D}{S}\right)\times F\left(\frac{W}{S}\right)\times W\times F_{sp}\times10^{n}$ 按照此公式计算出测试电流值。

b. 在仪器上调整电位器 "W_1" 和 "W_2"，使测试电流显示值为计算出来测试电流值。

c. 按以上方法调整电流后，按 <K3> 键选择 "R□/ρ"，按 <K2> 键选择 "ρ"，仪器则直接显示测量结果（Ω · cm），然后按 <K4> 键选择正反向测量，正反向测量的平均值即为此点的实际值。

③ 测试棒材或厚度大于 4mm 的厚片电阻率。

$$\rho=\frac{V}{I}\times C\times10^{n}(\Omega\cdot cm)$$

C 的值一般由探针头厂家提供，在探针头合格证上可以查得。其他操作同上。直径修正系数见附表 4。

附表 4　直径修正系数

位置 / D/S	中心点$\left(F\left(\frac{D}{S}\right)\right)$	半径中心$\left(F\left(\frac{D}{S}\right)\right)$	距边缘 6mm 处$\left(F\left(\frac{D}{S}\right)\right)$
200	4.532		
200	4.531		
125	4.53	4.528	4.46
100	4.528	4.525	4.458
76	4.526	4.52	4.455
60	4.521	4.513	4.451
51	4.517	4.505	4.447
38	4.505	4.485	4.439
26	4.47	4.424	4.418
25	4.47		
22.22	4.454		
20	4.436		
18.18	4.417		
16.67	4.395		
15.38	4.372		
14.28	4.348		
13.33	4.322		
12.5	4.294		
11.76	4.265		
11.11	4.235		
10.52	4.204		
10	4.171		

厚度修正系数见附表5。

附表5　厚度修正系数

W/S	F（W/S）	W/S	F（W/S）	W/S	F（W/S）
0.40	1	0.61	0.9912	0.83	0.9608
0.40	0.9993	0.62	0.9903	0.84	0.9588
0.41	0.9992	0.63	0.9894	0.85	0.9566
0.42	0.9990	0.64	0.9885	0.86	0.9547
0.43	0.9989	0.65	0.9875	0.87	0.9526
0.44	0.9987	0.66	0.9865	0.88	0.9505
0.45	0.9986	0.67	0.9853	0.89	0.9483
0.46	0.9984	0.68	0.9842	0.90	0.9460
0.47	0.9981	0.69	0.9830	0.91	0.9438
0.48	0.9978	0.70	0.9818	0.92	0.9414
0.49	0.9976	0.71	0.9804	0.93	0.9391
0.50	0.9975	0.72	0.9791	0.94	0.9367
0.51	0.9971	0.73	0.9777	0.95	0.9343
0.52	0.9967	0.74	0.9762	0.96	0.9318
0.53	0.9962	0.75	0.9747	0.97	0.9293
0.54	0.9958	0.76	0.9731	0.98	0.9263
0.55	0.9953	0.77	0.9715	0.99	0.9242
0.56	0.9947	0.78	0.9699	1.0	0.9215
0.57	0.9941	0.79	0.9681	1.2	0.8643
0.58	0.9934	0.80	0.9664	1.4	0.8026
0.59	0.9927	0.81	0.9645	1.6	0.7419
0.60	0.9920	0.82	0.9627	1.8	0.6852

2. 硅片清洗

硅片清洗工艺流程参见清洗工艺中原始硅片清洗实训。

3. 一次氧化

一次氧化是在硅片表面通过热氧化工艺生长一层二氧化硅，作为基区硼扩散的掩膜。由于热氧化法生长的二氧化硅比CVD法和PVD法相比氧化膜更致密，针孔少，适合作为掺杂掩膜。在热氧化工艺中，干氧生长的氧化膜比湿氧氧化膜致密，针孔少，而且表面干燥适于光刻，但氧化速率慢。湿氧氧化膜疏松，针孔密度大，表面湿润，为非极性的硅氧烷结构，光刻胶容易浮胶，氧化速率远快于干氧。因此采用干氧－湿氧－干氧的散布氧化工艺。

具体氧化工艺操作请参照氧化工艺实训。

4. 氧化层厚度测量

（1）测量原理

薄膜测量仪通样品光线的反射或者投射，然后分析波长范围来进行分析。在薄膜的底部和顶部光是同相的，所以反射光叠加，或者反相相减。反射光相加或者相减取决于光波长和薄膜的厚度和属性。例如，当 $\lambda = (2 \times n \times d)/i$，反射光同相。这里，$\lambda$ 是波长，n 是折射率，d 是薄膜厚度，i 是整数。反射光谱如附图 2 所示。一般来说，薄膜越厚，对于给定的波长范围将会有更多的振荡。

振荡的幅度由反射率和薄膜与衬底的消光系数决定。因此，通过分析这些振荡的周期和幅度，膜厚测试仪可以得到多层薄膜的厚度。

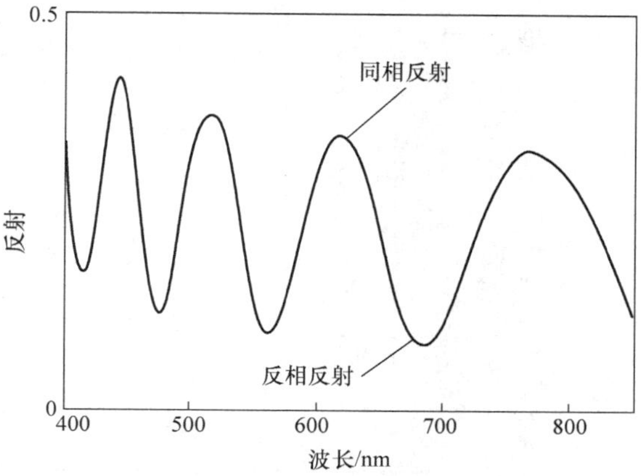

附图 2　由振荡得到的反射光谱

（2）测量仪器

Filmetrics F20，如附图 3 所示。F20 高级分光计系统可以简便快速地测量厚度和光学参数（n 和 k）。可以在几秒钟内通过薄膜上下面的反射比的频谱分析得到厚度、折射率和消光系数。任何具备基本计算机技术的人都能在几分钟内将整个桌面系统组装起来。

F20 包括所有测量需要的部件：分光计、光源、光纤导线、镜头集合和 Windows 下运行的软件。

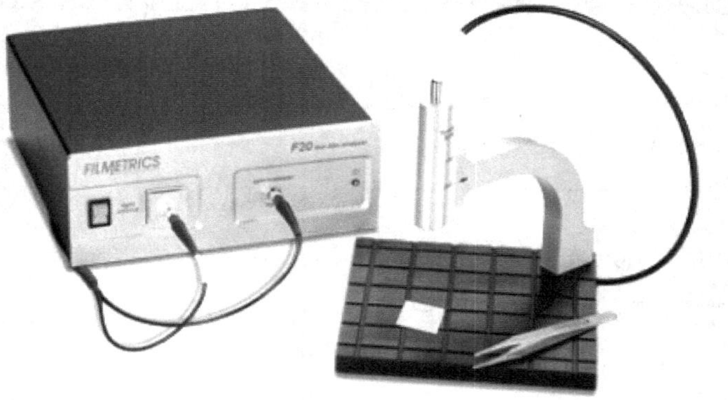

附图 3　Filmetrics F20

（3）测量步骤

1）将测试仪连接计算机，附图 4 所示为测试界面。

2）选择菜单（edit recipe，附图 4 中的⑬），进入附图 5 界面，这里选择测量硅上二氧化硅的厚度。

3）选择基准测量。单击附图 4 中的⑩，根据示意图首先测量给定的样品，然后测量需要测量的参考材料。移走测量参考材料，注意，这里的参考材料是硅，测量完毕，单击“Finish”按钮，完成基准测量。

4）测量。把测量样品放入载物台上，单击附图 4 中的⑨，将会在附图 4 中的⑧得到测量的二氧化硅厚度，如附图 6 所示。

5. 一次光刻

光刻是一种图形转移工艺。光刻将光刻掩膜板上的基区图形精确的转移到氧化层表面的

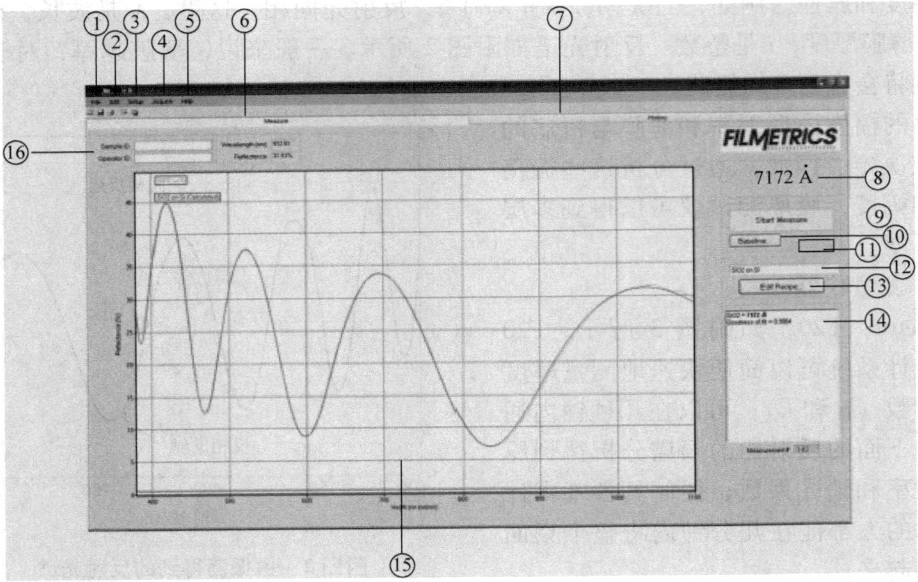

附图 4　测试界面

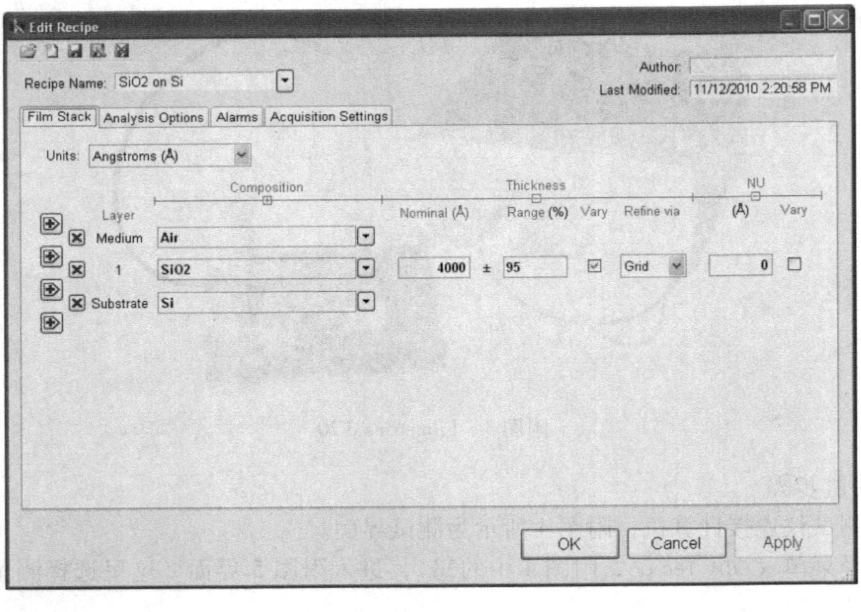

附图 5　编辑配方

光刻胶上；然后，利用光刻胶的掩蔽作用对氧化层进行选择性化学腐蚀，从而将图形从光刻胶上转移到硅衬底上。

一次光刻工艺为光刻腐蚀基区工艺。具体光刻工艺操作流程请参照光刻工艺实训。

6. 硼扩散

在双极型晶体管中，硼扩散的目的是掺入 P 型杂质制作基区。硼扩散采用硼陶瓷源，采用两步式扩散工艺，两步扩散工艺之间漂硼硅玻璃。

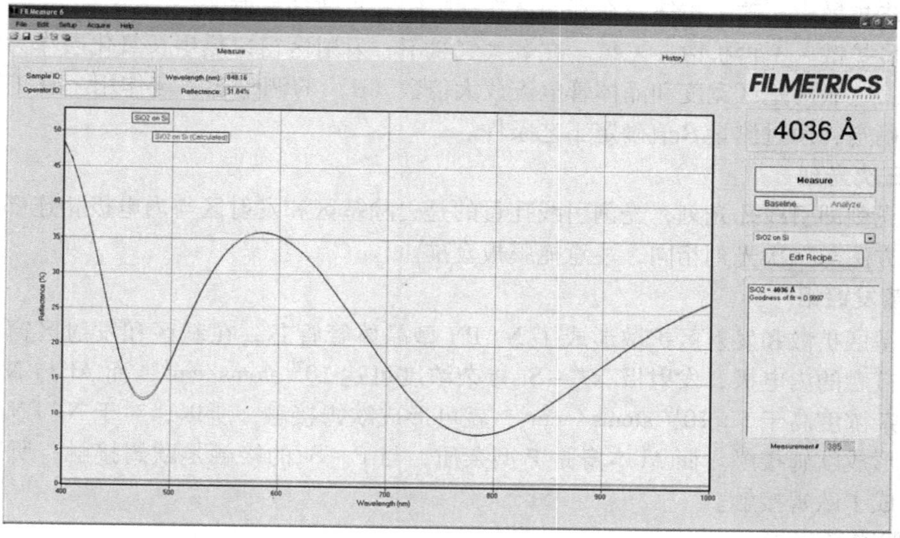

附图 6　测量结果

具体硼扩散工艺请参照硼固态源扩散实训。

7. PN 结的结深测量

PN 结的结深测量是微电子元器件的重要工艺参数之一，结深的测量是对元器件工艺质量的一种必要检测。磨染色法是一种适合测量较深 PN 结的测量方法。

测量仪器及试剂：带微米尺的显微镜、磨角器、电炉、白炽灯、坩埚钳、瓷盘和玻璃板、三氧化二铝、磨料、松香、分析纯的、HF、滤纸、乙醇棉球。

测量步骤如下：

1）磨角。

将磨角器放在电炉上加热，待磨角器温度高于松香熔化温度时，用坩埚钳取下磨角器，将被测硅片用松香贴在磨角器上，使 PN 结的交界线露在面上，磨角器用水冷却，然后，在玻璃上放好掺水的磨料，进行研磨抛光，直到露出斜面为止。

2）染色。

用乙醇棉球擦拭磨好的小硅片，从磨角器上取下，放入硫酸铜溶液中，白炽灯照射 30s 左右，注意观察，当发现 N 型区染上红色后，立即将硅片投入超纯水中清洗，再用滤纸吸干，待测。

3）结深测量。

将磨好的小硅片放在显微镜的载物台上，观察 PN 结，从目镜微米尺上直接读取与 P 区距离尺寸 d，$X_j = d\sin\theta$，通常取 5°，$\sin5° = 0.0875$，因此，$X_j = 0.0875d$。

8. 二次光刻

二次光刻为光刻腐蚀发射区，光刻腐蚀发射区与一次光刻基本相同，不同的是，二次光刻的掩膜板图形与第一次不同，同时在曝光时需要与第一次图形进行图形对准。

9. 磷扩散

磷扩散的工艺目的是为了形成发射区。磷扩散采用两步式扩散工艺，磷源采用液态。主要工艺有：

第一步扩散——磷主扩散，在利用氮气携带磷源扩散到发射区。

第二步扩散——再扩散，三氧。在氧气气氛下，发射区窗口热生长氧化层作为铝电极引线的掩膜。三氧对基区宽度和晶体管电流放大倍数（β）的调整起一定作用。磷扩散工艺参数由β值确定，通过测量β值确定工艺条件。

10. 三次光刻

三次光刻即引线孔光刻，光刻引线孔目的是去除基区和发射区与内电极相连部位的氧化层。光刻方法与二次光刻相同，注意掩膜板套准。

11. 蒸发镀铝

经过基区扩散和发射区扩散形成了 N^+PN 型晶体管管芯，在基区和发射区窗口制备能形成欧姆接触的内电极，发射极 N^+-Si 掺杂浓度可达 10^{20} atoms/cm^2，而 Al 与 N－Si 接触时，当掺杂浓度高于 5×10^{19} atoms/ cm^2，就可形成欧姆接触，所以，对于 N^+PN 型晶体管来说可以形成欧姆接触。而 Al 本身是 P 型杂质，与 P－Si 的接触是欧姆接触，所以，Al 与基极也形成了欧姆接触。

12. 四次光刻

四次光刻即反刻铝，反刻铝目的是制备内电极。将蒸发后的镀铝硅片直接光刻，这次光刻工艺步骤与前三次基本相同。四次刻铝用的腐蚀液是磷酸，且腐蚀之后不去胶，在合金化的同时去胶。

13. 合金化

金属化的目的是在较高温度退火，使铝膜与硅片黏结牢固，且在于硅接触的窗口形成欧姆接触。同时，使反刻铝的光刻胶高温氧化，生成二氧化碳、水汽等被氧气带走，从而去胶。

工艺设备：合金化炉、氧气瓶、体积流量计、石英舟。

工艺条件：炉温为520℃，时间为10～15min，氧气流量为1.5L/min。

操作步骤如下：

1）将陪片放在石英舟上，推入合金化炉恒温区，通入氧气为1.5L/min，10min后取出。观察陪片表面的光刻胶是否去除干净，如果表面有金属光泽，即表示去胶干净；否则，未去干净，应将陪片再放入炉内加热5min。如还未去净，应增加氧气量，升温，再试，最终确定合金化工艺条件。

2）合金化温度最高一般不可超过，当合金化温度较高、时间较长时，在铝表面会出现合金亮点；相反，合金化温度较低、时间较短时，光刻胶去不干净。

3）按硅片确定的工艺条件进行合金化，将硅片放入石英舟上推入合金炉恒温区，去胶，之后将石英舟托至炉口，取出硅片，放入花篮。

4）停炉、停气。

14. 中测

中测是对已完成前工序的晶体管管芯的电学性能进行测试，从而选出合格的管芯，进行后工序封装。

设备：晶体管特性图示仪、探针台。

中测方法：将已合金化的硅片摆放在探针台上，在显微镜下逐个测量每个管芯的电学特性，对无放大特性或电学性能太差的管芯打上标记。

参 考 文 献

[1] 关旭东. 硅集成电路工艺基础 [M]. 北京：北京大学出版社，2003.
[2] 刘玉玲，檀柏梅，张凯亮. 微电子技术工程 [M]. 北京：电子工业出版社，2004.
[3] 林明祥. 集成电路制造工艺 [M]. 北京：机械工业出版社，2005.
[4] 戴猷元，张瑾. 集成电路工艺中的化学品 [M]. 北京：化学工业出版社，2007.
[5] 李惠军. 现代集成电路制造工艺原理 [M]. 济南：山东大学出版社，2007.
[6] 肖国玲. 微电子制造工艺技术 [M]. 西安：西安电子科技大学出版社，2008.
[7] Michael Quirk，JulianSerda. 半导体制造技术 [M]. 韩郑生，等译. 北京：电子工业出版社，2009.
[8] 王蔚，田丽，任明远. 集成电路制造技术——原理与工艺 [M]. 北京：电子工业出版社，2010.
[9] 史小波，曹艳. 集成电路制造工艺 [M]. 北京：电子工业出版社，2010.
[10] 张渊. 半导体制造工艺 [M]. 北京：机械工业出版社，2011.
[11] 潘桂忠. MOS 集成电路工艺与制造技术 [M]. 上海：上海科学技术出版社，2012.
[12] 集成电路制造工艺编写组. 集成电路制造工艺 [M]. 北京：国防工业出版社，1971.
[13] 半导体器件制造技术丛书编写组. 半导体制作技术丛书 [M]. 北京：国防工业出版社，1972.
[14] 电子工业生产技术手册编委会. 电子工业生产技术手册（7）半导体与集成电路卷 [M]. 北京：国防工业出版社，1991.